掌控心情，主宰幸福

只有过不去的心 没有过不去的事

谭小芳 ◎ 编著

中国纺织出版社

内 容 提 要

善于调节自身情绪的人，才能够主宰自己的命运。幸福不是一种表象，而是内心的一种真切感受，维护良好的心态、保持良好的心情，会让你更为轻松地应对各种人生难题，收获美好的人生。

本书分为两大部分，上篇充分阐释了人们应该如何纠正不良情绪，保持健康向上的心态；下篇着重讲解了如何通过把控自身情绪，给予自己积极的力量，解决现实生活中的问题。本书通过诸多富有趣味性的案例，让读者读后能够切实地调控自身情绪，理清做事思绪，赢得精彩人生！

图书在版编目（CIP）数据

只有过不去的心　没有过不去的事 / 谭小芳编著.
--北京：中国纺织出版社，2013.4　（2024.4重印）
ISBN 978-7-5064-9573-8

Ⅰ.①只…　Ⅱ.①谭…　Ⅲ.①人生哲学—通俗读物
Ⅳ.①B821-49

中国版本图书馆CIP数据核字（2013）第017306号

策划编辑：闫　星　　责任编辑：曲小月　　责任印制：储志伟

中国纺织出版社出版发行
地址：北京东直门南大街6号　邮政编码：100027
邮购电话：010—64168110　传真：010—64168231
http：//www.c-textilep.com
E-mail：faxing@c-textilep.com
北京兰星球彩色印刷有限公司印刷　各地新华书店经销
2013年4月第1版　2024年4月第2次印刷
开本：710×1000　1/16　印张：19
字数：241千字　定价：82.00元

前言

幸福是一种人生的感受，只取决于自己的内心。成功没有固定的标准，界定的权利完全在于自己。正是因为如此，我们才能够成为人生的主宰，决定自己是否幸福！

现代社会，越来越多的人重视物质条件，失败了，归结于客观条件不成熟；觉得不幸福了，抱怨自己没有充足的物质可以享受。其实，这种观点是错误的。要想使自己获得成功，首先应该成为人生的主宰；要想使自己获得幸福，首先应该摆正自己的心态，使自己拥有一颗平和淡然的心！

人们常说“人生不如意十之八九”，在这个世界上，几乎没有人的人生能够万事如意、一帆风顺。但是，生活是可爱的，生活的可爱源于生活的真实，生活的真实则是因为生活的苦乐参半，有喜有悲。有的人非常淡然，不以物喜，不以己悲，正如那句对联所说的“宠辱不惊，闲看庭前花开花落；去留无意，漫随天外云卷云舒”；有的人则是性情中人，大喜大悲。不管如何，只要是真性情就好，因为只有真诚地面对生活，才有可能得到期盼已久的幸福！

你了解自己吗？人们常说自己是最了解自己的人，殊不知，正如苏轼在一首诗中写道：“横看成岭侧成峰，远近高低各不同。不识庐山真面目，只缘身在此山中。”一人一世界，你真的了解自己吗？认真想想，似乎不然。你未必了解自己，甚至在这个世界上，你最不了解的人就是自己。人心是很深的，有些时候，我们的一些潜意识潜藏在我们的心里，连自己也无法真切地意识到。要想拥有幸福美好的人生，要想获得期待已久的成功，首先要做的事情就是了解自己，继而，还要客观公正地评价自己。只有如此，我们才能把握自己的人生！

生活是充满艰辛的旅程，需要以足够的勇气和毅力坚定不移地走下去；生活如白驹过隙般短暂，假如没有准备充分，那么很有可能无法及时抓住这稍纵即逝的美好光阴。你准备好了吗？准备好了就出发吧！无论是悲剧还是喜剧，作为人生唯一的主角就必须坚持演下去，直至生命的终结。因此，每个人都要认真地活着，面对生活，面对生活中的一切坎坷和挫折。要有一颗勇敢的心！

编著者

2012年10月

上 篇
不如意事十之八九，要学会调整好情绪

下 篇

只要勇敢面对，任何事情都会过去

[上篇]

不如意事十之八九，要学会调整好情绪

第 1 章
储藏快乐，让好心情每天驻留心间

在生活中，有些人每天都乐呵呵的，显得非常快乐。但是，有些人却整日愁眉苦脸，似乎遭受了生活的巨大磨难。实际上，普通人的生活都是相差无几的，不管是贫穷也好富裕也好，每个人都有自己的烦恼，所谓家家都有本难念的经。那么，为什么人的心情会有如此巨大的差异呢？原因就在于心态的不同。快乐的人微笑着面对生活，变得愈发快乐；烦恼的人哭着面对生活，生活也回报以哭脸。所以，要想得到快乐，首先要调整自己的心态，这样才能发自内心地感到快乐！

白玉也有微瑕

从旧石器时代迄今，在中国，玉器已经有5000多年的悠久历史了。人类使用玉器的时间比金、银、铜、铁器早很多年，玉器记载了社会的变迁、光阴岁月的流转。人类社会的发展经历了很多阶段，从旧石器时代到奴隶社会、封建社会，人们习惯于用佩戴玉器来象征自己的社会地位。从碾磨的玉器到精雕细琢的玉雕作品，随着社会的发展，玉器也在不断发展着，玉文化也因此而更加丰富。每个时代，社会都有作为象征的玉器物品，诸如新石器时代的玉龙、玉璧，商周时代的玉刀、玉戈，春秋时代的剑饰、带

钩，汉代的瑞兽，唐宋时期的花鸟发簪和元明清的大件玉雕等，尤其是在清代，玉器的雕琢艺术达到了登峰造极的地步，成为了中国玉雕史的巅峰。其中，明末清初的工匠陆子冈所制作的玉佩，更是开创了构图新颖、图文并茂、工艺精湛的玉佩饰物之先河，至今仍然受到人们的推崇，被人们称为“子冈佩”。由此可见，自古以来，美玉深入人心，具有神秘的色彩和至高无上的地位。因此，古代的文雅之士经常用玉来比喻品德高尚的人，儒家也主张“君子必佩玉”，“无故，玉不去身”等。既然玉是如此神圣之物，那么很多人认为玉必然应该是完美无瑕的？其实不然。尽管人们经常用白玉无瑕来形容女人的美貌、男人的高尚德行，但是无瑕的白玉是很难得的，往往可遇而不可求。所以，人们习惯了接受带有微瑕的白玉，似乎这样的玉才是更加真实自然的，才是更可贵的。实际上， 即使人们用白玉来比喻谦谦公子，他也一定不是完美的。换言之，在这个世界上，没有绝对完美的人和事物，因为每个人都是有缺点或者是弱点的，而每件事物都是有瑕疵的。所以，我们应该学会坦然接受自己的弱点或者是缺点，扬长避短，更加幸福快乐地生活。

在生活中，有的人因为自己的肤色太黑而苦恼，有的人因为自己的眼睛不够大而苦恼，还有的人因为自己太高或者太矮而烦恼，也有的人因为没有找到一个称心如意的配偶或者工作不顺利而烦恼……诸如此类的烦恼包围在我们的身边。假如你不能够坦然面对这些自身的或者是生活中的不如意，那么你就被苦恼团团包围住，甚至不知道如何自处。假如人生被懊悔和抱怨包围，那么还能有快乐可言吗？其实，假如你能够放平心态，用接受有微瑕的白玉那样的心态接受自己，接受周围的生存环境，那么你就会发现，肤色较黑也许正代表着健康，不是还有人专门去海边涂上橄榄油晒黑吗？眼睛不大说明聚光性能更好，奕奕有神。高了可以鹤立鸡群，矮了说明浓缩就是精华。没有称心如意的配偶是因为你们之间还需要更长的时间来磨

合，因为你自己也不是完美的，所以你不应该强求配偶处处能够使你觉得顺心如意，也许你在配偶心中也是不那么完美的，因此你们必须学会包容。工作不顺利可以换一份工作，或者坚持下去，克服遇到的所有困难，在此过程中提高自己的能力，也不失为一种一举两得的好办法……总而言之，只要你能够换一种心态，坦然面对人生或者是自身的一些不如意的地方，那么你就可以生活得更加幸福快乐。

顾晓晓是一个非常优秀的女孩子，长得就像出水芙蓉般清新可人。在读大学的时候就有很多男生喜欢她，可是她却一点儿都不快乐，因为她觉得自己太矮了。她的身高只有1.51米，在班级众多身材高挑的女生中真是“鸡立鹤群”。假如是初次见面的人，很容易在人群之中忽略她。为此，顾晓晓的内心深处非常自卑，她总是幻想着自己能够再长高一点儿，这样就会显得完美一些了。她偷偷地背着同学们买了增高的药吃，谁知道吃了药之后，她非但没有增高，反而得了急性肾结石，因为腹痛难忍，同学们不得不连夜把她送到医院去。

在医生的询问之下，她说出了真相，同学们听了不由得瞠目结舌。一个同学对顾晓晓说：“在我的心里，你是我们班最优秀的女生。你长得很漂亮，也非常善良，你的学习成绩总是在班级中名列前茅而且总是乐于助人，你真是没有必要为了自己的身高而自卑啊。”另一个女同学说：“就是啊，我还因为我长得高苦恼呢，现在哪里有那么多高个子的男生，我和男友之所以分手，就是因为他觉得我太高了，而我呢，假如和他在一起就永远也不能穿高跟鞋。我还羡慕你的身高呢，可以随便穿多高的高跟鞋都可以，而且给男生一种小鸟依人的感觉。”顾晓晓疼得龇牙咧嘴，她听了同学们的话，不由得暗自后悔，不为别的，只是这种生病时候的痛苦，就使她认清楚了原来身体健康就是最大的快乐！

从此以后，顾晓晓变成了一个快乐、自信的女孩子！

在上述事例中，一个原本非常优秀的女孩，仅仅因为自己的身高问题，险些危及到自身的健康。实际上，当你生病的时候，你就知道健康是最重要的，而其他的一切，都是无关紧要的。

其实，如果每个人都能够像父母看待孩子一样来对待自身的缺点和弱点，那么就会多一些宽容。众所周知，在这个世界上，没有任何父母会嫌弃自己的孩子，不管孩子长得是黑是白、是美是丑，在父母眼中都是最完美、最优秀的。这是因为他们知道孩子是独一无二的，对自己来说是上天最珍贵的赐予。所以，他们才能够如此宽容地对待孩子，接受孩子所有的优点和缺点。对每个人而言，也应该学会宽容地对待自己。从某种意义上来说，绝对的完美也许正是一种不完美，因为绝对的完美往往象征着不真实。

打开心房，储藏快乐

有一位名人曾经说过，假如你对生活微笑，那么生活就会回报你以微笑；相反，假如你愁眉苦脸地面对生活，那么生活就会皱着眉头对待你，使你感到更加压抑和郁闷。在生活中，我们经常只需要看到一个人的相貌就能够知道他生活得是幸福还是不幸福以及他的内心是否充满快乐，其实这就是相由心生的原理，一个人的内心世界会折射在他的脸上，这是无法伪装的。假如一个人总是心存善念，友好、宽容地对待身边的人和事物，那么他的脸上就会充满慈祥的光辉，使人一见就非常想亲近他、信任他；相反，有的人长得凶神恶煞，也许原本他只是长得丑陋而已，但是假如他的内心非常凶残，那么这种残忍的本性就会表现在他的脸上，使别人一见到他就心生恐

惧。实际上，这种内在精神世界在外在相貌上的表现是可以改变的，改变的方法就是充实自己的内心，使自己的内心变得更加和善友好。用一句话来说，就是打开心房，储藏快乐。

在生活中，有很多人抱怨自己的生活缺少快乐，充斥着太多的烦恼。究其原因，就是因为他没有打开自己的心房，没有有意识地去储藏快乐。试想，你总是带着黑色的墨镜去看周围的世界，你的生活中就不会有阳光；反之，你能够以轻松快乐的心态去面对生活，去对待身边的人和事物，那么你的内心就会充满快乐。有的时候，并不是外界的事物不够美好，而是因为我们没有摆正自己的心态。只要微笑着面对生活，生活就会回报以微笑。在生活中，我们常常会看到有的人总是不停地抱怨，抱怨自己在工作中受到了不公平的待遇，抱怨爱人不够体谅自己，抱怨生活压力太大，甚至就连某天下雨刮风了，他们也会抱怨连天。假如在路上遇到堵车的情况，明明知道寸步难行，他们还是不停地狂按喇叭，最终的结果只能使自己的心情变得更糟糕，而且使旁边的人对他们投以白眼。实际上，只要认真想一想就会发现，这种抱怨根本无济于事，唯一的结果就是使自己充满抱怨。所以，他们所要做的就是停下脚步、停止抱怨，认真地审视自己的生活，看看生活是否真的就像他们所抱怨的那么糟糕。如此一来，他们会发现自己之所以不够快乐，就是因为他们无视身边的快乐，而被一味的抱怨遮蔽了眼睛。只要意识到这一点，他们就会豁然开朗，开始一种全新的心灵旅程。

一直以来，黄浩都觉得很不快乐。每天早晨，他匆匆忙忙得起床吃早餐上班，顺路送儿子去幼儿园；在单位里，他总是头也不抬地工作，工作就像大山一样压得他喘不过气来；晚上回到家里，几乎每天都是同样的饭菜，使他觉得生活没意思透了，一切都索然无味。

周末的早晨，黄浩突然觉得胸口发闷，妻子刚刚出门，黄浩就在一阵天旋地转后晕倒了，不知道过了多久，才渐渐地苏醒过来，但是仍然全身无力。他一个人静静地躺在地上，心里却起伏不定，他感到恐惧，觉得活着是那么美好。每天可以送儿子去幼儿园，看着儿子健健康康地成长；每天晚上能吃到妻子做的家常菜，感受平淡生活的幸福；甚至一家三口在一起静静地坐着都是一种心灵的奢望。就这样，黄浩等到妻子回家之后，赶紧让妻子陪伴自己去医院做了全身体检。检查完之后，医生说他的身体没有大碍，只是因为过度疲劳导致的。星期一的时候，黄浩早早地就去单位了，他和领导请了年假，决定带着妻子和儿子一起去旅游，放松心情。

经过一段时间的调整，旅游归来之后的黄浩就像变了一个人，他不再抱怨，而是以感恩的心态去面对生活的每一天。即使儿子调皮捣蛋了，他也觉得这是展示自己做父亲的教导作用的机会。不管妻子的菜做的咸了还是淡了，他都吃得滋滋有味。他知道，活着的每一天都是命运的赐予，更何况还有深爱自己的妻子和自己深爱的儿子陪伴在自己的身边。黄浩工作起来也不再抱怨了，他学会了调节生活和工作之间的关系，他可不想让自己再次因为过度劳累而晕倒，因为妻子和儿子还需要他照顾呢！

自此以后，黄浩就变成了一个快乐的人，因为他知道了生活的真谛！

在这个事例中，同样还是那样的生活，但是黄浩的感受却截然不同，这主要是因为他改变了自己的心境。从黄浩的身上我们不难得出一个道理，虽然每个人的生活都是不一样的，但是生活得快乐与否很大程度上还是取决于自己的内心。在现代生活中，每个人的压力都很大，工作的压力和生活的压力都成为沉重的精神负担，只有调节好自己的心态，我们才能更好地面对生活。要知道，工作的目的是为了更好地生活，而不是仅仅为了工作。假如工作无法给自己和家人带来更多快乐、幸福的生活，那么工作就失去了意义。正是因为如此，我们必须调整好自己的心态，快乐地面对生活。

快乐就像一只蝴蝶，假如你想伸手捉它，那么它就会展翅高飞；假如你能够做到安静地坐下来认真品味生活，那么它反而会在你的身边停留。这是因为快乐就在每个人的心中，必须停下你匆忙的脚步用心感受。禅宗解释人生有三重境界：看山是山，看水是水；看山不是山，看水不是水；看山还是山，看水还是水。换言之，这句话的意思是说人生之初是纯洁无瑕的，初识世界，所看到的一切事物都是新鲜的。在生活中，有些人怀着一颗赤子之心，所以能够体悟到更多的快乐。假如想得到快乐，就请你敞开心房，储藏快乐吧！

世上本无事，庸人自扰之

在生活中，有很多人玩世不恭，凡事都不在乎，时时游戏人生，这种人生态度是不足取的。和这种万事不入心的态度比起来，有些人则恰恰进入了另外一个极端，不管事情是大还是小，事无巨细，凡事都要采取较真的态度。无论什么事情，他们都要弄得清清楚楚、明明白白，必须打破沙锅问到底。其实，古人说过一句话“水至清则无鱼，人至察则无徒”，对于人生而言，总有一些事情是说也说不清楚的。假如斤斤计较、处世死板，就会使我们走进人生的死胡同之中，毫无回旋的余地，给自己带来额外的烦恼和精神负担。假如凡事都较真，人生就会像戴上放大镜似的，明明是不值得在意的小烦恼，经过较真之后，就变成了一个非常大的烦恼。这样一来，快乐当然会离你远去。

其实，不管是工作还是生活，不管是家人还是朋友，在对待人生之中遇到的这些人和事情的时候，我们必须摆正自己的心态，使自己能够坦然从容地面对这一切。要知道，人生苦短，假如一味地纠缠于烦恼和一些不足挂齿的小事，那么自然就没有时间来享受人生的美好和幸福了。所以古人说，世上本无事，庸人自扰之。

古时候，有一户人家的生活非常富足，当别人都挣扎在贫困线上的时候，他们却衣食无忧，让别人都非常羡慕。大家都以为他们家的生活一定会非常幸福，但是事实却恰恰与此相反。因为婆媳不合，这家人不是婆婆哭了，就是媳妇哭了，要不就是谁也不理谁，都恨不得对方早点儿离开这个世界才好。因为婆媳关系不好，所以儿子夹在其中受夹板气，总是两头哄，两头劝，也总是两头不落好。

最终，年轻的媳妇因为整日郁郁寡欢，茶饭不思，所以得了一种奇怪的病，整日卧床不起。丈夫找来医生给媳妇看病，医生认真检查之后，发现媳妇完全是心病。为此，医生慢慢地开导媳妇，最终才知道原来媳妇的心病是因为家庭不和睦引起的。医生支走丈夫，告诉媳妇说："我有一种办法，能够帮助你彻底摆脱婆婆。我送给你一些药物，你当成是名贵的补品每天炖给婆婆吃。当时不会显露出毒性来的，等到一年半载之后，你的婆婆就会中毒身亡，但是其他人绝对看不出来，这样一来，你就彻底摆脱她了。不过呢，有一个条件你必须遵守，即这种药吃下去之后，假如你婆婆想吃什么，你一定要顺遂她的心意，做给她吃。这样做还有一个好处，等到你婆婆无疾而终的时候，大家都会说你是一个孝顺的好媳妇。"听了医生的话，媳妇连连点头，她说自己一定会按照医生的叮嘱去做的。

媳妇一想到自己一年之后就能够彻底摆脱婆婆了，因此心甘情愿地放低姿态，开始低眉顺眼地孝顺婆婆。想不到的是，一年之后，婆婆非但没有生病，反而精神矍铄，最重要的是，婆婆对媳妇的态度发生了一百八十度的大转弯。经过媳妇一年多来的精心侍奉，婆婆的心渐渐地变得柔软，她把媳妇当成自己的亲生女儿对待，处处都想着媳妇。而媳妇呢？也开始把婆婆当

成自己的亲妈对待，再也不和婆婆对着干了。媳妇突然想起医生一年前说过的话，非常害怕，生怕婆婆会离开人世，因此，她赶紧向医生求救。

看到媳妇的转变，看到和睦的婆媳两人，医生哈哈大笑起来，他告诉媳妇，正是因为她这一年多来精心侍奉婆婆按时吃调节胃口疏散气血的补品，所以婆婆的精神才会这么矍铄，身体也变得健康多了。

即使是大多数人都认为很难相处的婆媳关系，只要用心去相处，多多为对方着想，也能够化干戈为玉帛，甚至到谁也不愿意离开谁的地步，更何况是其他的关系呢？由此可见，不管是多么难的事情，我们都应该采取积极的态度去对待，这样才能彻底地解决问题，不留下任何死结在心间。

其实，不仅仅与人相处的时候我们要做到这一点，在生活和工作中，我们都应该努力做到这一点。只有这样，我们才能坦然面对人生的风风雨雨，才能够走好人生的每一步。其实，等到百年之后，回首自己的一生，我们会发现原来所有的钱财等都是身外之物，而最重要的是内心深处的感受，只有这些记忆留在了我们的灵魂深处。为了使自己在回忆往昔的时候不至于后悔，为了使自己的一生没有遗憾，我们千万不要庸人自扰。只要你能够敞开心扉，接纳生命中的美好和苦难，你就能够笑对人生。

丢掉所有的不快乐，就是快乐

在生活中，很多人不辞劳苦地到处寻找快乐，或者眼巴巴地羡慕着别人的快乐，殊不知，他自己原本也应该是快乐的，只是因为他没有发现自己的快乐而已。有的人非常好强，也非常较真，凡事一定要争出个高低胜负来，或者非要弄清楚事情的真相。然而，有的时候真相并不那么使人快乐，而且你也未必就一定能处处战胜别人。这样一来，你难免会陷入苦恼之中。有时候，人的心和大海一样辽阔，有时人的心就像针尖一样小。所以，假如你的内心充满了苦恼，被烦恼所充斥着，那么你就很难感受到唾手可得的快乐。也有人把人心比喻成一个杯子，假如这个杯子中装满了苦恼，那就势必没有空间去容纳快乐。相反，假如人心是空的，那么就可以进驻很多快乐。由此可见，要想使自己快乐起来，你首先要尽力丢掉所有的不快乐，只有这样，快乐才能进驻你的心灵。

在生活中，每个人都有可能遇到不快乐的事情，在这些事情的影响下，人们的情绪也会变得不快乐起来，从而产生痛苦、失望、懊悔、自责、嫉妒、仇恨等不良情绪。对于绝大部分人而言，可以通过向心理医生咨询，以寻求疏导等社会活动手段逐渐减缓这种不良情绪。不过，有些人却像钻进了死胡同，永远无法从这种不快乐的情绪中走出来，永远无法摆脱这些阴暗的、负面的情绪。时间长了，他们必然会变得悲观绝望，对生活和人生失去信心和勇气。此时，这种不快乐就发展成为了一种疾病。现代社会，抑郁症患者逐年增加，在全球范围内，抑郁症已经成为了仅次于心脏病的生命杀手。抑郁症的真正危害在于，它使人们对生活失去信心，毫无快乐可言，所以很多抑郁症患者最终选择自杀，以获得解脱。在包括中国、美国在内的很多国家中，抑郁症患者都在每年的自杀人群中占据了很高的比例。比起自杀来，更为恐怖的是有的抑郁症患者还会杀害他人，医生把这种现象称为“利他性谋杀”。具体说来，就是指抑郁症患者本人已经对生活失去了所有希望和热情，因此，他也会觉得身边的人活在世界上和他一样痛苦万分，特别是他们的父母、孩子等亲人。出于帮助亲人摆脱痛苦的目的，他们会在杀害自己的亲人之后再选择自杀。他杀人的动机并不是因为仇恨，而是因为对亲人的爱。由此可见，我们必须关注生活中那些不快乐的人，包括我们自身在内，尽力使他们变得快乐起来，这样才能有利于维护社会的稳定与

和谐。

要想使身边的人快乐起来，我们自己首先应该快乐起来，要想使自己快乐起来，我们就要学会丢掉所有的不快乐。要知道，快乐具有感染性，一个人快乐了，往往一家人、一个团体中的人都会快乐起来。记得一位爸爸曾经对自己的妻子说过：“在我们家里，只要你快乐了，我们全家就都快乐了！”

玛丽最近非常忧郁，她觉得自己的生活糟糕透顶。因为刚刚生了孩子，所以她原本纤细的身躯变得非常肥硕。因为孩子总是啼哭，所以她患了神经衰弱，只要一听到孩子哭，她就烦躁不安，恨不得自己变成聋子和瞎子才好。就这样，她陷入了这种恶性情绪之中，难以自拔。为此，她去咨询心理医生，想获得解脱。

心理医生知道这个消息后，建议她与丈夫约翰多多沟通，让约翰了解她的想法和痛苦。而且医生让她停止哺乳，给她开了一些抗抑郁的药物。后来，医生还专门与约翰见面进行了会谈，针对玛丽现在的精神状态，他们采取了一系列措施。在医生的建议下，约翰把自己的父母接过来帮助玛丽一起照顾孩子，每到周末的时候，约翰还会陪伴玛丽一起去郊外游玩。约翰甚至请了年假带玛丽到遥远的中国度假，他们去了北京、上海、青岛、西藏等地。经过这次长途旅行之后，玛丽的情绪显然好转了。回到家之后，她整个人就像获得了新生，她不再焦躁不安，而是变得非常平和淡定，她坦然地接受父母的照顾，对他们充满感恩。不过，医生告诉约翰，这只是一个小小的胜利，在今后的生活中，他们仍然应该保持良好的生活习惯，使对方对生活充满信心。

实际上，在抑郁症的康复治疗中，玛丽也是非常积极的。在旅游的途中，她用心感受各地不同的风土人情，而且非常配合治疗；在回到家中之后，她全心全意地和孩子相处，用心感受孩子一点一滴的进步；有闲暇的时候，她还经常外出与朋友聚会，扩大自己的知识面。这样一来，她的生活变得无比多彩，再也没有时间和精力抑郁了。

玛丽是非常幸运的，因为她找到了一个负责任的心理医生，不仅疏导她的抑郁情绪，而且亲自与她的老公交谈，以便能够从各个方面帮助玛丽摆脱抑郁状态。现在社会，很多女人在生完孩子以后得了产后抑郁症，但是却没有得到自己和家人的充分重视，最终导致悲剧的发生。不快乐是一种病，我们必须认真对待，这样才能使生活充满阳光。

其实，在生活中，每个人都有可能患抑郁症，尤其是在现代社会如此大的压力之下。人们总是非常困惑，不知道自己到底想要什么，也不知道怎样满足自己无休无止的欲望。要想使自己变得知足常乐，躲开抑郁状态，最好的方法就是使自己的生活变得充实起来，为了自己的理想不懈地努力。此外，还要学会生活，懂得感恩。生活是多姿多彩的，有很多美好的事物需要我们用心欣赏，用心感受。因此，我们必须把心底里的不快乐统统抛弃，这样才能敞开胸怀迎接快乐的到来！

放松心情，轻装上阵

人之所以感到痛苦，就是因为求之而不得。人生在世，总是有很多美好的理想和憧憬，然而，人们却无法事事顺心如意，所以就会感到不满，感到痛苦。很多东西，只有失去之后，你才会意识到自己曾经是多么富有，然而，悔之晚矣。所以，与其去追求那些无法得到的东西，不如珍惜自己所拥有的。由此可见，痛苦实际上并不是别人给我们带来的，而是我们内心生发出来的。假如我们能够坦然面对生活中的一切事情，随遇而安，那么

我们人生的岁月就会少一些焦灼，多一些静好。有的时候，人之所以烦恼是因为记性太好。在人生之中，每个人都难免要经历很多高兴或者是悲伤的事情，假如你把每件事情都牢牢地记在心里，那么你的人生必然会显得非常沉重，难以轻松前行。然而，在现实生活中，我们总是黑白颠倒，记住那些不应该记住的，忘记那些应该铭记在心的，这样的人生又怎么能够真正地得到快乐呢？假如你能够记住自己应该记住的，忘记自己应该忘记的，把每一天都当成是一个崭新的开始，那么你的人生将每天都拥有一个全新的太阳。不过，这件事情说起来容易，做起来却很难。人的欲望是无止境的，人的心总是有太多的牵绊，所以我们必须控制住自己的欲望，成为欲望的主人，而且还要学会放弃人生之中的一些东西，这样才能放松心情，轻装上阵。

在人生的道路上，不同时代的人们往往有着不同的追求。以前，人们的物质生活非常贫穷，精神状态却非常好。现在，人们的物质生活水平提高了，精神生活却变得越来越匮乏。很多人在巨大的生活和工作压力之下，不堪负累，甚至选择了轻生的道路。究其原因，主要是因为他们不会放松自己的心情，所以才会导致自己精神有负担。要想丢掉沉重的思想包袱，首先就要改掉钻牛角尖的毛病。在这个世界上，很多事情都难以考虑得万无一失，所以我们要允许自己或者是事情有一定的瑕疵，要知道，这个世界上没有绝对完美的事情。幸福的距离，有的时候很近，有的时候很远，有的时候你以为它远在天涯，但是却突然发现它近在咫尺。生活不会一直像过山车那般新鲜和刺激，随着时间的流逝，生活终究要归于平淡，然而，只有懂得生活的人才能够在平淡中品出幸福的味道。在人生的道路上，假如你不知道适时地放弃，清空自己的心灵包袱，那么你就会不堪重负。相反，假如你知道对于自己而言最重要的是什么，能够适时适当地放弃，那么你就能够理清自己的思绪，轻松地行走在人生之路上。

李强高中毕业后没有考上大学，这始终是他心中的一个伤痛，为此他

选择了复读。然而，虽然李强又辛辛苦苦地经历了一次高考，但他还是以三分之差名落孙山。李强不相信自己考不上大学，虽然父母建议他选择其他的人生道路，但是他却仍然坚持还要再上一年高三。第三年过去了，李强这次非但没有距离大学越来越近，反而越来越远，因为教材变动了，所以李强距离大学的录取分数线差28分。这次，李强彻底放弃了，然而他非但没有选择其他的人生道路，反而陷入了自暴自弃之中。整整一年的时间，他把自己关在家里，很少出门，也很少见人。他百思不得其解，自己的高中同学都快大学毕业了，但是自己迄今为止还没有考上大学。为此，他非常失落，甚至不止一次地想到自杀。

假如不是家中突然发生了很大的变故，也许李强仍然会这么懵懂下去。然而，爸爸的突然去世使他仿佛遭遇了晴天霹雳，家里的天似乎塌了！李强的妈妈因为丈夫的去世生了一场大病，病愈之后她似乎一下子苍老了十岁。经过三天三夜的沉思，李强变了。他似乎全然忘记了高考的事情，把自己当成了一个天生的农民。他每天天不亮就去地里辛勤地劳作，直到天黑才回到家中。农闲时节，他安顿好妈妈之后就和同村的人外出打工了。此时的李强，真正地摆脱了高考的阴影，以前的他不愿意听到别人说关于高考的任何事情，现在的他偶尔还会拿自己高考的事情当成是调侃。

经过几年的奋力拼搏，李强学会了修车的技术，为了离家近一些照顾妈妈，他在家乡开了一个修车铺，再也不用外出打工了。因为曾经的高中生活，所以他很快就把修车的技术掌握得非常熟练了。方圆几十里的人们都来找他修车，他的修车铺的生意越来越红火。看着逐渐成熟的儿子，妈妈也渐渐地从失去丈夫的伤痛中走了出来。如今，母子二人生活得非常好。

这个事例中的李强，假如一直沉浸在高考的失意中无法自拔，那么就很难取得现在的成就，也许一生都会被耽误掉。事实上，条条大路通罗马，在这个世界上，有很多人没有考上好的大学，但是他们依然生活得很

好。老人经常说，没有过不去的坎，意思就是说，即使是再难熬的时候，也终究会过去，只要我们坚持不放弃，生活就一定会越来越好。虽然我们并不像李强一样正在面临高考，但是生活中总是有很多失意的地方，我们一定要学会尽早地摆脱失意，正确地面对生活中的成功与失败。只有这样，我们才能使自己的人生道路更加平坦顺利。人，永远是矛盾的主体，经常处在犹豫和憧憬的困惑中，夹在世俗的单行道上，走不远，也回不去。人，真的是一个难以琢磨的生灵，最了解自己的永远只有自己。

对于任何人来说，生活都不可能是一帆风顺的。既然愁眉苦脸的也是一天，开开心心的也是一天，那么何不开心地度过人生的每一天呢？而要想做到这一点，就要学会抛开一切的烦恼和不快，给自己的心灵减负，使自己轻松地行走在人生之路上。

停止抱怨，肯定自己才会快乐

假如你自己都对自己不满意，那么谁还会对你感到满意呢？要想得到别人的认可，首先应该自己肯定自己。只有这样，才能鼓足勇气面对生活，使自己变得更加快乐。很多时候，是乐观地生活还是悲观地生活，完全取决于你的内心。要知道，即使是对待同一件事情，只要你的心态不同，那么你的生活也会截然不同。其实，在现实社会中，每个人都承担着巨大的压力，甚至包括孩子在内。激烈的社会竞争使得父母们迫不及待地把尚在襁褓期的孩子们送入各种各样的亲子班，稍微大点儿就开始参加形形色色的培训班，可以说，父母对于子女的期望已经达到了有史以来的最高峰。最重要的是，这是一场全民投入的运动，每个父母都争先恐后地投身于其中，生怕自己有丝毫的落后。那么，孩子们快乐吗？必须肯定的是，大多数孩子还是非常幸福的。他们忙中偷闲地在各种培训班之余抽出时间来玩乐，无意识地为自己调节心情。其实，这个道理放在大人身上也是一样的。同样承受着巨大的压力，同样面对着繁琐的生活，有人很快乐，但是有人却整日愁眉苦脸。由此看来，乐观是一种生活的选择，悲观是一种生活的选择，沮丧也是一种生活的选择。阿伯拉罕·林肯曾经说："大部分的人都是像他们内心所期望的那样高兴起来的。"

那么，为什么有这么多人感到不快乐呢？究其原因，是因为他们对自己不满足，所以他们总是抱怨连天，不仅使自己陷入苦恼之中，而且使他们身边的人也感到非常苦闷。所以，大多数人都不喜欢与不快乐的、内心充满抱怨的人交朋友。由此可见，在苦闷的生活之中，而且没有朋友的陪伴，抱怨多的人必然陷入一个恶性循环之中，越来越不快乐！其实，我们前文说过，白玉也有微的瑕，更何况是人呢？要知道，在这个世界上没有绝对完美的事情，也没有绝对完美的人。每个人都有自己的优点和缺点，而且正是在缺点的映衬下，优点才会显得更加可爱。且不说这个世界上没有绝对完美的人，即使有，那么他也一定不会如你所愿的那样快乐，因为水至清则无鱼，人至察则无徒，一个绝对完美的人对身边的人一定要求很高，所以很难容纳有缺点的朋友。从某种意义上来说，苛求也是一种极大的不完美。假如你坚持要在生活中苛求完美，那么你必将陷入无法获得满足的苦恼之中，等待你的将是难以摆脱的遗憾与烦恼。由此可见，要想拥有快乐的生活，要想得到别人的认可，我们首先应该肯定自己，这样才能充满信心地创造美好的生活。

一位记者去采访两位非常有名气的画家，请他们谈谈怎样使自己具备一双发现美的眼睛，从而为世人创造出更多的美。第一位画家说："每个作家都想竭尽全力地追求和发现美，并且把自己眼中所看到的、心灵所感

受到的美诉诸笔端，现于画纸。要知道，这是每个画家的神圣职责所在，是义不容辞的责任和义务！”说到这里，他突然话锋一转，满怀遗憾地摇了摇头，显得特别失望地说：“恕我实话实说，我觉得非常遗憾。这么多年来，尽管我不远万里，去过世界上的很多地方，跋山涉水，历尽千辛万苦，几乎找遍了天涯海角。然而，无论是观光也好，游历也罢，我从来没有找到那股发自内心的激情，换言之，我从来没有找到我心目中向往已久的有冲动想要画下来的完美面孔。”

画家说完之后，沉思片刻，然后对记者举例说：“在每张面孔上，我都发现了这样或者是那样的瑕疵，瑕疵或大或小，总是存在着。这使我万分沮丧，因为我知道我所追求的梦想变成了一场梦，不管我再怎么努力，没有找到那种绝对完美的东西，那么我的努力就是徒劳无功的。你想，那些充满缺陷的面孔如何能够构成我完美绝伦的画卷呢？”画家一边说，一边连连摇头表示自己的无奈。

记者在采访第二位画家的时候，遇到的情况与采访第一位画家时截然相反。这位画家显得非常淡定，他平静地告诉记者：“我觉得自己就是一个普通的人，只不过比较擅长绘画而已。我从来没有把自己当成是一位艺术家，更没有去国外追寻所谓的灵感。我每天都过着普通人的生活，和大多数人一样同哭同笑，在生活的很多场合中，我都能够惊喜地发现每一张面孔都是独一无二的。在他们的脸上，我总能在普通和平凡之中发现不一样的美，这使他们显得那么与众不同。”这位画家满怀深情地说：“在我的心里，他们的每张面孔都是一件弥足珍贵的艺术珍品，是一尊东方的维纳斯像。”画家的脸上笼罩上一层无比圣洁的光辉，记者从他的脸上看到，画家的心中充满了对人的爱。画家激动地说：“对我而言，即使我不是一位艺术家，只要和广大人民生活在一起，我也觉得非常满足！”

两位齐名的画家，谈论同样一个话题，即如何在生活中发现美和创造美，苛求完美的画家走遍千山万水也没有找到自己心目中那张完美的面孔，他的眼中看到的只有瑕疵和缺憾；珍视生活的画家却能够从普通人的脸上发现独一无二的美，在他的心目中，每一张面孔都是一尊东方维纳斯。之所以有如此之大的不同，是因为第一位画家苛求完美，所以他只能生活在失望和无奈之中，而第二位画家承认差异、善于发现美，从而他才能够淡定地面对生活，从容地进行自己的艺术创作。由此可见，对于审美，不同的心态和不同的审美观所产生的结果是完全不同的。

在生活中，要想拥有幸福、快乐、知足的生活，那么我们就要停止抱怨，肯定自己的方方面面，即使有瑕疵，抱怨也无济于事，而要积极地去提升自己。只有这样，才能够从容地面对生活。

第 2 章
远离偏激心理，用理智来对待各种刁难

不管在什么情况下，我们都应该保持理智。要知道，冲动是魔鬼，它总是使人们在情急之中做出令自己懊悔的事情来。大多数情况下，我们只有成为情绪的主人，把握情绪才能成为自己的主人，操控好自己的人生。无论什么时候，只要保持清醒和理智，才能远离偏激心理，避免自己做出一时冲动的事情来。

不要让仇恨心理扼杀了你

在中国，很多孩子都会背诵《三字经》，第一句话就是“人之初，性本善”。针对人性，孟子和荀子各自有不同的见解，孟子提出性善论，荀子则主张性恶论。孟子与荀子都是先秦儒家大师，备受人们的尊崇，但是他们二人关于人性善与人性恶的观点却完全不同。那么，到底谁的观点才能代表儒家原则？是孟子错而荀子对，还是荀子错而孟子对，也有可能是二人都是错的？确实，由于历史的局限性，使得他们在逻辑思辨上都是独断的，这必然决定了他们二人的观点都是错误的。相比之下，现代人的比喻似乎更加恰当一些。对于一个心灵纯洁无暇的孩子，人们往往将之比喻为一张洁白的纸，染黑则黑，染黄则黄。确实，人是群居动物，环境对于人的影响还是很大的，尤其是在孩童阶段，正是人生观、世界观和价值观逐步形成的阶段，正是形成善恶是非观念的阶段，所以就显得尤其重要。假如一个人的内心充满了善良，那么他就能够以一双善良的眼睛看待世界，以一颗美好的心灵感受所有的事情。相反，假如一个人的内心充满了仇恨，充满了抱怨，那么在伤害别人的同时，他首先已经伤害了自己。毋庸置疑，一个内心充满仇恨的人必然生活在仇恨之中，内心郁郁寡欢。

很多时候，在仇恨别人的同时，其实我们已经扼杀了自己。仇恨总是能够蒙蔽人们的眼睛，使他们无法看到美好的事物而只看到丑陋的一面。爱有终了的时候，但是仇恨却会一代一代地延续下去，绵绵不休。在生活中，有很多人都觉得自己是社会不公的受害者，还有的人自封为社会良心的裁判者，所以，他们总是肆意妄为地评判别人和其他的事物，充满愤世嫉俗的恶劣情绪。难道这种仇恨是对社会、对他人和自己有益的吗？实际上，这种貌似正义而无私的仇怨是黑暗狭隘的心灵挥发出来的毒汁，是一种负面的、邪恶的情感。假如你的心中也积累着很多这样的仇怨和暴戾之气，那么非但你自己会备受折磨，而且你身边的人也会受到你的心灵毒害。没有人喜欢战争，而有很多战争都是因为仇恨产生的。所以说，仇恨是世界上毁灭性最强的一种力量。

其实，仇恨并不是在折磨别人，而是在折磨自己。当我们长久地停留在那些痛苦和怨恨之中无以自拔的时候，我们的生活就会彻底地失去阳光，成为一种磨难。无数的事实证明，当我们决定永远不原谅别人的时候，我们的心灵就背上了沉重的负荷，从此与美好的事物绝缘，而生活在无边无尽的黑暗和阴霾之中。从此之后，我们的心中再也装不下任何的幸福和快乐，一心一意地只想着仇恨，这样的生活除了痛苦之外还有什么意义呢？

在古希腊神话中，英雄海格力斯力大无比。有一天，海格力斯独自一人行走在崎岖不平的山路上，突然之间，他看到路的正中间有个像袋子一样的东西正好挡住了去路，海格力斯就使劲踢了那个东西一脚。出人意料的是，那个不知名的东西非但没有被力大无比的海格力斯踢开，反而迅速膨胀起来。这使海格力斯特别生气，他又恶狠狠地使劲踩了那东西一脚，企图把它踩破。让他惊讶的事情发生了，那个东西非但没有被海格力斯踩破，反而以更快的速度膨胀起来。见此情形，海格力斯恼羞成怒，操起随身携带的一根碗口粗的木棒竭尽全力地砸它。如此一来，去路被彻底堵死了，因为那个东西居然再次开始膨胀起来，变得硕大无比。此时，山中走出一位圣人告诉海格力斯："朋友，你最好赶紧住手，千万不要动它，更不要攻击它。它叫仇恨袋，只要你不犯它，它就会变得像刚开始一样小，但是，如果你的心里始终记着它，侵犯它，那么它就会迅速膨胀起来，挡住你前进的路，与你对抗到底!所以，你如今要做的就是忽略它，赶紧远离他！"

在现实生活中，每个人都难免与别人产生一些误会、摩擦，严重的还会因此而导致仇恨的产生。有的人信奉有仇不报非君子的信条，导致自己心胸狭隘，无法容忍任何的误会和委屈，最终形成了睚眦必报的心理。然而，他们没有意识到的是，他们的人生之路已经被仇恨彻底斩断了。相比之下，那些心胸宽广的人因为心中充满着宽容，所以非常善于化敌为友，最终在朋友的帮扶下使自己的人生之路越走越宽。其实，不管是谁，在人生的道路上，都要在自己的心中装满宽容，忘掉仇恨，彻底地远离仇恨，这样的人生之路才会越走越宽，越走越顺利。

要想使整个社会更加和谐美好，要想使整个世界充满友爱，不管是个人、民族还是国家之间，都要学会放弃仇恨，变得更加包容和博爱。

控制自己，把握人生

如今，很多人都知道最大的敌人是自己。所以人们经常说，要想获得成功，就要战胜自己。从本质上来说，战胜自己其实就是控制自己。再进一步来说，控制自己实际上就是成为自己的主宰，控制自己各种各样的情绪，这样才能成为自己的主人。人吃五谷杂粮，有七情六欲。所谓七情，指的是喜、怒、哀、乐、爱、恶、欲等情绪。在这些情绪中，有些是表示高兴和喜悦的，有的是表达悲伤和绝望的，有的是代表善恶的，有的是代表欲望的，总而言之，都体现了人们面对各种各样的人和事物时的情绪。自古以来，先哲们都提倡喜怒不形于色，宠辱不惊。实际上，这说起来是一句简简单单的话，做起来却是很难的。

在生活中，每个人都需要生活在群体之中，这就难免要与别人相处，要经历各种各样的事情。前文我们也已经说过，凡事很难顺心如意。所以，当面对欲望不能满足的时候，当面对别人的所作所为无法使我们满意的时候，当我们因为一些事情怒火中烧的时候，当有了特别高兴的事情使我们喜形于色的时候，我们应该如何表达自己的情绪呢？现在，很多人都知道气大伤身，却往往容易忽视乐极生悲。喜欢生气的人很容易得病，因为他们无法很好地控制自己的情绪。而人们在愤怒之下，身体会产生很大的毒素，甚至连呼出的气体也是有毒的。相比之下，高兴似乎要好一些，但是乐极生悲也并非空穴来风。乐极为什么会生悲呢？这主要是因为人们在高兴之中很容易得意忘形、放松警惕、失去自律，甚至是放浪形骸，这样一来，自然容易做出错误的事情。不过，即使仅仅是从身体的角度来说，过于高兴也是不利的。最起码，大喜大悲、大起大落的情绪对心脏是很不好的。

由此可见，不管是从身体的角度来说，还是从心理的角度来说，我们都应该努力成为情绪的主人，更好地控制自己，主宰自己的人生。罗伯·怀特曾经说：“不管什么时候，你都不应该成为情绪的奴隶，不应该使自己的所有行动都受制于自己的情绪，相反，你应该学会反控制自己的情绪。不管境况多么糟糕，你都应该努力地改善自己的环境，把自己从黑暗之中拯救出来。”安东尼·罗宾斯也曾经说过：“成功的秘诀就在于知道如何控制痛苦和快乐这两股力量，而不要被这两股力量所控制住。假如你能够做到这一点，那么你就能够更好地掌握自己的人生，否则，你的人生就将失去控制。”由此可见，控制自己的情绪对于把握人生而言是非常重要的。

李霞毕业于师范院校，毕业后进入了一家公立中学担任初中教师。李霞在工作上的表现非常好，深得学生和同事的喜爱。不过，李霞性格耿直，脾气比较急躁，所以和领导之间的关系始终有点儿不尴不尬。

在一次年终评选优秀教师的活动中，李霞以为自己一定能够获得优秀教师的称号和奖金，但是最终公布结果的时候却使所有人都大跌眼镜，一个刚刚毕业几年的黄毛丫头居然取代了李霞优秀教师的位置。这个黄毛丫头不仅资历尚浅，而且教学水平非常一般，根本没有任何地方能够与李霞相比。为此，李霞火冒三丈，找到校长大吵一通，校长和她解释说这个毛丫头是教育局长的侄女，评选优秀教师事小，但是却关系到未来一年之中全校教师的福利待遇。然而，李霞充耳不闻，只想向校长讨个公道，即使校长承诺明年优秀教师的称号一定是李霞的，李霞仍然不买账。在冲动之下，李霞居然对校长说：“假如这次你不能给我一个公道，那么我情愿选择辞职。”校长表示爱莫能助，所以李霞当场就写了一份辞职申请交给了校长。

虽然校长一直好言相劝，但是李霞的怒声斥责还是使校长觉得下不来台，在李霞交上辞职申请的时候，校长也暗暗下决心不能再继续聘用李霞了。

事后，冷静下来的李霞觉得有些后悔，因为她知道公立学校是很难进的，而优秀教师只是一个称号和几百元的奖金而已。然而，由于校长已经下决心不再聘用李霞了，所以并没有作出任何挽留，就这样，李霞离开了工作了十年之久的学校。她不得不和很多年轻人一起竞聘，以便能够在私立学校任职。进入私立学校之后，李霞才知道公立学校其实还是很好的，不仅压力没有那么大，而且同事之间也更好相处，工作也比较稳定。然而，事以至此，悔之晚矣。李霞只好默默地后悔，努力地适应新学校。

在这个事例中，李霞原本能够以一种更好的方式处理事情，但是就因为她过于冲动，没有做到三思而后行，所以轻易地失去了公立学校教师的职位。从此，她不得不和一些年轻的教师一起在私立学校竞聘上岗，而且还要承受比公立学校更大的工作压力。假如她能够冷静一下，认真思考之后再决定如何以更好的方式维护自己的合法权益，那么事情的结果一定会完全不同。

其实，不管是在生活中还是在工作中，不管是对待一件事情还是与人相处，要想避免冲动之下做出不当的举动，我们就应该凡事三思而后行。具体地说，当你特别冲动地想去做一件事情的时候，你最好缓和一段时间，这样一来，你就能够有足够的时间思考，使自己冷静下来。如此一来，时间长了，你就能够学会有效地控制自己，更好地把握人生。

重视情商的力量

现代社会，人们越来越重视情商。那么，何谓情商呢？情商主要指

的是人在情绪、情感、意志、耐受挫折等方面的综合品质。总体而言，人与人之间的情商并没有特别明显的先天差别，情商更多地与后天的培养密切相关。情商，具体地说是情绪、情感、智慧，是由两位美国心理学家约翰·梅耶和彼得·萨洛维在1990年第一次提出的，不过，在当时，情商的概念并没有在全球范围内引起广泛的关注。直到1995年的时候，当时担任《纽约时报》科学记者的丹尼尔·戈尔曼出版了《情商：为什么情商比智商更重要》这本书的时候，才在全球范围内引起了关于EQ的研究与讨论，所以，丹尼尔·戈尔曼被人们誉为“情商之父”。最近几年，情商作为心理学家提出的与智力和智商相对应的概念频频出现在各种心理类的图书之中，而且被人们广泛熟知。

丹尼尔·戈尔曼深受萨洛维观点的影响，认为情感智商主要包含以下五个方面：①正确地认知自我，监视情绪的变化，敏感及时地察觉某种情绪的出现，审视和观察自己的内心体验，因为它是情感智商的核心，换言之，只有认识自己，才能把握自己的人生；②自我管理，能够很好地调控自己的情绪，使之适度适时地表现出来，用几个字来进行概括，就是指能够调控自己；③自我激励，可以根据活动的目标调动、指挥自己的情绪，从而使自己走出人生的低谷，再次启程；④识别他人的情绪，能够与他人正常交往，实现顺利沟通，具体来说，就是能够通过细微的社会信号，敏感地感受到他人的欲望与需求，认知他人的情绪；⑤处理好人际关系，掌握调控自己与他人的情绪反应的技巧。概括起来说，情商水平高的人外向、乐观、热情，不易陷入伤感或者恐惧之中；社交能力强，处世积极，热爱事业；为人正直，富有同情心；有良好的自制力，通常不逾矩；不管是一个人独处还是和很多人在一起相处，都能如鱼得水，怡然自得。心理专家还认为，一个人的情商是否高，在很大程度上取决于童年时期的教育培养。所以，作为父母，应该对此引起

足够的重视，在孩子小的时候就开始培养孩子的情商，这样孩子长大以后才能成为一个情商比较高的人。

因为默多克，邓文迪成为了一个举世瞩目的女人。毋庸置疑，邓文迪的智商和情商都超高。邓文迪“头等舱”的故事为人们所熟知，这也暗示了邓文迪深知成功是需要技巧的。从美国MBA毕业后，邓文迪计划去香港发展。从做穷学生的时候开始，邓文迪就养成了一个习惯，即为了有更多的机会认识高层人物，所以她每次都查阅头等舱客人名单，然后为自己买头等舱机票，她的这个习惯最终彻底改变了她的人生。有一次，邓文迪在飞机头等舱里与默多克公司高管结交，为此她非常顺利地进入默多克公司工作，后来她又嫁给了富豪老板默多克，从此以后她的人生完全不同。她从一个灰姑娘摇身一变成为了一个很多女人都非常羡慕的默多克帝国的王后。

邓文迪的自我评价非常中肯，她说自己是一个非常上进的人。而且不管做什么事情，她都会竭尽全力。她还有着一颗善良的心，无论是家人还是朋友，只要需要帮助，她就会随时伸出援助的双手。最关键的在于，她有一颗积极地面对生活的心。尽管人生充满了跌宕起伏，然而，无论是身处顺境还是身处逆境，她都能够乐观地面对生活，竭力找到美好的东西，使生活尽量变得更加完美。

1999年6月25日，默多克在纽约港外那艘豪华游艇上与邓文迪举行了隆重的婚礼，虽然默多克的四个已经成年的子女全部到场，这个家族也不可避免地出现裂痕。此后，因为默多克对于和自己的子女年纪相仿的娇妻的宠爱，导致他屡屡与自己的子女发生争执。

虽然这样，默多克与邓文迪婚后的甜蜜生活始终在持续着。因为邓文迪，默多克发生了很大的改变，他从一个废寝忘食的“工作狂”变成了一个懂得“享受生活”的人。对于邓文迪，默多克的亲密助手也给予了很高的评

价。他形容邓文迪是一个特别优秀的工作伙伴，虽然她并不很擅长社交，但是却非常聪明；虽然她并不是绝色美女，但是却性情温和、和气温柔。因为有她的陪伴，极大地缓冲了默多克在工作中的巨大压力，使默多克能够经常保持一种愉悦的心情。

从邓文迪的身上我们不难发现，并非只有国色天香的美女才能吸引那些成功人士的眼球，赢得他们的喜爱。邓文迪并不漂亮，也不是处世圆滑之人，但是她的情商显然非常高，她一定是给默多克带来了如沐春风的感觉，才能够使默多克排除重重阻力，选择与她在一起。其实，不仅是在恋爱中如此，在生活和工作之中，在面对朋友、同事，甚至是竞争对手的时候，都是同样的道理。要想征服一个人，首先要征服他的心。在这种情况下，不管你的能力多么强，你的权利多么大，都会显得力不从心。而只有你以一种非常亲和、非常阳光的状态出现，才能打动对方的心灵。而要想做到这一点，你就必须拥有比较高的情商，这样才能在生活和工作中游刃有余、如鱼得水。

生气有害健康

气大伤身，这是人所共知的事情。康德也曾经说过，生气是用别人的错误惩罚自己。而且，很多时候，生气除了使事情变得更加糟糕之外，似乎于事无补。由此不难发现，不管是从自身的健康角度来说，还是从解决问题的角度来说，生气似乎都只有百害而无一益。生气并不能解决问题，而只会使你陷入糟糕的情绪之中，轻则气得鼓鼓的，重则还会因气致病，劳命伤财。和前文所说的一样，在面对难题或者是困境时，我们首先应该

先学会控制自己的情绪，要知道，不管是悲观失望还是怒火中烧，都没有丝毫用处。所以，我们最应该做的就是冷静下来，理智地寻找解决问题的办法。

当然，生活是非常琐碎的，工作的压力也是特别巨大的，这就导致大多数现代人都处于绷紧的状态之中，所以就很容易动怒。例如，有人因为别人在公交车上不给自己让座而生气，有人因为爱人没有得到晋升而生气，有人因为儿子找的女朋友不合自己的心意而生气，有人因为走路被汽车溅了一身泥水而生气。其实，回过头来看看，别人让不让座是别人的自由；爱人没有得到晋升也许就有了更多的时间来照顾家庭和孩子；儿子的女朋友不合自己的心意也没有关系，因为毕竟是他们俩以后要过日子，而不是你和儿媳妇过日子，换言之，假如儿子找的女朋友合你的心意而不合他的心意，那么这以后的日子能过好吗；被汽车溅了一身泥水就更没有必要生气了，车已经开走了，即使你气得七窍生烟也只是徒增烦恼而已，那个没有公德心的司机不会听见。分析这生活中种种琐碎的事情，你根本没有必要生气。假如人人都能如此劝慰自己，那么就会少生很多气。

法国著名的化学家建德和美国著名的心学家爱尔玛凯在市场上买的肉类中发现了一种毒素，假如长期食用就会危及人类的生命。经过研究他们最终发现，这种毒素是因为动物被宰杀的时候在极度恐惧和痛苦的情绪之中释放出来的。由此，他们想到了一个更加严重的问题，即人类在生气的时候是否也会释放出这种毒素？甚至危害人体的健康呢？

爱尔玛凯以人为对象进行了相关的实验。当一个人的心情正处于激烈变化之中的时候，他的身体就会分泌出有毒的化学物质，这种化学物质的毒性非常大，甚至还会影响处于气愤之中的人所呼出来的气体成分。他分别找了三个人，一个是稍微有点儿生气的人，一个是非常生气的人，一个是心情平静的人，结果他发现这三个人的呼气凝结在玻璃管上之后形成

的溶液是不同颜色的。心情平静的人呼出的气凝聚成的水汽是无色透明的，没有任何杂质；稍微有点儿生气的人呼出来的气体是浑浊的；而极度愤怒的人呼出来的气体凝聚成的水汽居然带一些淡紫色。他把这种淡紫色的液体注射在其他人的身上，发现接受注射的人会变得非常生气，即使不生气，情绪也会有比较大的变化。后来，为了进一步验证实验结果，他把淡紫色的液体注射在体积比较小的老鼠身上，让人感到非常惊讶的是，接受注射之后的老鼠在短短几分钟的时间里就因为中毒死了。为此，科学家进行了进一步的研究，发现假如哺乳期的母亲在生气的情况下用自己的乳汁哺育孩子，那么幼小的婴儿就很容易生病，身体的抵抗力也会降低。由此，科学家最终断定，在一个人的情绪处于剧烈变化之中的时候，他的身体就会释放出大量的毒素。当然，这个道理是从动物身上发现的，所以也同样符合动物的生理规律。

从这个著名的实验我们不难发现，在极度愤怒的情况下，我们的身体肯定会释放出很多的毒素，从而导致我们的身体受到很大的伤害。由此可见，生气不仅仅是为了避免影响别人的情绪，最主要的还在于保护自己的身体健康。很多时候一旦发生了就没有逆转的可能性，所以，与其生气害人害己，还不如冷静下来，想一想如何扭转事情的局面，使事情向着更好的方向发展。这样一来，你才能够更好地处理问题。

不管是在生活中还是在工作中，我们都要牢牢记住自己生活的意义。在做很多事情之前，我们应该想清楚自己想要一个怎样的结果，最坏的情况是什么？这样一来就有足够的心理准备去应对突然出现的状况，也就不至于因为很多事情而生气了。在现实生活中，在处理很多事情的时候，人们总是本末倒置，忘记了自己的初衷，徒劳地生气，这是不足取的。在任何情况下，都要牢牢地记住，生气有害健康。这样一来，就能够控制住自己，减少生气的频率。

让自己远离愤怒

在生活中，我们总是控制不住自己的怒气，甚至在某些情况下变得歇斯底里。其实，这不仅容易伤害自己的身体，而且也会给别人的心灵带来伤害。很多人都听过一句格言，即愤怒距离危险只有一步之遥。这句古老的格言历经时间的考验，充分验证了其正确性。所以说，不会生气的人是愚者，不生气的人才是真正的智者。很多时候，人们被愤怒冲昏了头脑，口不择言，甚至动起手来，对很多人和事情造成严重的伤害。在人自身的发展过程中，愤怒更是一个自我发展的障碍，它常常使人们的视野变得越狭窄，使人们的发展遭遇瓶颈，更使人们失去朋友。要知道，假如你的心灵充斥着愤怒和傲慢的情绪，那么，你在与人交往的时候就会没有任何逻辑性和公正性可言。为了避免这种情况的发生，为了自己的身体健康，为了与人更好地相处，为了更好地把握自己的人生，我们必须远离愤怒。

那么，如何远离愤怒呢？首先，凡事要三思而后行。假如你在某种情况下变得怒不可遏，恨不得在下一秒的时候就做出什么泄愤的举动，那么你一定要告诉自己冷静下来，等你变得不那么激动的时候再去处理这件事情。这样一来，你就有了足够的时间去冷静自己激动万分的心情，也就不会做出很冲动的举动来。其次，要想远离愤怒，你还应该使自己具有足够的耐心。很多时候，人们之所以愤怒，并不是因为被别人冒犯或者是触怒，而是因为没有耐心。他们总是因为着急而变得急不可耐，继而愤怒起来。在这种情况下，耐心无疑是帮助你远离愤怒的良药。最后，要提高自己的修养，宽以待人。在生活中，假如你非常细心就会发现，一个具有良

好修养的人很少动怒，即使是面对尴尬或者艰难的处境，他们也能够从容地化解，这样一来，他们自然无需用愤怒来掩饰自己脆弱的内心。相反，假如没有足够的涵养，那么你就会很容易变得怒气冲冲，甚至歇斯底里。要知道，一个人平日里即使再怎么高雅，一旦变得歇斯底里，不管出于什么原因，都会使人觉得面目可憎。所有，一个真正有修养的人是绝对不会变得歇斯底里的。

很久以前，有个叫爱巴的人，他非常富有，而且很有修养，很少生气。因此，村子里的乡邻们都非常喜欢与他交往，也都非常尊重他。不过，爱巴并非神人，所以难免也有生气的时候。不过，他有一个习惯，即只要一生气就跑回家，围绕着自己的土地和房子一连跑上三圈。后来，他的生活变得越来越富裕，他的土地越来越多，房子也越来越大，但是他的习惯却始终没有改变。只要一生气，他就会跑回家去，绕着土地和房子连续跑三圈，即使累得汗流浃背、气喘吁吁，他也会坚持跑完三圈再停下来。光阴流转，爱巴一天天地老了，甚至连走路都需要拄着拐杖，不过，每当生气的时候，他还是坚持自己的老习惯，围着土地和房子转三圈。

他的孙子非常疑惑，所以就不解地问他："爷爷，这么多年来，您只要一生气就绕着土地和房子跑三圈，即使现在年纪大了也还是这样。这其中有什么奥秘呢？"爱巴慈祥地对孙子说："年轻的时候，不管是与人吵架还是争论，只要生气，我就回到家中，围绕着咱们家的土地和房子连续跑三圈。我一边跑一边问自己：我是如此贫穷，土地很少，房子也很小，我应该努力地生活，哪有时间和精力跟人生闲气呢？每当想到这里，我就会怒气全消，这样一来，我就有更多时间和精力去辛勤耕作了。"孙子还是有点儿困惑，接着问："爷爷，但是现在您已经老了，而且非常富有，你为什么还绕着土地和房子跑呢？"爱巴笑着说："虽然我现在老了，但是我还是时常会生气，我之所以还是绕着土地和房子跑三圈，是因为我总是边跑边想：我的土地这么多，我的房子这么大，我的生活是这么幸福和美好，又为什么要和人计较呢？只要想到这里，我不管再怎么生气也会觉得自己非常幸福，怒气自然就消了。”

假如每个人都能像爱巴一样，在生气的时候从各个角度来宽慰自己，而且能够给自己留出时间来恢复冷静和理智，那么这个世界上就会少了很多因为愤怒和冲动而做出的荒唐之举，少一些悲剧，多一些快乐和幸福。

总而言之，愤怒有百害而无一利，除了增添个人的忧虑之外，愤怒没有任何好处。不过，在生活中，每个人都难免会面临使自己愤怒的情况，在这种情况下你有两种选择，一种是愤怒；另一种是耐心地保持理智和冷静。假如是你，你愿意选择哪种呢？相信聪明人一定会选择后者。因为假如选择前者，那么愤怒之后还要收拾更加糟糕的局面；假如选择后者，那么就能够有效防止事情恶化，从而彻底解决问题。不管在什么情况下，人都应该学会控制好自己的情绪，这样才能让愤怒远离自己。你必须记住，不生气并不仅仅是宽容别人，而是给自己充分的自由，让自己彻底摆脱精神和情绪上的巨大痛苦，只有这样，你才能真正地敞开胸怀，充分体验到生命的美好。相反，假如你总是轻易动怒，那么就会陷入愤怒的情绪之中无法自拔，最终因此而付出巨大的代价。只要你懂得了这一点，那么你就能够更好地控制自己的情绪，远离愤怒。

摆脱抑郁，改变命运

在大多数人的心目中，觉得抑郁症是一种非常可怕的病，一旦得了抑

郁症，似乎就很难从抑郁的情绪之中走出来了。其实，在现代社会，抑郁症是非常普遍的，大约每十个人之中就有一个轻微的抑郁症患者。不过，因为人们对于抑郁症没有很清晰的了解，所以他们就无从正确地体察自己的情绪，不知道自己或者是家人处于抑郁症的状态之中。实际上，在生活中，有很多人会觉得自己的生活很没有意思，觉得工作的压力太大使自己喘不过气来，觉得家务过于繁琐使自己恨不得恢复单身生活才好。其实，当你感觉到自己无比压抑，想要逃离现在的生活的时候，你已经有点儿抑郁了。面对抑郁，还有些人觉得不以为然。他们想，不就是心情不好吗？只要过了这段心情的低潮期，心情自然就会好起来的。与此相反的是，还有些人谈虎色变，一提起抑郁症，就觉得恍如到了世界末日，简直没法应对。更有的人讳疾忌医，把抑郁症和精神分裂症混为一谈，总是不好意思去看医生，生怕被贴上精神分裂症的标签。其实，这几种态度都是不足取的，都属于过激反应。在生活中，要想远离抑郁，摆脱抑郁，那么你就应该首先正确地认识抑郁，了解抑郁，这样才能及时地采取有效措施，尽早脱离抑郁状态。

据心理学家介绍，虽然抑郁症属于心理问题，但是却会产生很多相应的躯体症状，诸如食欲下降、性欲减退、失眠、脱发等。一般情况下，假如患者因为出现这种情况去医院就医，那么医生通常会先建议患者进行一系列的检查，以便排除患者的器质性病变的可能性。在所有器官都比较健康的情况下，医生才会推荐患者去精神专科或者心理专科。其实，不仅我们自己对于抑郁症没有充分的认识，包括医生在内，对于抑郁症也是比较陌生的。因此，在现在的中国，大概有高达80%的人都对抑郁症的认识存在误区。实际上，抑郁症被心理学专家称为“心理感冒”，它既不是“名人病”，也不是“抑郁病”，而是像伤风感冒一样普通，寻常人也是很容易得抑郁症的。

很多人觉得只有悲观绝望的人才会得抑郁症，其实不然，心理专家介绍说，即使是外表看上去比较阳光的人也可能得抑郁症。而且，并非只有工作和生活压力特别大的人才容易得抑郁症，就算是生活富足、无忧无虑的人也会得抑郁症。所以，不管是谁，不管你是外向还是内向，不管你的工作压力是大是小，你都应该正确地认识抑郁状态，只有这样，你才能够及时灵敏地体察到自己的情绪状态，摆脱抑郁状态，使自己拥有阳光健康的人生。

小敏原本是一个乐观开朗的人，自从生完宝宝以后，因为是80后妈妈，所以她感受到了巨大的压力。宝宝哭了，她不知道是为什么，即使给孩子喂了奶，孩子依然啼哭不止。她不知道应该怎么处理，只好抱着孩子一起哭泣。因为每天晚上都要起床给孩子喂奶，所以小敏睡眠严重不足，长期以来，居然导致了严重的失眠和神经衰弱。现在，只要一听到宝宝哭，小敏就恨不得自己能够消失在这个世界上。

有一天晚上，小敏的老公文强回家的时候发现小敏正在抱着孩子哭泣，眼睛都红肿了。为此，丈夫关心地问小敏怎么了。但是，想不到的是，文强却引发了小敏歇斯底里地发作："我每天都要照顾孩子，他总是在不停地哭泣，让我感到心烦意乱。我特别困倦，但是却怎么也睡不着觉，我总是担心孩子会醒来，会哭泣。我简直不想活了，咱们为什么要生孩子呢？"文强赶紧接过小敏怀里的孩子，把孩子哄睡之后，文强把小敏揽在怀中轻声安慰着。后来，文强背着小敏去咨询了心理医生，他向心理医生详细描述了小敏的精神状况，心理医生告诉文强："你的爱人小敏一定是得了典型的产后抑郁症。如今，这种症状在80后的妈妈中非常普遍，因为她们已经习惯了受到父母和别人的照顾，而不知道应该如何去照顾一个新生儿。这样一来，她们就必然承受着很大的压力，孩子的哭泣也会使她们觉得焦躁不安。所以，这就要求家人给她们一个时间去缓冲，在这段时间里，你们可以请一个经验丰富的保姆或者是请父母过来帮忙照顾孩子，以便年轻的妈妈能够有一段时间适应自己的新角色。此外，生产之后，身体的变形走样也会

使她们感到非常抑郁，担心自己失去了作为女性的魅力，担心老公移情别恋。这就要求丈夫多多关心她们，给她们更多的关心和爱。只有这样，她们才能顺利地走出抑郁状态。”

听了医生的话，文强恍然大悟。他回到家中之后，就联系了自己的父母，请求他们过来帮助小敏一段时间，一起照顾这个小小的新生儿。然后，他还专门请了年假，陪伴小敏四处散心，在此过程中，小敏逐渐地恢复了自信，也渐渐地适应了妈妈的角色。

其实，小敏是一个非常乐观开朗的人，在此之前，认识她的人很难相信她会得抑郁症，但是，她的确得了产后抑郁症。幸运的是，小敏的老公文强是一个非常细心的人，他及时发现了小敏的反常，并且采取了正确的措施，通过咨询心理医生了解了自己应该怎么帮助小敏摆脱抑郁状态。

在生活中，即使是再强悍的人也有脆弱的一面，即使是再乐观的人也有悲观失望的时候。所以，不管是谁，都要关注自己内心的变化，及时体察和审视自己的情绪，从而适时适度地调整自己的情绪。否则，假如一味地把自己的情绪压抑起来，就会导致心理压力越来越大，这样一来，当压力超过心理承受能力的时候，人们的内心就产生抑郁情绪，严重的还会出现抑郁症状。因此，我们必须及时地摆脱抑郁状态，这样才能更好地把握自己的人生。

不要让自己的情绪紊乱

如今，世界卫生组织对于抑郁症的关注程度已经达到了前所未有的高度，抑郁症甚至被称为是世界头号公共健康问题。这主要是因为随着社会发展速度的加快，导致抑郁症的发病率越来越高，甚至被人们称为是精神紊乱领域的流感。从本质上来说，抑郁症其实就是一种精神紊乱。对待抑郁症，我们既无需过于紧张，也不能掉以轻心，正确的做法是认识抑郁症，采取合适的措施。虽然人们把抑郁称为精神紊乱领域的流感，但是抑郁和流感还是有很大区别的。因为流感很少置人于死地，而且能够得到及时的救助，但是抑郁却很容易被人们忽视，而且会给人们的生活安全带来很大的隐患和危害。要知道，重度抑郁患者不仅有悲观厌世的自杀倾向，而且还会伤害他人，甚至置人于死地。心理学家经过研究证实，在近些年来，自杀率的速度增长非常快，甚至很多儿童和青少年也走上了轻生的道路。虽然科学家已经研制出了很多抗抑郁的药物，但是却因为人们对此没有足够的重视而收效甚微。其实，对于抑郁症患者而言，只有中度以上的患者需要服药治疗，轻度抑郁的患者假如能够及时认识到自己的心理和情绪状态，适时调整，那么就能够避免发展成为重度抑郁。

实际抑郁是一种普通的疾病，但绝对不应该成为像感冒那样的流传病。要想克服抑郁状态，把自己紊乱的情绪理顺，我们就必须及时体察自己的情绪，掌握调节情绪的技巧。如今，心理学家和科学家越来越重视对诸如抑郁症之类的情绪紊乱症状的治疗，假如再加上及时发现抑郁的苗头和情绪紊乱的苗头，那么人们就能够有效避免自己的情绪紊乱状况，防范于未然。

要想避免我们的情绪出现紊乱或者是有效改善情绪状态，我们首先应该学会正确地认知事物。前文说过，人们之所以会感到痛苦和烦恼，很多时候是世上本无事，庸人自扰之。所以，我们应该使自己建立正确的认知，形成正确的人生观、世界观和价值观。假如你的内心变得从容淡定，那么你就很容易调整自己紊乱的情绪状态。其次，我们还要学会摆脱抑郁状态。当你感到抑郁的时候，你的整个生活都会被消极情绪所笼罩。要知道，你的知觉

并不只属于你自己，一旦你被抑郁状态所笼罩，你就会感觉到整个世界都变得暗淡、郁闷。在这种情况下，你会开始相信事情和你想象的同样糟糕。假如任由自己的情绪陷入这种恶性循环之中，你只会越来越苦恼。所以，要想摆脱抑郁，首先要使自己快乐起来，试着听听节奏鲜明的音乐，去公园里散步，或者和朋友聊聊天。你会发现，摆脱低沉的情绪并不困难，只要你一心想要得到快乐就可以。最后，要积极治疗。很多人觉得情绪紊乱不是病，很多人觉得情绪紊乱非常可怕。这种态度都是不足取的，也是不正确的。假如是轻度情绪紊乱，是不需要治疗的；假如是重度的情绪紊乱，最好加以药物治疗。假如你能够做到上面这些，就能够避免自己出现情绪紊乱的状态。

自从上大学之后，李明的心情糟糕透了。原本那个乐观开朗的他不见了，取而代之的是一个悲观内向的他。原来，李明不管是在小学、初中还是高中，始终都是学校里的佼佼者。在高考中，他以全校第三名的成绩考进了现在就读的大学，因此，他是众人瞩目的天之骄子，总是被同学们羡慕和钦佩的目光追随着。然而，现在的他却一下子从天上落到了地上。

他的学习成绩不再是最优秀的，从以前的优等生变成了班级中的中等生；因为来自农村，他的衣着简朴，有时遭到同学们的嘲笑；他没有手机，不会网游，只会看书。李明变得非常自卑，总是觉得自己在同学们面前抬不起头来。渐渐地，他开始自暴自弃，他开始埋怨自己作为农民的父母，埋怨他们没有给自己一个更好的生活和成长的环境。后来，他开始彻夜泡在网吧之中，学着同学们的样子玩网络游戏。在第一次期末考试中，李明在短短的一个学期中从中等生变成了全班倒数第一名，而且还有一科成绩需要补考。在寒假回到家中的时候，看到苍老年迈的父母，李明陷入了深深的沉思之中。他突然之间明白，即使父母没有给自己很好的生活条件，但是他们已经竭尽全力了。为了帮助李明凑足上大学的学费，他们整天在地里辛勤地耕作，就连自己家养的鸡下的蛋，他们也舍不得吃一个，全部换成了钱给李明交学费。

想到这里，李明不由得泪流满面，他突然之间想明白了很多事情。刚刚过完年，他就告别父母去了学校。他每天都去学校的图书馆看书，充实自己。在此之后，李明再也没有陷入与此类似的情绪困境之中，他非常努力，因为他知道自己必须努力。

其实，李明的状态只是稍微有一点儿抑郁的状态。他开始自暴自弃，就说明他陷入了轻度抑郁的状态。幸运的是，他及时把自己从抑郁的状态中拉了回来，进行了深刻的反思。他的状态是因为不满足引起的，一旦他意识到父母的辛苦和操劳，他就不会再自艾自怨，而是变得坦然淡定。

由此可见，大多数人的情绪紊乱都是有原因的。要想摆脱这种情绪紊乱的状态，我们就要彻底地解决自己心理上的问题，这样就会豁然开朗。

第 3 章 保持积极的情绪，用信心拯救自己

不管是谁，要想取得成功，就必须有信心。信心就像是生活中的一缕阳光，能够驱散乌云，照亮我们的人生。要知道，没有人的人生是一帆风顺的，每个人都难免要遭遇坎坷和挫折。所以，我们必须拥有坚定的信念，这样才能为了实现自己的目标坚持不懈地努力。只要你保持积极乐观的情绪，用信心拯救自己，成功就离你不远了。

自信，成功的阶梯

在这个世界上，不管是贫穷还是卑微，不管是富有还是高贵，每个人都有属于自己的理想，每个人都有自己想要的目标。然而，在实现理想、达到目标的道路上，大多数人都遇到很多难以预见的磨难和挫折。要想克服重重的困难和阻碍实现自己的理想，我们就必须坚持不懈，迎难而上。当然，人们都有畏缩和退却的时候，要想在困境之中永不放弃地坚持下去，就必须拥有足够的自信。因为自信是成功的阶梯，面对获得成功的过程中的重重阻碍，只有自信能够支撑着你坚持不懈地努力。假如一个人没有自信，那么他是很难获得成功的。

人，因为自信才能成就伟业。不管怎样，都要相信自己，因为假如

连自己都不相信自己，那么别人就更没有理由相信我们了。只有充满自信才能得到信任，不管做什么事情，都要坚信自己能够成功，都要为此付出自己最大的努力。将来即使结果不尽如人意，也一定能够从这次失败的经历中吸取经验和教训，从而距离成功越来越近。要知道，在一次次用心的努力之中，成功的曙光已经出现在前方。人生在世，有很多事情都无法顺心如意，假如遇到一点小小的困难，碰到一点小小的挫折就缴械投降、偃旗息鼓，那么将注定一事无成。要知道，成功的光芒永远不会落在只知道后悔、不知道全心全力地付出的人的身上。对于成功的人生而言，失败并不可怕，可怕的是一旦失败了就失去自信。人非圣贤，孰能无过？知错能改，善莫大焉。所以，重要的是对待失败的态度，而不是失败几次才获得成功。

成功并不是轻而易举就能够得到的。成功就像是一座高高的山，必须努力地攀岩，克服重重阻碍和困境，最终才能够达到顶峰。成功，一定要有必胜的信念，只要有足够的信心和勇气，在面对耸入云霄的顶峰的时候，就能够一鼓作气，踩着信心的台阶拾级而上，逐级攀升。

小米和麦兜都是大四的学生，而且她们俩还是住上下铺的好朋友，可小米和麦兜的性格却截然不同。小米非常喜欢玩闹，性格外向活泼，而麦兜有点儿内向，而且略有忧郁气质。相比之下，小米就像一株顽强的野草，不管生活多么艰难，她都能够繁茂地生长，因为她非常自信。而麦兜则像一株含羞草，稍有风吹草动就羞涩地躲了起来，不愿意面对外面的世界。这种性格，使学习成绩不相上下的小米和麦兜在找工作的时候有了截然不同的境遇。

大四下学期，她们所在的学校举办了一场大型的校园招聘会。麦兜的眼睛总是盯着自己完全符合要求的单位，但是小米则大胆地跑到了招聘研究生的单位展位前。小米想拉着麦兜一起去，但是麦兜拒绝了，她说：“人

家都明明写着招聘研究生，咱们本科生去不是自找没趣嘛！”小米哈哈大笑起来：“你可真是害羞啊！就算被人拒绝也无所谓啊，咱们很优秀，也许能被破格录取呢，那样咱们就赚大发了！也许整个人生都会因此而不同呢！”说完，小米就带着自己的简历出发了，而麦兜则依然徘徊在招聘本科生的展位前。不知道是因为麦兜的运气不好还是怎么的，她始终没有接到面试通知。但是小米却惊喜地接到了一家原本准备招聘研究生的单位的面试通知。小米如愿以偿地进入了那家外企，后来，负责招聘的人告诉小米，他们是被小米身上的自信感染了，觉得一个如此有闯劲的女孩子，一定能够在工作中有出色的表现。相比起小米的自信来，研究生与本科学历之间的差距也许并不是那么大。看着小米高高兴兴地背起行囊奔赴工作单位了，麦兜还得继续在各种各样的招聘会中奔波。

不管在什么情况下，我们都要自信，因为自信能够创造奇迹。就像小米和麦兜一样，她们是同班同学，学习成绩不相上下，但是，她们在找工作时候的命运却截然不同。小米因为自信，能够主动地为自己争取和创造机会，但是麦兜则因为自卑，只能被动地等待用人单位的挑选。很多时候，命运就掌握在我们自己手中，只有自信的人，才能更好地把握自己的命运，为自己搭建成功的阶梯，直至获得成功。

先相信自己，别人才会相信你

在生活中，每个人都想得到别人的信任，因为别人的信任意味着对自己的肯定。然而，很多人却不知道要想得到别人的信任有一个必要的先决条件，即首先要相信自己。试想，假如你根本不相信自己，那么别人又凭什么要相信你呢？归根结底，必须对自己满怀信心，相信凭着自己的努力一定能够实现自己的目标或者是兑现自己的诺言，别人才有理由相信你。

信任，是人与人之间交往的前提条件，而且是必要条件。假如没有信任作为铺垫，人们很难成为朋友，更不容易成为夫妻。尤其是在与陌生人相处的时候，更是需要一定的信任关系。然而，作为没有过交往的或者打交道比较少的陌生人，如何才能博得别人的信任呢？最好的方法就是相信自己。要相信，你的自信一定会感染别人，使别人在不知不觉之间信任你。假如能够达到这种境界，那么你的人际交往能力就会大幅度提高，而且你会得到更多人的认可和肯定。举个最简单的例子，在生活中，每个人都需要购物，诸如小到生活必需的米面粮油、服装，大到房子车子等。也许购买小物品的时候要好一些，人们更容易相信别人，但是在购买大物件，或者单位大批量地采购一些设备的时候，你必须让别人信任你，别人才会从你那里购买金额较高的物品。有人曾经说过，假如你能够成为一名成功的推销员，那么你一定可以从事其他的任何非技术性的工作。人们之所以这么说，是因为推销工作是非常难的。对于销售车子、房子的人员来说，必须充分得到客户的信任，新客户才会和你成交。在众多的推销之中，保险无疑是最难推销的东西，因为保险看不见摸不着，而且在现代的国民意识中并非是生活必需品，因此必须首先向人们灌输保险意识，然后再说服他们从你这里购买也许要到几十年之后才能有收效的保险。试想，这是多么大的信任啊！因此，保险业务员通常都是非常自信的，他们不仅相信自己所在的保险公司，而且本身也非常信任保险能够给人们的生活带来更多的保障，最重要的是他们还非常自信，所以才能够得到客户的信任，成功地把保险推销出去。由此可见，只要你相信自己，才能使别人相信你。

张孝大学毕业后自己回到家乡创业，开办了一家加工厂，专门为南方

的电子厂加工小零件。可能是因为他太年轻，缺乏创业经验，也可能是因为他们的工厂规模太小，他们的订单量始终非常少。为了改变这种状况，张孝亲自到广州、深圳等地参加展销会，希望能够接到一些大订单。

在展销会上，张孝非常认真地了解了一些电子厂的情况，并且根据这些情况做出了具体分析。他发现，很多大的电子厂之所以不愿意和小的代加工厂合作，主要是担心产品的质量问题。在和一家单位洽谈合作事宜的过程中，张孝见到对方对产品质量心存疑虑，非常自信地拿出了自己厂的样品，并且向对方保证生产出来的产品都能够达到和样品一样的质量等级。见到张孝充满自信的样子，厂家答应先给他一个小订单，假如产品质量没问题，随后就会有大订单接踵而至。就这样，张孝通过自己的自信为自己的小厂争取到了一个至关重要的机会，这次交货之后，电子厂对他们的产品质量非常满意，又给了他们很多订单。

马力是个非常优秀的酒店大厨，被酒店派去日本学习烹饪海豚的厨艺。原来，日本人之所以喜欢吃河豚并非是他们不怕死，而是因为他们信任烹制河豚的师傅的高超厨艺。在日本，每个河豚厨师都必须接受一年以上的专业培训，只有考试合格以后，才能得到烹制河豚的执业资格证书，持证上岗。

在学习过程中，马力发现烹制河豚的过程极其严格：每个厨师都有特制的带锁的垃圾筒，开始加工河豚的时候，先把锁打开，然后再把内脏全部装进垃圾筒里，接着还要锁上。仅仅在加工去毒环节，就有30多道繁琐的工序！马力非常认真地学习着，从理论到实践，他认真揣摩每道工序，严格要求自己，丝毫不敢疏忽大意。马力原本就是高级厨师，基本功非常扎实，再加上他的勤奋和努力，他在毕业的时候已经熟练掌握了烹制河豚的全套技术。

考试的过程也是异常严格的，学员必须现场操作，主考官站在考生身旁进行全程监视，一旦发现学员在操作的过程中有错误的地方，主考官就会当场淘汰学员。马力的技术非常娴熟，游刃有余，每道工序都分毫不差，就连旁边的主考官都情不自禁地点头赞许。在经历了繁琐的制作过程之后，最后的评审环节居然出乎意料地简单。主考官告诉马力，只要你吃掉自己做的河豚，那么你就考试合格了，当场就能拿到证书。马力夹起一片河豚生鱼片，正准备往自己的嘴巴里送，但是他却突然犹豫了，拿着筷子的手悬在半空中，他的表情非常凝重，纹丝不动，就像一尊雕塑似的。经过两分钟艰难的抉择之后，他选择了放弃。 毫无疑问，马力一年多的学习功亏一篑，他没有拿到毕业证书，而且在回国之后辞去了厨师的工作。

在上述两个事例中，张孝之所以能够获得成功，是因为他非常自信，所以也赢得了别人的信任。而马力呢？假如连他自己都不敢吃自己所烹饪的河豚，那么他的客人还敢吃他做的河豚吗？总之，只有你先相信自己，别人才会相信你。

不要让自卑害了你

很多时候，你之所以没有成功，并非你不够优秀，而是因为你太自卑。虽然古代的时候人们都喜欢谦谦君子，但是谦虚和自卑之间显然有着很大的不同。谦虚是与骄傲相对的一个词语，指的是不自满，愿意接受别人的批评，并且愿意虚心向人请教。真正有才华的人总是虚怀若谷、谦虚谨慎。人们常说，谦虚是一种珍贵的美德，是成功和不断进取的必要前提。所以曾经有一位名人说过，谦虚使人进步，骄傲使人落后！不过，自卑显然和

谦虚有着很大的区别。自卑的人总是低估自己的能力，觉得自己不管哪个方面都不如人。从某种意义上来说，自卑是一种性格上的缺陷，具体表现为对自己的品质、能力、水平等评价过低，还会伴有一些比较特殊的情绪体现，诸如内疚、害羞、不安、忧郁、失望、悲观等。通过比较谦虚与自卑我们不难发现，谦虚是一种美德，能够促进自己的进步；而自卑则是一种缺陷，会阻碍自己的进步。

我们并不是天生就骄傲、谦虚或者是自卑，在很大程度上都是因为后天的原因导致的。虽然自卑是因为很多原因导致的，但是自卑的表现形式却非常一致，即畏畏缩缩，总是觉得低人三分。对于一个自卑的人而言，无异于在生存竞争的起跑线上还没有开始起跑就已经先输了。实际上，在这个世界上没有绝对完美的事物，每个人身上都既有长处又有短处，既有优点又有缺点，自卑的人和自信的人比起来最大的区别就在于，自卑的人总是以己之短比人之长，眼睛只知道盯着自己的短处，相反自信的人则总是突出自己的长处，扬长避短。要想摆脱自卑的状态，使自己充分发挥自己的长处，首先应该认真地反省自己，恰当地给自己定位，勇敢地突破自身的局限，这样就能帮助自己丢掉自卑，重新建立自信。你必须知道的是，只有自信才能让你充分挖掘潜能，点燃人生中最明亮的希望之灯。

曾经有人问苏格拉底："既然人们都说你是天下学问最高的人，那么你能告诉我天和地之间有多高吗？"听到这个问题，苏格拉底不假思索地说："三尺高！"那人听了之后不屑一顾地笑了笑，反驳道："在这个世界上，除了侏儒之外，几乎每个人都有五尺高左右，你居然说天与地之间只有三尺高，那岂不会把天戳破了？"苏格拉底听了之后开怀一笑地说："是啊，你说得很对，正是因为这样，所以只要是高度超过三尺的人，就必须懂得低头才能长立于天地之间。"实际上，苏格拉底在回答这个问题的时候已经道出了做人的真谛。假如一个人太过于高傲，就要学会低头，

不然就会戳破大天；同样的道理，一个人也不能过于低头，否则，一旦变成了自卑，就无法成为一个顶天立地的人。总而言之，凡事都要有度。做人既不能过于高傲，也不能过于自卑，只有不卑不亢，才能更好地做人做事，与人相处。

早在大学二年级的时候，来自农村的黎明就默默地喜欢上了班级里最漂亮的女孩朱莉。虽然黎明一直在关注着朱莉，但是他却从来不敢向朱莉表白。他觉得自己来自农村，根本配不上朱莉。然而，黎明不知道的是，朱莉也一直在默默地喜欢着他。黎明长得高大魁梧，就像一棵朴实的林间白桦。最重要的是，他的学习成绩非常好，而且德智体全面发展，刚刚大三的时候，他就被大家推举为学生会主席，鞍前马后地服务于同学。在朱莉的心目中，黎明远远比那些来自城市的公子哥好得多，至少他非常朴实，不会油嘴滑舌地对待女生。而且，他显得坚实可靠，给人一种踏实的感觉。让朱莉怎么也想不到的是，她却因为黎明的自卑错过了这段美好的恋情。

是的，没有人能够看出黎明的内心深处有多么自卑，当同学都用钦佩的目光看着黎明的时候，他却因为自己来自农村而感到自卑。就这样，大学生涯很快就要结束了，黎明仍然没有向朱莉表白。他小心翼翼地掩饰着自己对朱莉的喜爱，而朱莉呢？则因为女孩的矜持一直在默默地期待着黎明能够主动向自己表白。

在毕业前的聚会上，朱莉送了一个非常精美的礼物给黎明，这使黎明大感意外。然而，即将天各一方的他们已经没有时间去弄明白彼此心中的困惑。直到毕业十年的聚会上，同学们都喝多了，有一个女生指着黎明调侃朱莉说："朱莉，看看你当年心目中的白马王子还帅不帅啊？是不是依然使你心动？"在经历了岁月的变迁之后，大部分同学都已经成家了。不过，听到这句话的时候，黎明还是感到了深深的意外和遗憾。要知道，错

过的永远也找不回来了，在物是人非的今日，他们已然错过了生命中最纯美的爱情。

假如优秀的黎明能够克服自己的自卑心理，主动地向朱莉表白，也许他们就会拥有一段在最美好的青春岁月中的最美好的感情。很多事情，机会转瞬即逝，假如你因为自卑而错过了机会，就只能徒劳悲叹。

当然，自卑给我们带来的负面影响远远不止于错过一段感情，在生活中，几乎无时无刻不需要我们克服自卑心理，变得自信起来。因为自卑是一种严重影响心理健康的负面情绪，它是生命的绞索，是成功的天敌，会给人生带来很多无谓的遗憾。自卑就像阴影一眼遮蔽了鲜花和阳光，使我们的生命失去阳光的照射，使我们变得无比胆怯、虚弱，不敢主动地去追求属于自己的幸福。抛开自卑吧，只有这样，才能够自信地、微笑着面对生活，使自己的生命充满活力和张力！

相信自己一定会爬起来

跌倒了，是坐在地上哭泣，还是强忍住泪水爬起来？不管是咿呀学语的婴儿，还是长大成人的你，同样面对着这个问题。如今，越来越多的父母意识到应该让孩子自己爬起来，然而，很多成人在面对人生困境的时候却选择了哭泣和放弃。在这个问题上，也许我们做得还没有学走路的孩子做得好。其实，不管是一岁的孩子，还是三十岁的成人，甚至是六十岁的老人，都同样面对着学习走路的问题。也许有人会说，孩子通常在一岁左右就已经学会走路了，三十岁和六十岁的人怎么会仍然需要学习走路呢？没错，在人生的道路上，每个人都是蹒跚学步的孩子，无一例外。一岁的孩子

面临着学步的问题，他们一次次地摔倒，或者选择哭泣，或者选择坚强地爬起来，无论如何都必须学会走路。而三十岁的人呢？而立之年，面临着成家立业的人生重责，生活的压力往往很大，需要面对和解决的问题也越来越多。那么，在遭遇人生困境的时候，我们到底应该怎样走下去？是放弃，还是坚持？我们犹如刚刚学走路的孩子一样困惑、一样脆弱。很多时候，年纪并不能够代表一切，因为生活处于瞬息万变之中，所以即使是六十岁的老人，也同样会面对很多困惑和不解，也同样会遭遇人生的困境。人生这条路究竟要怎么走，绝大多数人都是摸索着走过，一边经历一边学习。因此，不管你是一岁的孩子，还是而立之年的青年人，还是垂暮之年的老年人，都需要学会一件事情，即跌倒了，相信自己一定能够爬起来。

在生活中，没有人的人生是一帆风顺的，人难免要经历生活的坎坷和挫折。只有勇敢地爬起来的人，才能迈过一个个的坎坷崎岖，使人生的道路越走越长，越走越宽。其实，生活中是有很多次跌倒的，诸如，高考没有考上理想的大学，你是选择自暴自弃，还是选择复读，或者选择积极地投入社会？工作不顺利，你是选择消极地逃避，还是选择勇敢地面对困难，战胜困难？面对着爱人的背弃，你是选择继续自己的人生，寻找更适合自己的人，还是选择沉沦，从此不再相信爱情？在面对诸多问题的时候，每个人都有权利做出自己的选择，最重要的在于不能放弃。假如一遇到困难就放弃，那么人生必然变得苍白无力，非常干瘪。只有勇敢地搏击风浪的人才能领略大海的雄浑壮阔，只有勇敢地攀登险峰的人才能欣赏一览众山小的美景。同样的道理，只有一次次勇敢地爬起来的人，才能达到人生成功的彼岸。不管前面的路有多么艰难，不管我们遭受了怎样的坎坷，我们都必须相信自己一定能够爬起来。因为，这就是生活，一次次跌倒，一次次爬起，坚持到最后的人就是胜者，半途而废的人就是逃兵。

高中毕业之后，因为没有考上理想的大学，又不愿意退而求其次，所以，贺强选择了投入社会。看着其他同学都兴高采烈地去大学报到了，贺强暗暗地下定决心，四年之后，他们有了一纸文凭，我一定要做出一些成绩，否则，我就是一个失败者。

其实，很多老师和同学都劝说贺强复读一年，因为贺强的成绩始终很好，这次高考完全属于失利。但是，倔强的贺强在父母的泪眼中背上行囊，奔赴遥远的北京。在这四年之中，同学们或者大学毕业参加工作，或者选择考研，贺强呢？如今的他已经拥有了一家属于自己的电脑专卖店。原来，贺强并不是无目的地奔赴北京的，他看准了以后会有越来越多的家庭购买电脑，因此他在中关村找了一份工作，想借此机会了解电脑。期间，他一边学习做生意，一边报名参加了一个电脑培训班，学习电脑方面的知识。在第四个年头，他果断地辞职，用这三年来积累的资金在中关村租了一个摊位，开了一个电脑专卖店。因为既有经验，又有相关的专业知识，所以贺强的生意非常火爆。在高中毕业六周年的聚会上，大部分大学毕业的同学都刚刚在单位站稳脚跟，考研的同学还没有结束学业，而贺强已经在北京买了房子和车子，最关键的是，他的电脑专卖店已经有三家之多了。看着事业风生水起的贺强，大多数住在出租屋里的同学不禁有些羡慕，他们都说："你小子可真有头脑，这一下子我们至少要奋斗十年才能赶得上现在的你了！"

在这个事例中，贺强的选择是否正确是一个仁者见仁、智者见智的问题。然而，无论怎样，只要他自己觉得生活是充实的、有意义的，他就是成功的。因为每个人对于成功的标准有着不一样的定义，所以只要自己觉得满足就可以。但是，有一点是可以肯定的，即假如贺强在高考失利之后选择了自暴自弃，既没有复读，也没有投入社会，而是懵懂度日，那么他就一定是失败的，因为那样的他没有任何成功的可能性。

不管什么时候，不管在什么情况下，只要我们坚持不放弃，我们就一定能够战胜自己、克服困难，使自己的人生绽放出不一样的光彩。要知道，成功只青睐那些跌倒了再爬起来的人。

自信是成功的力量

通常情况下，要想获得成功，你必须具备很多条件，古人以六个字精简了这些条件，即天时、地利、人和。放在现代社会来说，成功所需要的条件就更多了，诸如智商、情商、经济基础、教育背景、人脉关系、机遇等。不过，这所有的条件加起来也不如一个条件重要，即自信。不管你的能力有多么强，也不管你认识多少有权有势的人，更不管你的学历有多高，要想成功，你首先必须自信。因为，自信是成功的力量。虽然自信的人最终未必能够获得成功，但是成功的人肯定都是非常自信的。假如没有自信作为成功的助推剂，那么，人们就很难获得成功。

成功学的创始人拿破仑·希尔说："自信，是人类运用和驾驭宇宙无穷大智的唯一管道，是所有'奇迹'的根基，是所有科学法则无法分析的玄妙神迹的发源地。"在美国，拿破仑·希尔的名字家喻户晓，这主要是因为他创造性地建立了全新的成功学，不管是在人际学、创造学领域，还是在成功学等领域，他都有着比戴尔·卡耐基更高的地位。与此同时，他还是世界上最伟大的励志成功大师，他如火如荼的热情、坚定不移的自信和他所创建的成功哲学以及十三项成功原则，使千百万人受到了极大的鼓舞，开创了自己崭新的人生。所以，人们称呼他为"百万富翁的创造者"。在拿破仑·希尔的观点中，自信是获得成功的第一要素。为了帮助人们获得成

功，拿破仑·希尔给出了一个自信心公式：致富的第一步是强烈的欲望，欲望是所有成就的起点。为此，希尔提出了用自我暗示刺激潜意识的六个明确步骤：①在脑海中设想自己希望得到多少金钱，必须说出一个非常准确的数字；②明确自己能够为此付出多大的努力；③明确自己能够得到金钱的日期；④制定一个实现梦想的周密计划；⑤列一份清单，写出这个计划的前四个步骤，放在自己随时都能看到的地方；⑥把这份自信秘诀铭记在心里，每天背诵一次。其实，从这个自信心公式来看，自信从某种意义上来说是一种自我暗示。正是在这种强烈的自我暗示之下，人们按照自己内心所期望的那样走向了成功。

在奥运赛场上，所有运动员的心中都在默念着一句话，虽然谁也没把它说出来。那就是——自信！成为冠军。

2004年的雅典运动会，中国军团带回了许多沉甸甸的奖牌。在这场运动的盛会之中，每个运动员都竭尽全力。他们之中，有的惊心动魄，置之死地而后生；有的实力超群，遥遥领先；有的坚韧不拔，笑傲群雄；有的一波三折，柳暗花明。总而言之，每一块金牌背后都有着不为人知的故事；每一个冠军的心里，都充满着自信的力量。

站在雅典奥林匹克体育馆的起跑线上，刘翔平静地说："我需要跑4枪。"此时，在他的眼中，所有的记者都是灯光，所有的观众都是布景，所有的对手都是衬托，而只有眼前这个舞台，才是他关注的所有焦点。一枪，一枪，又一枪，最后一枪。刘翔以12秒91的优异成绩坐上了世界冠军的宝座，并且打破了世界纪录。面对记者的采访，刘翔说："像做梦似的，太不可思议了！""从一开始准备活动，上起跑器，到整个过程，我都做得非常自信，非常完美。"在刘翔并不擅长的起跑上，他甚至只用了电光火石般的0.139秒，这完全是自信所创造的奇迹。他就像一只猎豹一样直冲终点，彻底逆转了西方人称呼中国人为"东亚病夫"的现状。曾经，全世界都一致认为黄种人的肌肉结构在爆发力上存在弱点。因此，刘翔说：“我想改变一个观点，那就是希望大家不要以为中国人或者亚洲人在短距离项目上比不上欧美。通过训练，我们一样也能够做得很好！”从刘翔的身上我们可以坚定地相信，没有人是天生的弱者，没有人注定只能失败。只要我们足够自信，只要我们竭尽全力地做到“更高、更快、更强”，那么冠军就不再是梦想。既然刘翔能够改变整个世界的傲慢与偏见，我们当然也应该能够改变自己的人生。

1835年，安德鲁·卡内基生于苏格兰。后来，他成为了卡内基钢铁公司创始人。从一贫如洗的移民到与洛克菲勒、摩根齐名并堪称世界首富的“钢铁大王”。安德鲁·卡内基无愧于当时美国经济界的三大巨头之一的称号，数十年来，他所创立的钢铁公司始终是世界上最大的钢铁厂，甚至垄断了整个美国钢铁市场。对于成功，安德鲁·卡内基给出了自己的诠释。

• 对于有些年轻人而言，假如他有机会和高级长官进行直接接触，那么就意味着他人生的战役已经有了半数的胜算；而每一位年轻人的远大目标应该做一些能够吸引在上面注视着他的人的注意的事情，所以，势必要超出自己的职责范围多做一些。

• 即使有人夺走我全部的工厂、设备、市场、资金，只要保留我的组织人员，那么，四年之后，我还是能够成为一个钢铁大王。

• 一个人可以写在历史页册里的最高头衔就是他自己的名字。

从刘翔的身上，我们看到了自信的力量。在那奋力拼搏的一刻，除了相信自己，刘翔什么都没有想。他完全沉浸在自己的梦想之中，全力以赴地奔向自己的目标。而钢铁大王卡耐基的人生经历则更加告诉我们一个真理，那就是一定要自信。从卡耐基的经典语录中我们不难发现，对于卡耐基而言，他有足够的信心和勇气在只有组织人员的情况下再次创造自己的辉煌历史。这是一种怎样的自信，似乎所有事情都在他的掌握之中。这是一种运

筹帷幄的自信，这是一种必胜的信念！正是因为如此，卡耐基才能获得如此巨大的成功！

自信就是一种释然，不管面对什么事情，不管在什么情况下，你都能够坚定地做好自己，相信凭借自己的努力一定能够做得很好。自信是一种从容和镇定，似乎整个世界都在你的把握之中，似乎只要做好自己，你就赢得了整个世界。总而言之，自信是成功的力量，要想获得成功，你就必须使自己变得更加自信。

激发自己的潜能

1960年2月29日，安东尼·罗宾出生于美国加利福尼亚。他的家境非常贫穷，这导致他在很长一段时间里都是一名贫穷潦倒的小伙子，直到26岁的时候，他还住在只有10平方米大小的单身公寓中，因为地方太小了，他不得不让浴缸兼职成为洗碗的器皿。总而言之，当时他的生活就像一团乱麻，人际关系非常恶劣，前途暗淡无比。不过，在一个偶然的机会中，安东尼·罗宾发现自己的内心深处蕴藏着无限的潜能，自此，他的生活发生了很大的改变，他变成了一个充满自信的成功者。现在的他是一位白手起家、事业有成的亿万富翁，与此同时，他也成为了当今世界上最成功的潜能开发专家之一。他协助企业总裁、国家元首、职业球队激发潜能，帮助他们渡过人生之中的各种困境和低潮时期。此外，他还曾经辅导过很多皇室的家庭成员，包括戴安娜王妃等。当然，他也曾经为众多世界名人提供咨询，其中包括南非总统曼德拉、世界网球冠军安德烈·阿加西等知名人士。根据安东尼·罗宾的观点，每个人的身体中都隐藏着一头沉睡的雄狮，只要把这头沉睡的雄狮唤醒，那么你就能够爆发出惊人的力量，你的人生将从此与众不同。

那么，怎样才能激发出自己的潜能呢？首先，你必须找到人生的意义。你可以回答自己一个问题，即我生命的意义，也就是生命目的是什么？人生在世，假如你想得到快乐，那么你必须感受到自己存在的重要性，假如你连自己人生的目的是什么都不知道，那么你难免会浑浑噩噩地度过自己的一生，根本没有人生方向可言。其次，你要为自己设定一个明确的目标。同样可以通过回答一个问题找到自己的人生目标，即我是谁，我想成为怎样的人物？假如第一个问题是知道人生的意义和目的，那么第二个问题则能够帮助你找回自我。每个人对自己都有期望，不同的是，有些人的期望非常明确，坚定地想要自己成为一种类型的人，但是有些人的期望则处于蒙昧状态，所以，他们并不明确知道自己想要成为一个怎样的人。这些人虽然非常努力，而且也实现了人生的一些短期目标，诸如买房买车等，但是他们的快乐却非常短暂，究其原因，是因为他们并没有通过努力使自己成为理想中的人。最后一点也是非常重要的。在生活中，很多时候我们都面临困惑，或者面临着两难的选择。我们不知道哪种选择是正确的，哪种选择遵从于自己的内心，这就要求我们要了解自己的价值观和人生信念。那么，你有哪些价值观和信念？这个问题必须搞清楚，它能够使我们在实现自己的人生目标和完善自我的过程中做出正确的取舍和判断，从而避免偏离轨道。总而言之，要想激发出自己的潜能，就要为自己制订一个长期的、明确的人生目标，并且要使自己形成正确的人生信仰和价值观念，这样才能不断地实现自己的理想。只要做到了这一点，你就能够激发出自己内心深处的巨大潜能，从而坚定不移地向着成功的彼岸前进。

2008年2月3日，在德国西南部路德维希港市中心的位置，一座土耳其裔聚居的居民楼突然发生了火灾，一位父亲和两岁的儿子被大火围困在4楼

公寓中。情急之下，父亲居然把两岁的儿子从4楼的窗户直接抛向楼下，孩子的生命危在旦夕。不过，在父亲把儿子从窗户抛落之后，很多消防人员马上张开双臂，希望能够接住这名从12.2米的高度急速坠落的幼儿。也许是命运之神的眷顾，这个孩子不偏不倚地落进一名消防员张开的双臂之中。真是不幸之中的万幸，孩子安然无恙，没有受到任何伤害。

无独有偶，2011年7月2日中午，在杭州滨江长河路白金海岸小区也发生了这样的一幕。所不同的是，这个孩子是从10层楼坠落的，不过，正巧被一个恰巧经过的女人用双手接住了！不得不说，这是命运的安排。孩子同样安然无恙，但是，接住孩子的妇女桡骨粉碎性骨折。因为这件神奇的事情，这个女人被网友誉为“最美妈妈”。在千钧一发的关头，张开手臂接住孩子的英勇女士名叫吴菊萍。她是浙江嘉兴人，在杭州阿里巴巴做客服工作。她的老公是富阳人，他们的儿子刚刚7个月大。也许，正是因为已经为人母，所以吴菊萍才会在危急之中置自己的安危于不顾，舍己救人。

其实，在日常生活中，不管是德国西南部路德维希港市中心的一幕还是杭州滨江长河路白金海岸小区的一幕，几乎都是难以想象的。要知道，虽然孩子的重量不是很大，但是从高空中坠落的孩子的重量会成倍增长，甚至达到常人难以承受的地步。在第二个事例之中，网友们曾经有过计算，根据10层楼的高度和婴儿的体重，吴菊萍在接住孩子的瞬间所承受的重量显然已经打破了世界纪录，是寻常人甚至是专业的举重人士根本不能承受的。我们只能说，是母爱创造了奇迹。为什么会有这种不可能的现象出现呢？其实，这就是人的潜能。大多数时候，人的潜能潜藏在身体的深处，而在情急之下，在无暇思索的情况下，人们做出了本能的反应，挑战了人类的极限。第一个事例中的消防员，之所以能够接住孩子，很大程度上是因为他们的工作职责就是解救人们于水火之中。所以，他们有着神圣的职业使命感，在危急关头，他们一味地想着如何救人，而无暇顾及其他。在第二个事例中，楼层由4层变成了10层，而且是一个没有经过任何训练的普通妇女，只能说是她在屈从于自己母亲的角色，是母爱促使她做出了如此伟大的举动。

其实，不管是在工作中还是在生活中，也不管你所面对的是一条活生生的生命还是一份无比艰巨的任务，只要你认清楚自己的职责所在，就能为自己制定一个明确的目标并付出行动。清楚地知道自己想要成为怎样的人，你就一定能够唤醒体内的雄狮，激发出自己的无限潜能，爆发出惊人的力量!

带着信念走向成功

著名的成功学家安东尼曾经说：“信念就像指南针和地图一样，能够指引出我们想要实现的目标。一个没有信念的人，就像缺少马达和航舵的小汽艇似的，根本不能前进。由此可见，人生必须要有信念来引导。信念能够帮助我们认准目标，鼓舞我们去追求自己的梦想，从而创造出理想的人生。”确实，细心的人很容易发现，在生活中，很多人做事情的时候带着破釜沉舟的决心和勇气，往往能够绝处逢生，柳暗花明。相反，有些人做事情的时候则前怕狼后怕虎，总是犹犹豫豫，因此很难获得成功。因此，我们可以得出一个结论，要想成功，就要有坚定的信念。要知道，坚定的信念能够帮助我们在困境之中坚持下去，战胜一切困难，勇敢地向着自己的目标前进。

其实，生活是非常琐碎的，有很多问题需要我们去面对，有很多困难需要我们一一解决。假如没有信念作为支撑，人们难免会感到非常迷茫。

但是，假如有着坚定的信念，那么就能够在困惑的时候找到指引自己的明灯。信念具有神奇的力量，能够赋予我们灵感去探测真理，因此，有人说信念是打开人生大门的钥匙。当然，在天堂和地狱之门同时敞开的情况下，人生的命运往往就由自己的一念之差来决定。面对失败，你是选择放弃，还是选择再接再厉？面对困境，你是选择坚持，还是选择逃避？面对困难，你是选择臣服还是选择勇敢地抗争？在这些人生的紧要关头，你的一念之差就决定了你的一生。可能，你曾经经历过失败，也犯过一些错误，但是，只要你不放弃，坚持努力，你就有获得成功的可能性。虽然机会不是人人均等的，有的时候命运之神也无法照顾到每一个人，但是，只要坚定自己的信念，坚持不懈地努力，就一定能够活出自信，活出自己的精彩。每个人都应该记住，要想成为胜利者，纸上谈兵是没有用的，重要的是必须依靠自己的信念和实际行动。

当拿破仑的军队和奥地利军队展开激战的时候，拿破仑的心中只有一个信念，即往前冲，战胜敌人！他的心中毫无杂念，只想着如何战胜奥地利军队，因为结果只有两个，一个是自己打败他们，另外一个就是自己被他们打败。

显而易见，这一次战斗双方的力量悬殊很大，奥地利军队的人数是拿破仑领导的法国军队的几十倍之多，最重要的是，对方的将领勇猛善战。在此之前，拿破仑曾经多次与之交锋，但是从未像今天这样彼此近距离地接近过。拿破仑想："可能，这一次必须得和这个奥地利人正面交锋、殊死一搏了。"这样想着，拿破仑再次命令军队前进，出人意料的是，奥地利军队却后退了，并且还派了一名骑兵告诉拿破仑，双方都应该休息一下了。

这时，一名士兵给拿破仑送来了一个水壶，拿破仑一边喝水一边看着自己身后的这些士兵。每个人都疲劳不堪，大家都气喘嘘嘘地倒在地上。确实，从早上开始，他们就一直在和奥地利军队激战，而现在已经是傍晚时分了。拿破仑也觉得很累，很想休息休息，他让几个士兵把干粮拿过来，和大家一起席地而坐，他们一边吃干粮，一边商议怎样才能突破奥地利军队的团团包围。

拿破仑领导的军队人数很少，再加上这一次是深入奥地利内地作战，所以根本无法预知后面的援兵何时能够赶到。而如今，拿破仑在清点人数的时候发现自己只剩下25个骑兵了，但是敌人的数量却高达一千多人。可能的情况下，经过一天的激战，奥地利人已经被拿破仑和他的骑兵们折腾得筋疲力尽了，而他们显然确定拿破仑的军队已经是他们的瓮中之鳖，所以想今天晚上好好地睡上一觉，等到明天一早再把拿破仑及其属下全部歼灭。

可以想象，拿破仑和他的骑兵们比奥地利军队更加疲惫，但是，以他们现有的人数，很容易被敌人一举歼灭，所以虽然对方派骑兵来表示休战，但是他们却不敢有丝毫懈怠。

事到如今，胜败仿佛已经毫无悬念了，但是拿破仑却不愿意束手就擒、接受失败。他命令士兵吃完干粮以后扔掉身上除了喇叭之外的多余衣物、水和食物，然后以最快的速度清理战马和武器。

等到夜幕降临的时候，拿破仑带着这25名骑兵人不知鬼不觉地突然冲进了奥地利士兵的宿营地。他让25名骑兵全都一边吹响喇叭一边奋力往前冲去，此时，奥地利士兵正在睡梦之中，还以为是法国援军赶到了，因此全都四下逃窜，场面非常混乱。当时，虽然奥地利的将领再三命令士兵坚决抵抗，但是伴随着呜啦呜啦的声音，法国士兵仿佛天神般从天而降，而且非常勇猛，几乎无人能敌。当拿破仑率领的军队与奥地利将领相遇之后，奥地利将领发现拿破仑手下只有二十几人，不由得怒火中烧，他挥舞着手中的大刀竭力向拿破仑砍去，但是却被拿破仑生擒了。

战斗结束之后，奥地利将领问拿破仑：“究竟是什么使你在最后关头反败为胜？”

拿破仑微微一笑，回答道："我从来就没有失败过，我一直怀着必胜的信念与你们战斗，就算在只有25名骑兵的情况下，我也从来没有想到过失败。"

这就是著名的阿克拉战役，是拿破仑一生中最伟大的战役之一。

从拿破仑的身上我们可以看到一种坚定的、必胜的信念，正是凭着这种信念，拿破仑才能反败为胜，最终获得胜利。其实，在生活和工作中也是同样的道理。就算失败立即就要降临，只要它还没有真正来到我们的眼前，那么，我们就不应该主动放弃成功的希望。只要我们还有勇气，我们就有成功的希望。反过来说，只要我们拥有成功的希望，失败就无法轻易接近我们。退一步说，就算我们这次失败了，也并不意味着我们会永远失败，只要我们有坚定的信念，我们就有机会迎接下一次成功。记住，越是在危急时刻，我们就越是要坚定自己的信念经历巨大的考验。

第 4 章
给心灵松绑，让生命放弃沉重

现代社会，每个人的心中都承受了巨大的压力。因为生活，因为工作，我们整日行色匆匆，奔走不停。那么，生活的意义在于什么呢？你拼命工作的目的又是什么呢？千万不要在繁忙之中忘记自己最初的出发点，那就是生活得更好，给家人更多的快乐。所以，即使工作再怎么忙碌，生活的压力再怎么大，也要学会放慢脚步，欣赏生命沿途的花开与溪流。

放慢生活的脚步

如今，人们的生活节奏越来越快。大家每天都行色匆匆，恨不得能够多长几只脚，多长几个手，从而能够在更短的时间内做更多的事情。曾经，陶渊明所提倡的世外桃源的生活不见了，人们没有时间去享受安逸的生活，而只能匆匆忙忙地奔波、劳累。随着生活压力和工作压力越来越大，人们的脸上再也不见淡然的表情，大家都在拼命地往前赶，往前奔。其实，静下心来的时候我们不妨想一想，生活的意义是什么？工作的目的是什么？不可否认，每个人之所以辛辛苦苦地工作，都是为了提高自己的生活水平，同时也为家人和孩子创造更好的生活条件。

现代社会，很多白领日出而作、日落而息，每天天不亮就要起床赶

公交和地铁去上班，晚上直到披星戴月的时候才能回到家中。在这种生活之中，他们已经很久都没有见到初升的太阳了，也很长时间都没有欣赏过落日的余晖了。就在这种匆忙之中，人们的生命逐渐地流失了，直到有一天，才突然发现自己已经失去了生活的意义。这就是现代人的通病，整日忙忙碌碌，但是却不知为何忙碌。其实，要想改变这种现状，有一个非常简单的方法，就是放慢生活的脚步。放慢脚步，对于每个人来说都是不陌生的，但是要想放慢生活的脚步，需要我们做出很多努力。例如，不要把自己每日的日程安排得满满当当的，因为工作的目的是为了生活得更好，而不是把生活的时间全部用于工作。再如，在工作之余可以安排一些时间用于娱乐消遣，劳逸结合反而工作效率会更高，生活也会更有乐趣。此外，还可以和朋友聚一聚，品品茶，唱唱歌，下下棋，都是很好的选择。

总而言之，生活是一趟没有终点的旅程，谁都不知道自己会在哪里下车。因此，对于生活而言，最重要的是过程，而不是结果，因为生活并没有所谓的结果。要想自己的人生了无遗憾，就要学会在生活的过程中享受生活的乐趣，感受生活的美好。要想感受生活的美好，就要学会慢下来，全心全意地陪伴家人，享受生活。

最近，晓玲在和老公杜强闹别扭。原来，杜强是一家房地产公司的主管，因为他们主要是做二手房生意的，所以工作时间不固定，必须客户随叫随到，这就导致杜强几乎每天晚上都要十一点左右才会回家，而有的时候因为帮助客户签订购房合同，杜强甚至凌晨两三点才能到家。假如是因为工作原因回家晚倒是也情有可原，最可气的是，杜强所在的公司领导明明知道平时员工就很辛苦了，但还总是在晚上九点的时候召集这些基层的小领导去开会。每当这种时候，晓玲就觉得怒不可遏。要知道，平时已经很忙了，领导难道不知道员工也是人，也需要休息吗？好不容易逮着一个没有特殊情况的

日子想在晚上十点赶到家中，但是却被领导一个电话召集到五公里之外的地方去开会。晓玲觉得自己快要疯了，一则是因为心疼老公，觉得总是这么凌晨一两点钟睡觉太伤害身体了，二则是她必须一个人照顾家庭和孩子，每天都是形只影单的一个人带着孩子上学、游玩，看到别人一家三口其乐融融的样子，她就会觉得非常寂寞。

在杜强再一次因为帮助客户签订合同并且送客户回家之后凌晨两点半到家的时候，晓玲实在忍不住，和疲劳不堪的老公大吵了一架。晓玲问老公："你这么辛苦的工作到底是为了什么？"杜强非常不解地回答："这还用问吗？当然是为了你和孩子能够生活得更好。"晓玲一本正经地告诉杜强："一，我宁愿生活的水平下降一些，只要一家人能够健健康康地在一起，我可不想看到你积劳成疾。二，既然你说你工作的目的是使我和孩子的生活更好，那么我告诉你，我现在很不快乐，孩子的情况也好不到哪里去。我需要丈夫，孩子需要父亲，我们不需要一个只知道挣钱的机器。"听到晓玲的话，杜强颇有感触地说："我理解你的感受，最近新店开张特别忙，等过了这段时间，我会多多抽出时间陪伴你和孩子的。另外，我也会注意自己的身体的。"

果然，又过了半个多月后，杜强终于把工作的事情暂时放下来了。他带着晓玲和孩子去了动物园、植物园，还去参观了海底世界，看着晓玲和孩子开心的笑容，杜强暗暗下决心：以后不管多么忙，都要抽出时间来陪伴老婆和孩子！

其实，工作是永远忙不完的，即使你一直在忙，也还是会有大量的工作蜂拥而至。此外，不管你是为别人打工还是自己当老板，都不能让工作占据你所有的生活，要知道，工作远远没有身体重要。而且，除了健康的考虑之外，我们还必须考虑到家人的感受。由此可见，即使工作再怎么忙碌，我们也要放慢脚步，学会用心地欣赏和感受生活。

在生活节奏越来越快的今天，有很多人都意识到了应该享受一种与众不同的慢生活。正是因为慢，我们才能够抽出更多的时间来欣赏人生沿途的美景，从而更加深刻地感受到生活的美好。

静下心，慢慢来

如今，随着社会的发展，人们的心态越来越浮躁，人们已经没有耐心经过自己的努力去等待最终的果实，而是恨不得能够生出一双翅膀，直接飞抵人生的最高峰。殊不知，最高峰之所以美丽，之所以让人无限憧憬和期待，正是因为人们必须经过努力才能抵达最高峰。倘若给你一双翅膀直接飞上去，那么你还能领略到那么美丽的风景吗？这就和爬山是同样的道理。真正喜欢爬山的人，是不会选择直接坐索道上山的，因为那样就无法领略到沿途的美景和历经千辛万苦而得到的征服感和胜利感。而那些在旅途中走马观花的人则更倾向于乘坐索道上山，因为他们的目的只在于到达山顶，而不注重过程中的付出与美好。其实，人生也是如此。很多人把人生比喻成一趟没有回程的车票。既然没有回程，那么也就无所谓能够最终到达哪里，因为终点也就意味着生命的轮回。那么，在人生之中，什么是最重要的呢？对于人生而言，最重要的是过程。等到生命终结的时候，就会惊讶地发现，原来很多所谓的金钱和物质都是过眼烟云，只有在生命过程中所感受到的，才是真正拥有的。所以，假如不想让自己的生命如时光般匆匆流逝，就要学会静下心，慢慢来。也只有静下心，慢慢来，才能放慢生活的脚步，尽情地享受和感悟。

要想真正地静下心，慢慢来，首先应该做出这样的决定。只有做出这

个决定，接下来才能坚定不移地去贯彻执行。也许，我们已经习惯了大城市中急急匆匆的脚步，那么当决定以后，首先要做的就是放慢生活的脚步。假如不再那么着急地赶路，就会发现在上班的途中，其实有很多美景可以欣赏。诸如，路边的一朵小花，卖红薯的老大爷那饱经沧桑的脸，甚至只是一只流浪狗，都能给内心带来很大的震撼。其次，要放慢做事的速度。虽然大多数人都提倡高效率的工作，而且大多数公司也都希望自己的员工是一个连轴转的陀螺，但是，仍然可以放慢工作的速度。要知道，不管再怎么努力，工作也还是会堆积如山地等着你，结果并没有什么不同。所以，不妨在工作之余给家中的父母打个电话，给自己的爱人发一条爱心短信，与多年不见的老同学聊聊天，作为工作的调剂。再次，融入大自然，感受一花一草的呼吸。在钢筋水泥的大城市中，很多人已然忘记了在大自然中与花草树木同呼吸的怡然恬淡，找出时间去融入大自然吧，因为它是生命的母体。最后，把注意力更多地放在人的身上。很多时候，我们之所以匆忙，是因为用眼睛盯住了身外之物，诸如金钱、名利等。假如能够把注意力更多地放在人身上，就不会被金钱和名利等胁迫着往前走。因为，金钱和名利是永远都追求不尽的，只有人，才是最值得珍惜的。父母老了，需要你抓紧时间孝敬和陪伴，否则就会留下子欲养而亲不待的遗憾。孩子年幼，需要你尽到一个父亲的责任，不然就会错失孩子的成长过程，而无法追回。爱人既要工作，又要照顾老小，应该多多抽出时间来陪伴她，让她感受到家庭的温暖，要不她如何能够积聚勇气面对艰难的生活呢？！假如能够做到这些，那么你就会在不知不觉之中静下心来，放慢自己的脚步，享受生活，关爱家人。

自从大学毕业以后，张哲就像是上紧了发条的闹钟，又像是一个高速转动的陀螺，一刻也不停歇地奋斗着。他来自农村，深知自己要想在北京这个国际化大都市站住脚，就必须付出比常人更多的努力。他想要给女朋友一

个安稳的家，他想要给父母更好的晚年，他更想给未来的孩子创造一个好的生活条件，使他以后不必像自己这样辛苦地奋斗。这些梦想像石头一样压在他的心上，使他迫不及待地想要去实现它们。然而，也许是造化弄人吧，张哲越是着急，事业就越是不顺利。大学毕业后，他进了一家外企工作，看着他拼命三郎似的，大多数德国的同事都表示很不理解，同时张哲在工作上的极度付出又使他们感受到巨大的压力。每当看到张哲主动加班的身影，同事们都挤眉弄眼的，最终张哲虽然工作表现很好，但是还是被辞退了。其实，张哲不知道，他的努力给了太多同事压力，使他们都不得不打乱自己的生活，陪着张哲一起加班。

看着女友担忧的目光，张哲笑着说："放心吧，别人不要我，我正好自己当老板！"拿着工作一年辛辛苦苦积攒的资金，再加上从父母那里借到的钱，张哲在中关村租了一个小摊位，开始售卖电脑和零配件。也许是因为缺乏经验，也许是因为急于求成，张哲的生意始终不见起色，看着自己所有的积蓄即将变成流水一去不返，张哲在情急之下突然生病了。看着躺在病床上的张哲，女友郑重其事地说："张哲，这次生病是一个警示，警示你前段时间的生活和工作都太忙碌了。你看，我爱的是你这个人，而不是所谓的镜花水月的钱财。我并没有要求你必须买房子，因为我们租房子也可以结婚，也可以生活。但是，假如你出了什么事情，我就肯定不会幸福了。所以，我希望你为了我，为了你的父母，珍惜自己的身体。要知道，很多事情强求不来，而只能水到渠成。只要你尽力去做了，不管结果如何，你都是成功的。希望你以后不要像个拼命三郎一样，我们还年轻，还有很多时间去奋斗、去拼搏，还有很多人生之中美好的事情值得我们一起体味。"在女友的劝说之后，张哲似乎想明白了很多，他知道很多问题并不是心急就能够解决的。在女友的陪伴和照顾下，张哲把自己的生活节奏进行了调整，一边努力工作，一边抽出时间回家陪伴父母，陪伴女友。

如今，他的心中已经没有了那么多杂念，唯一的心愿就是认真地活好每一天。经过几年的努力，现在的张哲在一家民营企业担任中层干部，生活和事业都非常顺利。

人们常说，心急吃不了热豆腐，假如你也像曾经的张哲一样心急火燎的往前赶，那么非但不会在短时间内取得很大的进步，反而还会因为生病止步不前，甚至让家人和爱人跟着担惊受怕。记住，只要你能够静下心来，努力地做好自己的本职工作，认真地生活，你的生活和工作就会更加顺利，更加美好。

磨刀不误砍柴工

不管做什么工作，不管生活如何对待我们，要想拥有更多的机会，就应该自觉地做好一切准备。对于学生而言，只要在平日里做好功课，才能在最紧要关头以优异的成绩博得青睐；对于职场人士而言，临阵磨枪不快也光的情况是不存在的，只有在平日的工作中好好表现，领导才会时刻把你记在心里，给予更多的机会。总而言之，在人的成长道路中，只有那些有准备的人才能准确地抓住机遇。现代社会的发展速度越来越快，随之而来的机遇也越来越多，但是，大多数人之所以不成功，就是因为他们只是盲目地想抓住机遇，而没有做充足的准备，这样一来，抓住机遇的可能性就很小了。退一步来说，即使侥幸抓住了机遇，他们也会因为准备不足而根本没有后劲发展。由此可见，机会虽然重要，但是充分的准备工作更加重要。只有扎扎实实地做好准备工作，从现在开始就做好准备，才能更好地应对挑战。正所谓磨刀不误砍柴工。

在生活中，人们总是过于急躁。例如，很多女孩子凭借着爹妈给的天生丽质就想钓到一个金龟婿，其实，那些有钱人并不是傻子，他们想要的不仅仅是一个中看不中用的花瓶。要知道，随着光阴流转，即使是再美丽的容颜，也会随之消逝，而只有内在的修为和涵养，才能使女人长久地绽放出自己的独特魅力，从而牢牢地抓住男人的心。还有些职场人士总是想要一步登天，殊不知，假如你没有真才实学，即使做到了高位上，也没有能力长久地坐下去。对于女孩子而言，不管长得是美丽还是相貌平平，最重要的是独立、自信、自强。要知道，现代社会中已经没有免费的饭票了，要想拥有更好的生活，就要凭借自己的努力和男人并肩战斗，这样才能成为生活的主人。而在工作中，不管你是多么幸运，也终究还是要靠实力说话。总而言之，抓住机遇还远远不够，关键在于在抓住机遇之后能够有真才实学留住机遇，使之成为自己人生的奇迹。记住，机会只属于那些有准备的人，也只青睐那些有准备的人。

永亮和志海是高中同学。高考中，他们俩的成绩差不多，只能上省级专科院校。面对着这个不上不下的学校，永亮选择了回乡务农。他觉得，假如花那么多钱去上一个专科，还不如不上呢！这样一来，不仅节省了一笔高昂的学费，而且还能够利用这段时间打工赚钱，岂不是很好吗？和永亮的选择截然不同，志海坚定不移地选择了继续上学。在读专科期间，他自学了本科课程，而且还凭着自己的努力考上了研究生。

转眼之间，他们高中毕业已经十年了，在十年的聚会上，永亮再次见到了志海。如今的永亮自己在家乡开了一家电器修理店，看起来小日子也是过得很不错的。但是，见到志海之后，他不禁觉得相形见绌。原来，志海在研究生毕业之后又出国留学了两年，现在和几个同学合伙开了一家电脑公司，俨然是一个事业有成的老板。其实，比起创业的年限来，永亮已经创业十年了，而志海呢，专科、本科、研究生和海外留学归来，迄今为止，只有两年的时间。在这短短的两年中，他一跃成为全班最有前途的人。看到志海，原本对自己的现状比较满意的永亮觉得懊丧起来，他对志海说："十年前，咱们的高考成绩只差几分，十年后，你和我有着天壤之别。不得不说，磨刀不误砍柴工啊！当初的我假如不是那么目光短浅，一心只想着省钱赚钱，现在也许就会拥有不一样的人生。"志海谦虚地说："其实，每种人生都每种人生的幸福滋味。你看看你，一双儿女都会打酱油了，但是我，还不知道媳妇在哪里呢！"志海还是有点儿失落地说："你还愁媳妇？媳妇会有的，聪明可爱的孩子也会有的，对于你来说，我所拥有的一切都是手到擒来的，但是我却对你所拥有的一切无法企及。"

这就是人生，有的时候，只是因为一个不同的选择，人生的轨迹就完全不同了。假如志海当初和永亮一样选择放弃，那么现在也许也成为了一个在农村中生活得比较滋润的生意人。但是，这样一来，他就永远没有机会进入美国的大学，在世界范围内绚烂地开放。假如用短浅的目光来看，永亮十年前高中毕业的时候就开始挣钱养活自己了，而志海呢？在十年之中的前八年始终依赖于父母的经济支援，但是，在最后两年之中，他就像一直展翅而飞的大鹏鸟，一飞冲天。看来，人们常说的磨刀不误砍柴工是有道理的，我们必须认真思考，选择自己的人生之路。

忙中岂能不偷闲

早在20世纪80年代，很多媒体就曾经以旁观者的姿态报道过日本白领阶层的"过劳死"现象。不过，在现代社会，"过劳死"现象已经屡见不

鲜，蔓延到你我的身边，开始威胁到我们自身的生命。现代社会的生活水平越来越高，“过劳死”现象为什么有愈演愈烈之势呢？究其原因，是因为巨大的生活和工作压力。人的时间和精力是有限的，必须在工作一段时间以后进行休息，以便调节紧张的神经和身体。假如长时间的工作没有休息，人们就会觉得悲观绝望，精神恍惚，甚至产生厌世的心理。这样一来，“过劳死”自然就会找上门来。那么，如何避免“过劳死”现象呢？重点在于调适自己的身心，明确生活的意义。

其实，人们工作的目的就在于更好地生活，所以，假如因为工作而失去了生活，那也就没有了工作的意义，无异于舍本求末。具体地说，假如单位总是让你加班，加班，再加班，那么你其实是有理由拒绝的。因为，每个员工都有权利获得合理的休息，所以，假如加班已经严重影响了你的身心健康，你完全有理由维护自己的合法权益。要知道，工作是别人的，身体是自己的，即使工作的任务再怎么繁重，也要学会忙里偷闲。假如你不会忙里偷闲，只知道一味地蛮干，那么你就会使自己非常劳累，久而久之，必然会影响到心情。

在现代社会中，人们已经把忙变成了口头禅，不管是老爸老妈打电话问有没有时间回家，还是昔日的铁哥们问有没有时间聚一聚，甚至是孩子要开家长会，人们都是一个回答，即“我最近比较忙，改天吧！”确实，随着生活节奏的加快，人们越来越忙了，这并不是夸张，而是现实。李宗盛曾经在一首歌中唱道：“忙、忙、忙、忙得没有了方向，忙得没有了主张”，要想摆脱繁忙的状态，我们首先要端正自己的心态。要知道，人生不仅需要努力地工作，也需要适当地休息；人生不仅需要无休无止的忙碌，也需要忙中偷闲的休闲。人非神，不可能做到整日无休止地忙碌。假如人生没有休闲，就像一幅没有留白的挤满了山水的国画一样，非但没有美感，反而会使人觉得非常逼仄，喘不过气来。假如人生没有悠闲，就没有时间和心情去体

味和享受美好的人生。

在课堂上，一位教授举起一杯水，问同学们："大家猜一猜，这杯水有多重？"

同学们的回答各不相同，从二十克到五百克之间。

教授说："实际上，最重要的并不是这杯水有多重，而是在于你举杯的时间。假如让你举一分钟，就算是五百克重的杯子也没有问题；假如让你举一个小时，即使是二十克重的杯子也会让你不堪重负；假如你必须把杯子举起来整整一天，只怕就需要叫救护车了。要知道，就算是同一个杯子，举的时间越长，它就会变得越重。"接着，教授把这个道理延伸到生活中，说："如果我们总是把压力扛在自己的肩上，而不知道适当地放松自己，那么压力就像刚刚所说的水杯似的，随着时间的延长而变得越来越重。"

其实，教授所讲述的道理放在生活中也同样适用。在工作中，假如我们始终没有放松压力，那么我们就会不堪其重。就像举起水杯一样，我们也要用同样的正确的方法对待工作，即放下水杯，休息片刻，这样才能再次举起它。

休息、放松，再举起。

休息、放松，这样才能精神抖擞地面对明天。

古人云："一张一弛，乃文武之道。"确实，人生也应该有张有弛，你要努力做一个忙中有闲的人。人生就像一条弦似的，如果太松，就无法弹出优美的乐曲；如果太紧，弦就很容易断；只有弦松紧合适，才能弹奏出优雅舒缓的乐章。

第二次世界大战期间，丘吉尔会见了蒙哥马利。闲谈的时候，蒙哥马利说："我不抽烟，不喝酒，只要到了晚上十点钟，我就会准时上床睡觉，因此，我如今是百分之百的健康。"

但是，丘吉尔却说：“我恰好与你相反，我既喝酒，又抽烟，而且我从来不准时睡觉，不过，我现在也是绝对健康的。”

很多人都觉得简直不可思议，丘吉尔身负两次大战的重任，是一位工作非常繁忙紧张的政治家，再加上生活简直毫无规律可言，怎么可能绝对健康呢？实际上，只要你们稍加留意就会发现，丘吉尔之所以非常健康，关键是因为他坚持锻炼并保持放松的心情。

即使是在战争期间最紧张的周末，丘吉尔也会坚持游泳；在选举白热化的时期，他仍然像往常一样坚持钓鱼；刚一下讲台，他就拿起画板去画画；他那微微皱起的嘴边上，总是斜插着一支雪茄，这已经成为了他的经典形象。

这就是丘吉尔能够保持健康的原因，懂得享受生活，懂得忙里偷闲，懂得让自己在紧张和忙碌之余进行适当地放松。

教授的一杯水使我们知道了人生必须有张有弛，张弛有度。即使是一杯再轻的水，如果长时间的举起不能放下，人也是无法承受的。而丘吉尔的身体健康状况则无疑验证了教授的举起一杯水的理论。

在生活中，每一个人都应该懂得举起一杯水的理论，这样才能劳逸结合，忙中偷闲。在《飞鸟集》中，泰戈尔写道：“休息之隶属于工作，就像眼睑之隶属于眼睛。”只有休息好了，才能更好地工作，因此，可以断言，不会休息的人就不会工作。假如盲目地、一味地去忙，忙得忘了休息，忙得忘了享受生活，忙得身体罢工，那么人生就会失去意义。总之，人生在世要学会忙里偷闲，闲里为忙。忙，有利于创造生活；闲，有利于调剂生活。创造生活需要调剂生活，调剂生活有利于创造生活。

为自己种一棵“忘忧草”

生活是非常复杂的，而且充满了变化，也总是不尽如人意。在生活中，假如我们能够以乐观的心态去面对一切，那么我们就能够拥有好心情。很多时候，有些亿万富翁什么都不缺，就是不快乐；相反，有些穷人虽然食不果腹，衣衫褴褛，什么都不如别人，但是却每天都乐呵呵的。他们之间的差别为什么这么大呢？当然，这种差别不仅仅局限于他们拥有什么，而是在于他们的内心是否知足。对于一个贪婪的人而言，即使拥有再多，也不会觉得快乐；相比之下，对于一个知足的人而言，即使缺少很多，也依然会笑口常开。究其原因，就在于人的欲望是无止境的，在追求物质和金钱的过程中，人们的欲望越来越膨胀，拥有的越多，就越是不知道满足，最终成为欲望的奴隶。与此相反，有些人虽然贫穷，但是却清楚地知道自己想要什么，所以，他们能够很好地控制自己的欲望，成为欲望的主人。

现代社会，物质极大丰富，越来越多的人希望自己能够拥有得更多，享受得更多。然而，在追求这些过眼烟云的过程中，在满足基本的生活需求的过程中，人们总是充满了烦恼，为工作不顺利而烦恼，为挣钱不够多而烦恼。曾经有位丈夫在每次回家的时候都愁眉苦脸，导致妻子和孩子大气也不敢喘，生怕一不小心就惹得他更生气了，实际上，这是很不好的习惯。工作的目的是为了更好地生活，所以，我们应该把工作和生活分开，不要因为工作上的烦心事影响到生活，更不要影响到家人的情绪。如何才能做到这一点呢？方法其实很简单，你可以为自己种一颗忘忧草。所谓的忘忧草，能够把你所有的忧伤和烦恼都带走，使你在回到家中的时候，能够以笑脸面对身边

的家人、朋友。当然，世界上并没有这么神奇的植物，能够使人忘掉所有的悲伤。所谓的忘忧草，可以是你的日记本、微博、博客，也可以是你的知心好友，甚至还可以是一件玩偶等。总之，只要是你可以与之倾诉的东西都可以充当忘忧草的角色。当有了烦恼的时候，你可以向这颗忘忧草倾诉自己的内心，从而能够抛开那些烦恼，微笑着面对生活。毫无疑问，每个人都需要有一颗忘忧草，因为每个人都有或多或少的烦恼。

拥有忘忧草的人能够在烦恼的时候排遣自己的消极情绪，诸如把自己的心事写在日记中，或者在博客中发泄出自己的愤怒情绪等。这些都是行之有效的方式。

小明的身材非常矮小，比同班同学矮一大截，为此，他总是觉得自己的身体条件不如别人，非常自卑。有一天，学校组织全校同学去参观聋哑学校，参观完之后，小明没有那么自卑了，取而代之的是一种幸运的感觉。比起那些残疾人来，他是多么地幸运，至少，他的眼睛能够看到明媚的春光，他的耳朵能够听到花开的声音，他的四肢健全，能跑能跳，这一切都使他觉得无比庆幸。从此以后，他再也不为自己的身材矮小而感到苦恼了，他努力地培养自己的特长，在期末考试中取得了全校第一名的优异成绩。

在美国，有一个卖花的老太太，衣衫褴褛，身体看起来也非常虚弱，但是，她却始终满脸喜悦。一位买花人问老太太“你看上去非常高兴，有什么开心的事情吗？”老太太反问道：“为什么不开心呢？生活是这么美好。”买花人接着问：“看来，你一定有很强的承受能力。”老太太笑了笑，说：“耶稣被钉在十字架上的那个星期五是全世界最糟糕的一天，但是，只要熬过3天之后，就是复活节了。所以，每当我遭遇不幸的时候，我就会耐心地等待3天。因为3天之后就会一切正常了。因此，即使遇到不开心的事情，我也会想到它不久就会过去的。这样一来，它就真的不会困扰我了。”原来，这就是快乐的秘诀。

对于小明来说，健全的身体是他的忘忧草。自从参观了聋哑学校之后，他一想到有些孩子看不见光明，有些孩子听不到声音，他就会感到非常庆幸。对于卖花的老太太而言，不需要像耶稣一样被钉在十字架上是一颗忘忧草，只要想到即使耶稣被钉在十字架上，等到三天之后也就能够复活，那么，她就会坦然地面对一切的艰难坎坷，笑对生活。

其实，你也可以给自己种一颗忘忧草，使自己能够坦然地面对生活的艰辛和坎坷，笑对生活，笑着拥有人生。假如我们能够以乐观的态度去对待所有事情，那么我们就会拥有好心情；假如我们能够为自己种植一颗忘忧草，那么，即使我们觉得有些烦恼，也能够及时调整自己的心情。实际上，快乐与不快乐完全在于我们的内心，只要能够做到知足常乐，就能够拥有好心情。

想哭就哭吧

生活不是一帆风顺的，每个人都会遇到伤心的事情。随着生活的压力越来越大，我们必须学会发泄自己的情绪，这样才能及时释放压抑的自己，缓解自己的心情。要知道，假如我们总是压抑自己，把自己想哭的欲望压抑在心中，那么长此以往，我们就会失去释放情绪的渠道。试想一下，一个人有泪流不出来是什么感受呢？假如你想象不出一个人有泪流不出来是什么感受，那么你就想一想一个人想笑笑不出来是什么感受。其实，不管是什么样的情绪，都需要及时疏导和发泄，这样才能及时调整情绪，以更好的心态面对生活。

相比之下，女人更爱哭一些，而且女人往往能够想哭就哭，想笑就笑。但是，男人却没有这种自由。几千年来，人们总是赋予男人更多的社会责任和家庭责任，更是有一些诸如男儿有泪不轻弹之类的话语，使男人们即使想哭也不敢无所顾忌地哭出来。要知道，对于男人而言，正是因为承受着巨大的生活和工作压力，所以才更需要发泄自己的情绪。男人在外工作的时候承受着很大的压力，既要考虑到老板的感受，又要兼顾妻子儿女的感受，这样就导致男人承受着双重的压力。实际上，每个人都有七情六欲，每个人都有哭泣的权力，因为哭泣不仅仅是女人的权力。从某种意义上来说，男人大哭并不是丢脸的事情。根据医学研究证明，在很多时候，哭都是有利于健康的。哭能够使人们心中压抑的情绪得到及时发泄，从而有效减轻人们的精神压力。假如该哭的时候不哭，只知道一味强忍，那么，心中的压抑就会越积越重，精神负担也会越来越大，从而导致情绪低落、食欲降低、失眠等，有些人还会悲观厌世甚至轻生，长期这样会形成反应性抑郁。

在林倩的心目中，张志是一个非常坚强的男人。早在读大学期间，张志就在校园兼职担任家教的工作，以便减轻父母的负担。他还自己进了一些货物，在课余时间卖日常用品，或者帮助信用卡中心向外推销信用卡。在读大学期间，他的学费、生活费都是自己努力挣来的。

林倩之所以决定和张志在一起，正是因为被张志的坚强独立所打动。林倩是一个独生女，父母都在银行系统工作，家境非常好。不过，和张志在一起之后，林倩改变了很多。为了张志，她主动下厨苦练厨艺，花起钱来也节俭多了。

最近这段时间，林倩觉得张志似乎非常苦闷。以前下班回家的时候，张志经常给林倩带一些小礼物，诸如一杯奶茶、一包点心或者一只玫瑰等。而且回到家后，张志会陪着林倩一起在厨房做饭，聊天。但是，近来张志回家的时候总是蔫头耷脑的，不仅不想和林倩聊天，而且总是早早地就睡觉了，连爱看的足球也不看了。林倩是一个非常敏感的女人，为了知道张志为什么这么苦闷，林倩询问了和张志在同一家公司上班的大学同学。

接到林倩的电话，同学非常惊讶，他说："出了这么大的事情，难道你不知道吗？"林倩一头雾水，问："什么事？"同学说："这个张志啊，上学的时候就要强，现在也还是没改。因为他的失误，公司失去了一个非常大的订单，所以张志被处分了，而且还有被辞退的危险。"放下电话，林倩并没有责怪张志，人非圣贤孰能无过，她只是非常心疼张志，她知道张志是多么努力，多么想凭借自己的努力在这个城市中站住脚。

林倩做了张志最喜欢吃的清蒸鲈鱼，而且还准备了一瓶红酒。晚餐的时候，林倩把刺眼的灯光灭掉了，点燃了几根红烛，在摇曳的烛光中，一切都似明似暗，使张志从心底里泛起了温暖：不管怎样，还有一个爱我的女人在等着我，包容我。酒至半酣的时候，张志落下了眼泪，长久以来压抑在他心头的苦恼一涌而出，而林倩呢，抱着张志的头，摩挲着，说："放心吧，还有我呢！工作不顺心可以换，但是我只有一个你啊，所以，你要好好的！不管你做出什么决定，我都会支持你的。"

哭过一场之后，张志的状态好多了，他记得林倩说过的话，"放心吧，还有我呢！"

其实，男人表面上看起来非常坚强，本质上是很脆弱的。相反，女人表面上看起来柔弱，实际上是很有韧性的。在很多时候，是男人保护女人，但在有些时候，是女人在支撑着男人。在生活中，我们必须学会哭泣，及时发泄自己的情绪，才能调整自己的状态，继续行走在人生之路上。

总而言之，哭是一种发泄情绪的方式，在生活中，哭泣能够起到调节身心的作用。要知道，情绪是我们身体内部的重要组成部分之一，就像病

痛、梦境、生病似的，我们必须拥有并且正确面对它。为了身体健康，我们应该适时地感知情绪，并且还要适当地发泄内心压抑的情绪。所以，想哭就哭吧！就像一首歌中所唱的那样，“男人，哭吧，哭吧，不是罪，再强的人也有力去疲惫！”

别让压力压垮了你

也许我们的初衷是为了实现自己的人生意义，但现在越来越多的人忘记了自己的初衷。当人们把挣钱当成是自己工作的唯一目的时，工作就会变成一种巨大的压力，使人无法承受。相反，假如我们能够把工作定位于实现人生意义的高度上，就会有更大的动力去工作。由此可见，在工作的过程中，要想减小自己的压力，就要学会正确地对待工作，考虑清楚自己究竟想从工作中得到什么。

现代社会的生活节奏越来越快，人们在面对生活的时候所感受到的压力也越来越大。假如长久地生活在压力之中，我们的身体就会感到非常疲劳，从而引起一系列疾病。为了使自己能够更好地面对生活，我们首先要做的事情就是学会排解压力。实际上，生活的内容远远不止工作这一件事情，我们其实有很多方式可以排解自己的巨大压力。例如，在工作之余回家陪伴父母住几天，陪父亲下象棋，陪母亲去买菜；再如，每个人都有好朋友，你可以约上三五好友一起喝茶聊天，甚至还可以去KTV吼一嗓子；假如你已经成家了，而且有了自己的孩子，那么在工作之余，你可干的事情就更多了，或者陪爱人去看一场电影，或者带着孩子去游乐园中快乐地度过一天。总之，只要是能够缓解你的压力的事情，你都可以去做。要知道，那些“过劳死”的人并不纯粹是累死的，很大程度上还是因为压力太大导致的。如今，不仅大人的生活压力很大，孩子的压力也同样大。很多父母在意识到生存环境的恶劣之后，脑子中对待孩子那根弦也不由得绷紧了。孩子还在肚子里的时候，很多父母就开始联系幼儿园了，孩子还没有开始上幼儿园，就开始上各种各样的亲子班，心急的父母也开始联系小学。其实，孩子的压力很大程度上是父母给的。假如父母能够做到比较淡定，顺其自然，随遇而安，那么孩子就能度过一个更加轻松惬意的童年。要知道，童年是不可逆转的，每个人一生只有一次童年，所以即使是父母，也没有剥夺孩子享受幸福童年的权利。

不管从哪个方面来说，我们都应该放松自己紧张的内心，有效地缓解自己的压力，这样才能更好地生活。有的时候，压力就像一个炸弹，一旦爆发，就会把生活炸得面目全非。

林凤娇昨天上班的时候还好好的，今天早晨起床之后就抬着酸疼的牙巴骨到处求救：“痛死我了，一夜之间就变成这样了。吃东西的时候根本嚼不动，说话都非常困难，只要是和动嘴有关的事情，都特别困难。”林凤娇托着腮帮艰难地说。有的同事告诉林凤娇，说她是上火了；还有人说林凤娇的这种状况属于牙龈发炎，必须要吃清火药；甚至有人说林凤娇这是牙巴骨抽筋了，因此动嘴都非常困难，只能顺其自然。回到家中，林凤娇的妈妈说了一句话，把林凤娇吓得够呛。妈妈说：“你这几天晚上睡着了以后吃人呢吧，牙齿磨得连邻居都能听见了。”

听了妈妈的话，林凤娇知道自己确实非常反常，必须去看医生了。牙科主任在听了林凤娇述说之后说道：“临床研究证明，巨大的压力会导致人在夜间睡觉的时候发生磨牙，因为，夜磨牙和精神、情绪关系密切。”原来是这样。林凤娇是单位的新进人员，每当有其他人不愿意承担的工作任务时，为了得到表现自己的机会，她就会主动冲锋陷阵。然而，她最近接下来

的任务却使她非常头疼，是个难啃的硬骨头。医生建议林凤娇要赶紧采取措施，使自己紧张的心情放松下来，否则长时间磨牙，很容易发生牙断裂。林凤娇在把工作的事情安排好之后，给自己安排了一个假期。她一个人去了西藏，想借此调整自己的心情，使自己能够从容淡定地面对生活和工作。

果然，休假回来之后，林凤娇的状态好多了，不仅火气全消，而且再也不磨牙了。最重要的是，因为适时的休息，她突然有了灵感，顺利地解决了工作中的难题。

上文说过，磨刀不误砍柴工，工作必须劳逸结合，一张一弛。其实，这个道理放之四海而皆准。假如林凤娇继续死守在工作岗位上，牙疼也许只是最轻的症状了！幸运的是，她及时地发现了自己的反常，调整了自己的状态，使自己能够在适时休息之后精神抖擞地面对生活。

要知道，不管是来自哪个方面的压力，假如人们长久地沉浸在压力之中，身体就会发生一系列的反应，导致生病等情况。这就要求我们一定要及时地感受到自己的情绪，有针对性地休息，劳逸结合。只有在压力适中的情况下，我们才能提高工作效率，更好地享受生活。

消除厌职情绪

现代社会，因为工作压力太大，也因为人们急于求成的浮躁心态，使得很多人都产生了厌职情绪。所谓厌职情绪，指的是人们在经历长时间的工作之后会对同一种工作产生厌倦的情绪，觉得工作就像鸡肋似的，不仅没有任何趣味，而且绝对挑战人体疲劳的极限。在高压状态下，有的人每天的工作时间远远超过8个小时，使自己的精神整日处于紧张、厌倦、无可奈何的状态之中。随着社会的发展，在生活节奏比较快的大城市，厌职情绪非常普遍。出现厌职情绪的人，只要走进办公室就会觉得胸闷气短，特别想在一时冲动之下辞职，虽然辞职的主动权掌握在自己手中，但是在经济浪潮的不景气之下，人们必须谋求生存，根本不能随心所欲地辞职。要知道，梦想可以搁浅，希望可以暂停，但是假如人们已经厌倦了自己现在所做的工作，那么就会感觉到极大的勉强和绝望。

既然生存逼迫着我们不得不工作，那么我们如何才能消除厌职情绪呢？毕竟，我们无法永远在这种极端反感的情况下坚持工作，所以我们必须学会调整自己的情绪，使自己不那么抵触现在所从事的工作。要想消除厌职情绪，首先应该为自己找到前进的动力。不管做什么事情，我们都需要有一个目标。在工作中，假如能够为自己确立一个短期或者是中长期的目标，那么就可以全心全意地向着这个目标前进。我们不要把自己的目的仅仅局限于挣钱，而是要树立自己的使命感，明确自己必须实现的价值，这样才能够有更大的动力为了工作而奋力拼搏。其次，要学会调节工作与生活之间的关系。有些人工作起来就像拼命三郎一样，不累得想吐决不罢休。殊不知，凡事都讲究可持续性发展，与其一次累到吐血，不如悠着点儿，每天都进行适度的工作，忙中也要偷闲，这是调节工作和生活必须尊重的原则。再次，要培养自己的兴趣爱好。从某种意义上来说，兴趣爱好是人们的精神支柱。假如一个人只知道工作，在工作之余没有任何兴趣爱好，那么他的生活一定会非常乏味，所以我们要培养自己的兴趣爱好，找到自己的精神寄托。最后，还要友好地与人相处。很多时候，并不是工作本身使我们觉得厌倦，而是工作之中的人际关系使我们感到头疼。人是群居动物，每个人都必须与别人打交道，所以要想心情愉悦地度过一天，我们首先就应该让自己结交更多的朋友，这样在工作的时候才会有更多的乐趣。如果你能够做到上述这几点，再在实际操作的过程中注意一些细节问题，你就能够有效地消除自己的

厌职情绪，做到每天高高兴兴地上班，高高兴兴地下班。

其实，每个人之所以产生厌职情绪，都是有原因的。要想彻底根除自己的厌职情绪，就必须找出原因，对症下药。就像马蕴一样，她之所以在休完产假之后厌职情绪达到高峰，就是因为她放心不下家中的孩子。所以，她在经过深思熟虑之后选择了辞职专心照顾孩子，两年的全职妈妈的生活使她有机会完成自己陪伴孩子成长的心愿，进而成功地消除了厌职情绪。

要知道，这个世界不会以你喜欢的公式对待你，也不会以你讨厌的公式捉弄你。在生活中，我们必须学会改变自己能够改变的，接受自己无法改变的，这样才能生活得更好。如果你了解生活，了解自己，你就应该知道怎样调整自己以适应生活。归根结底，成功把握在自己的手中，必须首先学会爱自己的职业，才能在事业的道路上越走越远。

第 5 章
给自己一点耐心，生活需要忍让

在生活中，因为一时冲动闯下的大祸屡见不鲜。为了避免悲剧的发生，我们应该学会忍让。有的时候，往前一步是悬崖，退后一步则海阔天空。其实，很多生活的琐事根本不值得我们去争出胜负输赢。所以，我们要多一点儿耐心，宽容地待人处世。

不要辩解

在生活中，每个人都难免会遭到误解。在被人误解的时候，是为自己辩解还是一笑置之呢？愚钝的人总是声嘶力竭地为自己辩解，而真正的聪明人则一笑置之。要知道，即使你什么也不说，时间也会使真相大白于天下，还你一个公道。古人曾经说过，清者自清，浊者自浊，世间自有公道。假如你是被人误会的，那么你不辩解，等到真相大白的时候，人们会感慨于你博大的胸怀和淡定的气度；相反，假如你真的做错事情了，那么更不应该辩解，否则就有逃避责任的嫌疑。总之，不管从哪个角度来说，你都可以为自己进行适度地解释，但是最好不要辩解。所谓辩解，通常指的是对受人指责的某种见解或者是行为加以解释。既然已经受人指责，就意味着其中有可能是误解，那么最好的方式就是坦然接受，有则改之，无则加勉。

在看待人和事物的时候，每个人都是有局限性的，因为人们总是习惯于从自己的立场出发，对人和事物展开评论。既然是每个人的主观角度，就意味着必然带有片面性。而作为独立的个体，每个人都有自己的想法，谁都无法强求别人从内心深处认可自己。因此，假如你坚定地认为自己是对的，那么最好的就是但丁所说的那句话，走自己的路，让别人说去吧！假如你意识到别人说的可能有道理，则更加无需辩解，只要改进即可。要知道，大多数愚蠢的人都会竭尽全力地为自己的错误辩护；与此相反的是，多数聪明的人都会承认自己的错误，使自己显得更加出众，从而给人留下一种尊贵而高尚的感觉。不管在什么情况下，辩解都不是明智之举。

为了使自己的客户由愤怒、埋怨变得宽容大度，画家弗迪南德·沃伦采用了一个很特殊的方法。在卡耐基训练课堂上，费迪南德回忆自己的经历时说："画广告画和为出版社画画必须认真、准确，这一点非常重要。然而，有些编辑会要求你按照他的意图当场创作一幅画，这就使你的作品很容易出错。一位和我合作的编辑特别喜欢吹毛求疵，每当他这样做的时候，我就找借口离开他的办公室。这并非说明我不满他的批评，而是我认为他的这种态度和方法是不正确的。前段时间，他要求我在很短的时间里按照他的要求创作一幅画，我抓紧所有时间把画画好了，然而等到他打电话把我请去的时候，我刚刚进入他的办公室就发现他对我怒目相对，我知道这是为什么。他让我谈谈为什么要这样画，而不是按照他的要求那样画，我就用自己在培训课上学到的方法进行了自我批评。我说：'先生，假如这幅画的确如您所说的我画错了，那么，我没有任何理由为自己辩护，我必须承认自己的错误。我长期应约为您作画，不应该发生错误，对此，我感到非常内疚。'

听了我的这番话之后，他马上改变自己的立场，开始为我开脱：'您说得很对，不过，我想，这并不是什么严重的错误，仅仅是……'

我打断了他的话，以诚恳的态度说：‘不管是什么错误，人们都要为此付出代价，要知道，我所犯的错误自然会使您生气。’他张了张嘴，似乎还想说什么，但是我没让他继续说下去。我有生以来第一次批评自己，不过，感觉好极了。

“‘您长期约我作画，你完全有权要求我把画画好一些。假如我再认真一些就好了，这样就不会给您带来麻烦，为了弥补我的错误，我决定重新画一幅。’

‘不、不’他突然开始表示反对，‘其实，我没有那个意思。’接下来，他非常真诚地夸赞了我的作品，表示只是想让我对画作进行一些修改，并且让我不要担心，说我的失误不会影响出版社的声誉。就这样，我的自我批评使他没有理由再与我争吵。最终，他邀请我一起吃早餐，分手的时候，他主动给了我一张支票，并且约我再为他作一幅画。”

在这个事例中，画家自始至终都没有为自己进行任何辩解。与此相反的是，当他觉察到编辑认为他有不妥之处的时候，亦或是他感觉到编辑想指出他的不妥之处，他采取了主动承认错误的方式，并且提出了重新画一幅画的解决方案。事实证明，这个方法的效果非常好，因为编辑非但没有像以前一样与他进行争辩，反而宽慰他，并且再次约他为出版社作画。在生活中，假如你也能够用这种方式解决问题，那么别人就会像这位编辑一样宽宏大量地对待你。

人的自尊心是很强的，几乎每个人都会主动维护自己的看法和观点。所以，每当听到“你错了”这三个字的时候，很少有人能够保持内心的平静。事实证明，在人际交往的过程中，“你错了”是破坏性最强的三个字。其实，要想使人际关系变得更加和谐融洽，与其说“你错了”，还不如主动承认“我错了”。假如你这么做了，往往能够起到出人意料的效果。

不必强争，有理走遍天下

在来到这个世界上的时候，每个人都如同一张白纸，染黄则黄，染黑则黑。我们在混沌之中度过了人生最美好最纯真的岁月，然而，随着年龄的逐渐增长，我们经历了越来越多的事情，最终发现这个世界存在很多问题。在我们的眼中，这个世界的问题越来越严重，越来越复杂，总是是非不分，混淆黑白。我们突然发现，社会的秩序与人心之间的公道并不是一致的，当看到有些人无理走遍天下、有理寸步难行的时候，我们才开始相信好人不一定有好报，恶人反而能够活千年。进入这个阶段的人们，总是激愤不平，用怀疑和惊恐的眼睛看着这个世界。所以，他们看山的时候也感慨，看水的时候也叹息，根本不愿意再轻易地相信什么。人们愤世嫉俗，借古讽今，恨不得能够推翻现有的秩序，按照自己的想法重新建立一个新秩序。可以说，这个时候的人们和刚刚出生时的蒙昧无知形成了鲜明的对比，看待所有事情都是从自己的主观出发。假如一个人始终停留在人生的这个阶段，那么就会痛苦不堪。他们对一切都感到不满，恨不得把所有的人和事情都像泥偶一样打碎了，然后重新塑造。他们自视甚高，觉得一切生灵都是蒙昧的，无法和自己相媲美，而只有自己，才能给这个世界制定新的秩序。由此，他们走入了生命的死胡同，凡事较真，而且从不轻易原谅别人和自己。在这种睚眦必究的状态中生活，人生之路必然越走越窄。

其实，人生是一个圆满的圆。很多时候，我们辛辛苦苦地走过了一生，却发现自己又回到了原点，回到了那个自己最初出发的地方。古人曾经说过，水至清则无鱼，人至察则无徒。要想与人更好地交往，我们就应该对人宽容，包容别人的缺点和不足。要知道，人无完人，既然你自己也不是

那么完美，你又何必苛求别人呢？！另一个方面，这句话是劝解人们在为人处世的过程之中应该宽容，不要睚眦必究。要知道，很多事情都是有缺憾的，没有人能够保证自己是绝对正确的。所以，在面对这些事情的时候，我们应该怀着宽容的态度，这样才能更好地调整自己的心态。有些人有理走遍天下，只要发现自己占据了道理，就得饶人处不饶人，非得让对方跪地求饶不可。实际上，这种做法会使你从占据道理的一方变成无法得到认可的一方。因为即使你原本很有道理，也没有必要揪住别人的小辫子不放，因为每个人都有可能犯错误。所以，我们即使有理，也要学会得饶人处且饶人。

一天，黄涵万分委屈地走进主编办公室，还没等落座就开始倾诉。她一边流着眼泪一边对主编诉苦："这件事情明明是我做对了，为什么还要批评我？真是好人没好报啊……"黄涵为什么这么伤心呢？几天后，她才向心理咨询师讲述了自己的经历。

高中毕业后，黄涵考进了一所综合大学的中文系，毕业后，她非常顺利地进入一家报社工作。刚开始的时候，她主要做收文、登记、传阅、催办和归档等繁琐的工作。经过一段时间的历练之后，因为她专业对口、熟悉业务，所以引起了领导的关注。她非常喜爱这项工作，慢慢地进入了忙碌但非常愉快的工作状态。就这样，几年之后，她的心开始不安现状，她总是主动找工作、创新工作。她利用工作之余的时间整理了很多图书资料和相关图书的目录，为各个部门查阅和利用档案提供了很大的便利条件。领导看到她对待工作如此积极认真，决定提升她为部门主管，这使她感觉良好，似乎找到了人生价值。不过，正当她因为自己的努力得到回报而沾沾自喜的时候，却隐约地感觉到自己的人际关系出现了问题。工作的时候，尽管同事们还是互相配合，但是缺少了很多积极主动的感觉；休闲的时候，尽管同事们之间仍然谈笑风生，但是却没有那种真诚的感觉。为此，她也认真回想分析过，原来和同事和睦相处、毫无间隙，但是在发生过几次口角之后，不管是因为私

事还是因为公事，她总是据理力争，企图让对方接受她的想法，无原则无条件地认可她，甚至有的时候还要向她赔礼道歉。

前几天，一位同事借走了一份资料没有按时归还，当着同事部门的人，黄涵就毫不留情地批评他："你也太不负责任了。"同事赶紧道歉："黄主管，我真的是忘记了，这件事都怪我，是我错了。"然而，黄涵还是不依不饶地说："你都借了多长时间了？耽误别人使用你负得起责任吗？"说完，黄涵扭头就走，找到主编告状。她原本以为主编一定会安慰自己，出乎她意料的是，主编却说："这件事情是你占理不错，但是你也不能总是得理不饶人啊！"主编的话使黄涵如遭当头一棒，又像是受了委屈的孩子，所以便开始泣不成声起来。

从某种意义上来说，黄涵对工作认真负责的态度是值得提倡的，对同事敢于批评的态度也是无可指责的。但是，她这种不近人情的做法却使同事们越来越疏远她。要知道，黄涵虽然是部门主管，但是却没有任何理由像训斥孩子一样训斥自己的同事。管理工作是有艺术的，必须讲究宽容，这样才不会失去人心。曾获诺贝尔经济学奖的萨缪尔森主张：在交往的过程中，要想使关系更加融洽和谐，人们就应该多一些体谅，而不是一味的责难。一位哲学家也曾经说过：没有宽容过别人的人，从来没有享受过人生最大的乐趣。所以，不管情况多么糟糕，你都要尽可能地选择原谅别人，而且，即使是批评，也要讲究方式和技巧，照顾到对方的颜面，这样也是给你自己留下退路。

给自己一点耐心

在生活中，越来越多的人行色匆匆，他们甚至没有时间停留片刻。在

这种急躁而又浮躁的生活中，我们失去了欣赏生活的耐心和勇气，只知道一味地往前奔。其实，生活的意义是什么？对于很多事情而言，尤其是对于人生而言，生活的意义在于享受过程，而不仅仅是最终的结果。很多人都想得到成功，但是却发现自己很难获得成功，究其原因，是因为他们过于急功近利，没有耐心去等到成功的到来。科学家在发明一件东西的时候，要经过无数次的实验，然后再不停地改进，最后再通过实验来验证效果。总之，他们的成功是建立在无数次失败的基础上的。很多人羡慕别人的爱情天长地久、刻骨铭心，殊不知，别人在拥有这种爱情之前，已经无数次地陪伴爱人度过了人生中最艰难的时刻，从来没有抱怨过，更没有想到过放弃，所以，这朵爱情的奇葩是在苦难的人生之上盛开的。还有的人羡慕别人的工作好、薪水高，殊不知，所有能够得到高的职位或者是高的薪水的人，一定有着过人之处，或者是有着高学历，或者是有着娴熟的技能，而不管是学历还是技能，都是通过数年的苦读或者是苦练得到的。而有些人呢？总是想一蹴而就获得成功，总是想在一夜之间就拥有奢华的爱情，总是想拥有更好的职位、更高的薪水，然而，他们却没有耐心去等待和陪伴，这就注定了他们与一切最好的事物无缘。

美国前总统尼克松曾经说过：胜利的道路是迂回曲折的。正如山间小径一样，这条路有的时候先折回来，然后再向前伸去，所以走这条路的人也像走山间小径一样需要很大的耐心和毅力，有些人累了就歇在路边，是不会得到胜利的。做人做事都需要有耐心，这样才能有所收获。做事则更加需要耐心。做某件事情的时候，特别是当事情一团乱麻、毫无头绪或者困难重重的时候，人们总是在问自己什么时候才能做完，什么时候才能见到明媚的阳光？其实，每个人心里都是没有底的。如何是好呢？是开头或者中途的时候弃而舍之吗？假如你这么做，那么你只能给自己的人生增加一次失败的经历，甚至这次失败的经历还会沉重地打击你的自信心。正确的做法是给自己一点耐心，调整好自己的心态，脚踏实地地走下去，很有可能，胜利就在前面不远的转角处等着你；很有可能，你的耐心能够引来外界的帮助；也有可能，问题内部某因素的变化能够使它自行解决。总而言之，只要你耐心地走下去，那么胜利就有可能属于你。不仅仅是做事情的时候我们要有耐心，在对待别人的时候我们同样也要有耐心。很可能，他的表现没有你所期望的那么好；很可能，他的进步没有你所期望的那么快；还有可能，他不理解你或者误解了你，使你受到了伤害。这个时候，如何是好？是放弃自己对他的期望，还是把他对你的伤害牢记在心，甚至老死不相往来？这些做法都是不恰当的。正确的做法是你要耐心地对待他，因为只要你有耐心等待，他终有一天会青出于蓝而胜于蓝，变得非常优秀。总而言之，不管是对人还是对事，我们都要有耐心，这样才能守得云开见月明，柳暗花明又一村。

张哲在一家电脑公司已经工作五年了，五年来，他始终勤勤恳恳，任劳任怨。他所在的营销部门包括他在内只有五名员工，还有一名主管，总计六人。近来，随着公司的业务越来越多，他们部门的人手明显不够，最糟糕的是，主管还跳槽到其他公司了。

大家都说张哲肯定会顺利地荣升主管，因为整个部门中就数他资历最老，业绩也始终比较稳定。不过，一天早晨，总经理来宣布的并不是让张哲升任主管，而只是让张哲先暂时负责一下部门的工作。虽然如此，张哲还是信心倍增，他想：也许领导只是在考验我，主管的位置除了我之外还有谁更合适呢？

自从主管离职之后，他们部门的工作任务更加繁重了，尤其是张哲，既要承担主管的工作，又要作为普通员工努力工作。在短短的一个月时间里，张哲瘦了十斤。然而，一个月之后，领导并没有如大家所预期的那样升张哲为部门主管，对此，张哲非常纳闷。不过，虽然心有疑虑，他还是决定继续观察一个月。两个月的时间过去了，领导似乎把张哲当成了牛马，只知道使唤，不知道喂草。在两个半月的时候，张哲突然提出了辞职。他觉得领导根本没有计划升他为部门主管，只是想让他一个人干两个人的活儿而已。

离职之后，一个偶然的机会，张哲给原来公司的同事打电话。同事接到张哲的电话非常惊讶地说："你为什么突然离职呢？公司原本准备三个月之后就升你为部门主管的。而且，公司之所以迟迟没有宣布提升你为部门主管，只是因为领导发现你们部门人手不够，所以正在抓紧时间招聘新员工，以便在扩展部门之后直接升任你为部门经理。"

听到同事所说的，张哲的肠子都快悔青了。只差半个月，假如他能继续耐心地等待半个月，那么他就抓住千载难逢的机会成为部门经理，而现在的他却整日奔波于招聘会之中，以便能够找到一份新的工作。

很多时候，胜利就在不远处等着你。假如张哲能够多一点儿耐心，多等待半个月，那么迎接他的将是无比美好的前途。由此可见，不管什么时候，我们都要有耐心，耐心地对待工作，耐心地对待身边的人，说不定，意外的惊喜很快就会来到你的身边！

忍耐是金

何谓忍耐？所谓忍耐，指的是能够会忍、善忍别人的无理指责。当别人无理指责你的时候，你能够保持沉默，这并非懦弱无能，也不是人们经常说的阿Q式的精神胜利法，而是一种非常高贵的优秀品质。对于任何人而言，假如没有一定的修养和开阔的胸怀气度，往往很难学会忍耐。古人云："巧言乱德，小不忍则乱大谋。"确实，不管是在古代社会还是在现代社会，不管是在外国还是在中国，因为"小不忍则乱大谋"的人或事屡见不

鲜，而且还有很多人因为赌气而惹上官司，甚至失去最宝贵的生命。

古今中外，大凡能够成就大事者，都具有忍耐的美德。忍耐，是为了达到某种“大谋”的退却，是为了达到某一志向的手段。要知道，积极的忍耐不是为忍而忍，并不代表忍耐的人人格渺小，畏畏缩缩。相反，善于忍耐的人能够把自己可贵的、独立的自我暂时隐藏起来，他们其实是在默默地做自己想做的事。这种忍耐，柔中带刚、软中透硬，是一种权宜之计，目的在于谋求更大的发展，或者实现自己最终的目的。其实，只有那些聪明人才具有能忍会忍善忍者的头脑。他们审时度势，忍得恰到好处，往往采取最好的方式保护自我，从而成功得躲避他人对自己的伤害和暗算。与此同时，他们还会把忍耐作为修身养性的重要手段之一。要知道，一个一触就暴跳如雷的人，是没有资格成为顶天立地的大丈夫的。

公元前496年，吴王阖闾派兵攻打越国，被越王勾践战胜了并且身受重伤。临终前，阖闾嘱咐儿子夫差一定要替他报仇。夫差把父亲的话牢牢地记在心中，没日没夜地练兵，准备攻打越国。

两年之后，夫差率兵战胜了勾践，并且把勾践团团包围住，使其无路可走。正当勾践准备自杀的时候，谋臣文种劝他说：“吴国大臣伯嚭好色贪财，咱们可以派人贿赂他。”勾践采纳了文种的建议，并且派文种带着很多珍宝去贿赂伯嚭，伯嚭答应随文种一起去见吴王。

见了吴王之后，文种献上珍宝，并且说：“越王愿意投降，做您的臣下一心伺候您，请您饶他不死。”此时，伯嚭也在一旁帮腔。想不到，伍子胥却站出来大声反驳：“常言道，‘治病要除根’，勾践深谋远虑，范蠡、文种精明强干，假如这次放过他们，回去之后，他们一定会想办法卷土重来的！”此时，夫差觉得越国已经不足为患了，所以根本没有把伍子胥的劝告放在心上，他很容易地就答应了越国的投降，把军队从吴国撤回来了。

吴国撤兵之后，勾践带着大夫范蠡和自己的妻子到吴国伺候吴王，每

天放牛牧羊，并且给吴王的父亲守墓。这样，他终于赢得了吴王的信任。三年之后，吴王把他们放回国了。勾践回国后，发愤图强，立志要报仇雪恨。他担心舒适的生活会消磨自己报仇的志气，所以每天晚上睡觉的时候都枕着兵器，而且直接睡在稻草堆上。除此之外，他还在房子里挂上一只苦胆，每天早上一起床就品尝苦胆。门外的士兵还会提醒他："你忘记三年的耻辱了吗？"

他派范蠡管理军事，派文种管理国家政事，他自己则亲自到田里和农夫一起干活，他的妻子也纺线织布。勾践的这些举动使越国上下官民都深受感动，经过十年的艰苦奋斗之后，越国终于转弱为强，兵精粮足。

相比之下，吴王夫差盲目争霸，根本不考虑民生疾苦。此外，他还听信伯嚭的坏话，把忠臣伍子胥杀死了。最终，夫差成功地称霸于诸侯。然而，此时的吴国因为连年征战，虽然表面上看起来非常强大，但是其实已经是外强中干，开始走下坡路了。

公元前482年，夫差亲自带领大军北上，和晋国争夺诸侯盟主。趁吴国精兵在外的时候，越王勾践突然袭击，一举战胜了吴兵，把太子友杀死了。听到这个消息之后，夫差赶紧带兵回国，并且派人向勾践求和。因为勾践觉得自己无法直接灭掉吴国，所以就同意了。

公元前473年，勾践再次带兵攻打吴国。此时的吴国已经是强弩之末，无法抵挡越国军队，最终被勾践打败了。后来，夫差再次派人向勾践求和，但是勾践的良臣范蠡却坚决主张灭掉吴国。看到求和不成，夫差悔不该当初没有听伍子胥的忠告，他万分羞愧，最终拔剑自杀了。

勾践之所以能够反败为胜，抓住机会灭掉吴国，就是因为他能够忍耐一时的屈辱。其实，不仅仅是勾践，很多古代的名人都是因为能够忍耐才最终获得了成功。诸如，韩信能忍胯下之辱，司马迁忍受了宫刑最终写出了千古流传的《史记》。历史的经验证实，每一个人都要学会忍耐和克制自

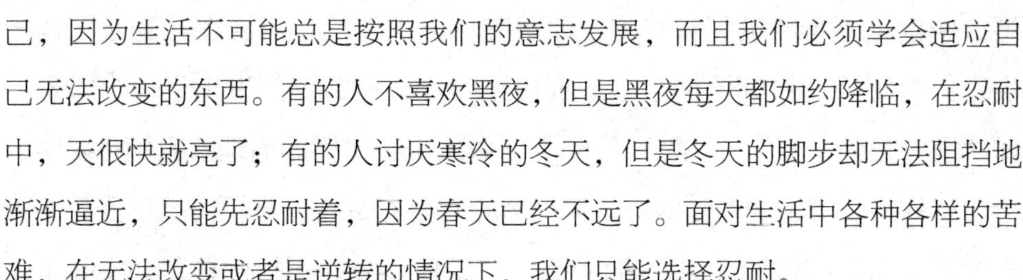

己，因为生活不可能总是按照我们的意志发展，而且我们必须学会适应自己无法改变的东西。有的人不喜欢黑夜，但是黑夜每天都如约降临，在忍耐中，天很快就亮了；有的人讨厌寒冷的冬天，但是冬天的脚步却无法阻挡地渐渐逼近，只能先忍耐着，因为春天已经不远了。面对生活中各种各样的苦难，在无法改变或者是逆转的情况下，我们只能选择忍耐。

每一个人都应该把忍耐当成是一种生活的习惯，因为没有忍耐就没有所谓的进步，没有忍耐就无法使一个有潜质的年轻人成就大业。现代社会，人心越来越浮躁，很多年轻人都缺乏忍耐的品格。这就要求我们要学会忍耐，学会面对和接纳生活！

不要冲动

众所周知，冲动是魔鬼。但是，即使道理人人都懂得，在生活中，还是有很多人无法控制自己的冲动。很多人因为控制不住自己的情绪，陷入一时冲动之中，最终导致自己陷入罪恶的牢笼。例如，在超市排队结账的时候，因为一个人插队了，后面的人提醒他不能插队，但是插队的人不仅没有丝毫的愧疚之情，反而冲动地回了一句“关你什么事”。假如善意提醒的人能够控制住自己听到这句话之后的愤怒，那么也许能够避免一场争斗，但是假如善意提醒的这个人也同样是一个容易冲动的人，可以想象，一场斗殴在所难免。很多时候，口角就是这么发生的，严重的还会发展成为打架斗殴。

冲动的人情绪起伏往往比较大，他们很难控制住自己的情绪，总是一会儿哭一会儿笑，一会儿猫脸一会儿狗脸。总而言之，只要一句话不对，他们就会翻脸不认人，导致发生口角争执。那么，如何才能控制住自己的情

绪，使自己不再冲动呢？首先，要平静自己的心情，不要在冲动之中作出决定。为了让司机师傅们耐心地等待红绿灯，交警部门发出了一个口号，即“宁停三分，不抢一秒”。实际上，做人也是同样的道理。我们也要学会给自己的内心安装一个红绿灯，假如你正在盛怒之中，你不妨把自己想象成一个正在面对红灯的司机，告诉自己 “宁停三分，不抢一秒”。实际上，只要你能给自己一些时间恢复冷静和理智，你就不会在冲动之中做出让自己懊悔不已的事情来。换言之，就是当你非常急迫地在焦躁的情绪中决定要做一件事情的时候，你首先应该深呼吸，使自己恢复冷静和理智。其次，要设身处地地为他人着想。很多时候，人们习惯于站在自己的立场上看待问题，而不去考虑别人的感受，这就导致我们无法设身处地地为别人着想。其实，如果你能够设身处地地为别人着想，你就会发现从对方的角度出发他的行为是可以谅解的，要知道，人都有利己的本能。最后，要使自己变得更加宽容、淡定。大海有广阔的胸怀，所以才能容纳百川，做人也是同样的道理，只有宽以待人，才能使自己的胸怀更加开阔。我们只有修炼自己的内心，提升自己的素养，才能从容淡定地面对生活。有句话说得好，“宠辱不惊，闲看庭前花开花落；去留无意，漫随天外云卷云舒。”这是一种怎样的人生气度啊！

张玲已经在现在的这家公司工作三年了。最近，因为工作上的问题，张玲和自己的同事琳达发生了一些口角，两个人每天都较着劲，谁也不服气谁。

有一天中午吃饭的时候，就因为琳达不小心撞到了张玲，张玲就开始大声斥责琳达。这一吵，使得张玲把自己心中压抑的怒气全都发泄了出来，她指着琳达的鼻子说：“你看你，得意什么得意啊，每天趾高气昂的！告诉你，我早就看你不顺眼了！真以为自己是棵葱呢你！”看着张玲歇斯底里的样子，琳达羞得满面通红。她怎么也想不明白：虽然我们之间有些口角，但是张玲对我的意见也不至于这么大吧？毕竟，工作的事情是工作的

事情，不能上升到人身攻击的高度啊！

又过了一段时间，她们所在部门的主管跳槽去另外一家公司了，因为琳达在平日的工作中表现突出，而且与同事们之间的关系相处得也比较好，所以领导决定升任琳达为部门主管。在所有的部门同事中，张玲是最后一个得知这个消息的。那天，张玲一大早就来到公司上班，却发现同事们都在围着琳达表示祝贺。琳达看到张玲进门，还特意向张玲摆摆手，微笑了一下。然而整整一天，张玲都如坐针毡，她知道，就算琳达不和自己计较，自己那天在一时冲动之中那么说琳达，也是很难再在这家公司上班了。第二天，张玲打电话到公司请了病假，并且让男友把自己的辞职报告送到了公司。

就这样，因为一时的口舌之快，张玲失去了一份宝贵的工作。

在这个事例中，张玲与琳达之间的矛盾并没有多大，因为毕竟我们不能因为工作上的事情影响到私人的感情和同事之间的交往。但是，显然，张玲并没有意识到这点。她因为对琳达不太满意，就抓住一些小问题对琳达歇斯底里地发作。这样一来，当琳达升任部门主管的时候，她根本没有办法面对作为自己顶头上司的琳达。由此可见，不管是在生活中还是在工作中，我们都要控制住的情绪，千万不要因为一时冲动就使别人下不来台，否则自己也会下不来台。

记住，不要冲动，凡事三思而后行！

第 6 章
调整心情，把心里的垃圾全部带走

在生活中，我们难免会受到客观外物的影响，产生情绪上的波动，或喜或悲。自古以来，人们就有七情六欲的说法，虽然每个人都会有喜怒哀乐，但是假如情绪波动过大，就很容易影响人的心情、状态，甚至是身体健康。这就要求我们要学会调整自己的心情，及时清除情绪垃圾，以乐观平和的心态面对生活。

以平和的心态面对一切

在生活中，一个人要想生活得更加淡定快乐，就应该拥有良好的心态。每个人的生活中都有很多苦乐，之所以有些人生活得很开心，而有些人整日愁眉不展，关键在于他们的心态不同。要知道，生活不可能是一帆风顺的，每个人在工作和生活中都有可能遇到一些不那么使人高兴愉悦的事情。当你陷入情绪的低谷或者遇到难以逾越的障碍时，你必须想好自己应该用怎样的心态去解决心结，这对于幸福的生活而言是至关重要的。

实际上，要想保持平和的心态，我们必须做到以下三点：首先，正确对待自己；其次，正确对待他人；最后，正确对待社会。从本质上来说，这是一个调节心态的方法。因为只有树立正确的待人处世的态度，才能够从根

本上解决自己的心态问题。也只有调整好了心态，才能够付诸于行动。在生活和工作的过程中，我们要学会及时体察自己的不良情绪，并且及时疏导自己的不良情绪。除此之外，我们还要确立自己的人生目标。无法否认，每个人都有自己想要追求的目标，正是在满足目标的过程中，人们才有机会逐步实现自己的价值。而且，也正是因为每个人都努力实现自己的人生目标，所以人类社会才能够不断向前发展。从根本上来说，压抑与理性有着很大的不同。理性是清醒地认识自己的目标，客观衡量事情的成败所带来的影响，正确考量得失。而压制呢？则需要压抑自己的欲望，放弃自己的追求。然而，生命是需要尽情绽放的，而不是毫无生机的压抑。由此可见，要想使自己的心态变得平和，就要在认识的基础上努力实现自己的目标，尽情释放自己的生命之花，在追求的过程中享受到生命的美好与魅力。

仙胎鱼通体透明，游动的时候非常灵活，外行人往往很难捕获。然而，内行的渔民却总是能够轻而易举地抓住它。实际上，捕捉仙胎鱼是有窍门的。正确的方法是找两只木筏，然后在两只木筏中间系一根粗麻绳，绳子必须紧贴着水面。与此同时，两个人分别站在两只木筏上一起划动，从河中心缓缓地向岸边靠拢。这门简单的捕鱼技术，就使仙胎鱼仙气不再，此时的它们总是呆头呆脑地随着绳子的影子游向岸边。岸上的渔民只要见到木筏来了，就会赶紧拿起渔网兴高采烈地捕捞仙胎鱼。实际上，这种方法正是利用了仙胎鱼致命的弱点：一旦它们在水中发现影子，就会非常害怕，似乎老鼠见了猫一样，绝对不敢靠近。就这样，身手敏捷的仙胎鱼们在一根绳子的阴影下心甘情愿地自投罗网。

马嘉鱼长得特别漂亮，皮肤是银光闪闪的，尾巴就像剪刀，特别像小燕子的尾巴，眼睛大大的，几乎可以算得上是鱼类中难得一见的国色天香。平时，马嘉鱼生活在深海中，人们很难见到它的真面目。不过，等到了春夏之交的产卵时节，马嘉鱼就会随着海潮漂游到浅海区。很多经验丰富的渔民都有一套好方法用于捕捉马嘉鱼。首先，找一个分布稀疏且留有粗孔的竹帘，在竹帘的下端系上铁坠，然后放进水中。然后，用两只小船拖着竹帘拦截鱼群，遇到竹帘之后，马嘉鱼只会一个劲地往前冲，这样一来，当很多马嘉鱼都陷入珠帘之中的时候，帘孔就会随之收紧，把马嘉鱼牢牢地卡住。原来，马嘉鱼的天性是不会转弯，不会变通，所以它们即使闯入罗网之中也不会停止往前冲的行为。所以，经验丰富的渔民很容易捕捉到如此出色的马嘉鱼。

仙胎鱼的怯懦畏缩，马嘉鱼的鲁莽死板，形成了鲜明而强烈的对比。从两种鱼的弱点之中，聪明的渔民们受到了启发，最终想出了轻松捕鱼的锦囊妙计。实际上，假如仙胎鱼能够勇敢一些地面对那根绳子的影子，假如马嘉鱼能够学会变通，那么，它们很容易就能够逃脱渔民们的罗网，顺利逃生。

人生也是如此。对于任何人而言，在危机到来的时候，鲁莽和退缩都是不足取的，都会导致小小的障碍转瞬之间成为无法逾越的鸿沟。要想顺利地战胜这些障碍，你就必须运用自己的智慧，巧妙地根据形势施行相应的对策，这样才能最终化险为夷。把仙胎鱼和马嘉鱼的事例放在人们的身上，就要求人们要有平和的心态，既不要知难而退，也不要钻进死胡同。只有以平和的心态灵活处世，才能够拥有幸福美满的人生。

摆脱焦虑症的困扰

如今，越来越多的人身陷焦虑症的困扰之中。那么，何为焦虑症呢？所谓焦虑症，指的是以发作性或持续性情绪焦虑和紧张为主要临床表现的神经症。一般情况下，焦虑症患者会伴有头昏、头晕、胸闷、心悸、呼吸困

难、出汗、震颤、口干、尿频和运动不安等明显的躯体症状，而且其紧张或惊恐的程度和现实情况并不相符。随着社会的发展，人们的生活压力也越来越大，这就导致焦虑症成为了一种心理常见病。根据国外的报告，普通人群中焦虑症的发病率大概在4%，占精神科门诊的6%～27%。焦虑症一般好发于青年时期，男女之间的比例是2∶3。

很多人把焦虑症和惧怕混为一谈，实际上，焦虑和惧怕有着本质的不同。焦虑是预感到未来威胁，而恐惧则是对客观存在的某种特殊威胁的正常反应。一般情况下，正常人的焦虑是人们预期到某种痛苦或者危险境遇马上就要发生时的一种适应反应或者是生物学的防御现象，属于一种非常复杂的综合情绪。然而，假如过度焦虑，那么焦虑就会成为所有精神疾病的一种症状。病理性焦虑是无法控制住的，而且也没有明确内容或者对象，其威胁与焦虑的程度非常不相符。实际上，在正常的焦虑范围内，假如我们及时采取措施，那么这种正常的焦虑就不会发展成为病理性焦虑。这就要求我们要及时体察自身的情绪，及时排解自己的压抑情绪或者及时寻求安慰，然后再彻底地解决问题，从而摆脱焦虑。

通常情况下，自信乐观开朗的人不易得焦虑症，自卑、胆小怯懦、谨小慎微、对轻微挫折或者身体不适特别容易感到紧张甚至是焦虑的人更容易患焦虑症。由此可见，要想远离焦虑症，我们首先要调整好自己的心态，使自己变得乐观开朗起来。此外，我们还要学会及时倾诉自己的情绪，不要压抑自己的负面情绪。在生活中，每个人都难免会遇到一些不开心的事情，在这种情况下，正确的做法是及时倾诉，这样才能减轻心灵的负担，得到别人的安慰。再次，还要学会放松。现代社会，不管是男人还是女人，不管是孩子还是成人，每个人都不堪重负。所以，在繁忙的工作和学习生活中，要想使自己远离焦虑的情绪，我们就要学会放松自己的心灵，学会给自己减压。最后，我们要宽容地对待自己和别人，不要苛求完美。在这个世界上，没有绝对的完美。所以，要学会接受不完美，允许自己或者别人有瑕疵，有不尽如人意的地方。

最近，张霞特别苦恼，因为她在工作的过程中出了一点儿差错。

张霞是一名会计，在单位里主要负责财务工作，给单位做财务报表，给同事们发工资等。张霞性格沉稳，非常严谨，也许是因为与小数点打交道，张霞不允许自己犯任何小错误。在同事们的心目中，张霞总是不苟言笑的，尤其是在领工资的时候，即使同事们和她开玩笑，她也会听若未闻，视若未见，只知道一心一意地数手中的钱。

上个月发完工资之后，有一个同事找到张霞说张霞少发了他一百元钱。张霞确凿无疑地说自己肯定不会犯这种错误的，一定是同事记错了。不过，同事还是坚持说自己已经找过了很多地方，的确是少发了一百元钱。虽然同事也表示自己当场没有清点清楚，不怪张霞，钱也不打算要了，但是张霞还是寝食难安。为了找到这一百元钱，张霞几乎把所有的账目都核对了一遍，但是三天过去了，她还是没有找到这一百元钱的踪影。张霞百思不得其解，这一百元钱去哪里了呢？正当张霞闷闷不乐的时候，那个同事来了，兴高采烈地告诉张霞："我找到那一百元钱了，原来是我在家数工资的时候掉到沙发的缝隙中去了。"听到这个消息，张霞如释重负，她说："幸亏你找到了，要不然我都过不了自己这一关呢！"

发生了这件事情之后，张霞每次清点工资的时候都要点三遍，而且还要让领工资的同事当着她的面再点一遍。看来，张霞还沉浸在那一百元钱的阴影之中。

在工作中，因为职业的原因，大多数会计都是非常认真细致的，张霞也是如此。不过，所有的会计在与别人交接金钱的时候都会告诫对方，当场点清，过时不要找后账。虽然同事说少了一百元钱的事情和张霞并没有多大的关系，但是因为张霞处处追求完美，所以这件事情还是搅和得她寝食难

安。最终，直到同事找到了失踪的一百元钱，张霞在发工资的时候也还是加强了防范措施。

焦虑症在我们的生活中总是如影随形，很多人都深受焦虑症的困扰。要想彻底摆脱焦虑症，我们就要正确地认知自己，宽容地对待别人，凡事都淡然处之，这样一来，自然能够摆脱焦虑症的困扰。

把过去永远忘掉

人们常说，人的一生只有三天，即昨天、今天、明天。随着时间的流逝，我们曾经经历的喜怒哀乐都变成了昨日的历史，我们的手中把握着今天，无限憧憬着明天。然而，有些人却对今天视而不见，一心一意地只想着曾经的过去。其实，过去的已然成为过去，无法再现。假如你的过去是辉煌的，那么，你必须继续努力才能再创辉煌；假如你的过去是不堪回首的，那么你更应该忘记过去，向前看；假如你的过去是令人懊悔的，那么你就要从过去吸取经验和教训，然后努力地朝前走，奔向未来的美好生活；假如你的过去是纠结的，那么你就要远离欲望的泥沼，使自己神智清明地走向未来。总之，不管你拥有一个怎样的过去，过去都无可挽回地成为了历史，时光无法倒退，这也就注定了你无法更改历史。当你从过去的经历中吸取了经验和教训之后，就没有必要沉沦在过去痛苦的回忆之中了，毕竟，不管你愿意不愿意，生活都在继续。你只有提起精神来面对未来的生活，才能拥有美好的明天。相反，假如你一味地沉浸在过去，那么你非但无法把握好今天，同样也会失去明天。由此可见，过去的就让它过去吧，假如能够做好，你最好忘记过去，一心一意地奔赴未来。

古人云，好汉不提当年勇。对于好汉而言，即使当年多么勇敢，也都变成了历史。假如今天不知努力进取，那么就会逐渐走向下滑之路。所以，我们应该勇敢地面对现在的生活，努力把握住将来的生活，而不要沉浸于过去的荣耀之中。不管是谁，都无法使时光逆转。只有向前看，我们才能拥有更加美好的未来和人生。

张强在大学期间交往了一个女朋友，叫朱倩。朱倩非常漂亮，气质高雅，家境也很富裕。然而，大学毕业之后，因为朱倩父母的强烈反对，他们无奈地选择了分手。分手之后，朱倩在父母的安排下嫁给了一个富家子弟，年轻有为，事业有成。看得出来，虽然朱倩还念念不忘自己的初恋情人，但是显然更加喜欢现在这种锦衣玉食的生活。

为此，张强始终沉浸在痛苦之中。毕业第一年的时候，单位的一个老大姐给张强介绍了一个女孩。这个女孩叫雅韵。雅韵属于典型的邻家女孩，看起来非常乖巧可人，她总是温柔地对待张强。而在张强的心中，朱倩的身影总是挥之不散，他控制不住自己，一看到雅韵，他就想起了美丽的朱倩，他不止一次地告诉雅韵，自己曾经的女友比她高一点儿，气质更好一些；更重要的是，曾经的女友精灵古怪，而雅韵则过于乖巧。最终，雅韵向张强提出了分手，因为她不愿意始终生活在另外一个女人的阴影之下。

转眼之间，毕业十年了，在这十年里很多人都给张强介绍过女朋友，但是张强却再也找不到和朱倩在一起时怦然心动的感觉。在毕业十年的聚会上，张强见到了朱倩。让他万万不想不到的，曾经清纯可人的朱倩如今俨然已经成为了满身铜臭味的阔太太。她穿金戴银，张口闭嘴都是钱，仿佛就是专门为了炫富而来的。突然之间，张强心目中那个美好的朱倩不存在了。后来，张强和一个亲戚介绍的女孩子顺利地恋爱、结婚、生子，他很庆幸自己终于找到了一个满意的爱人。

张强真的找到了一个比当年的朱倩客观条件更好的女孩子吗？其实不

然。这十年来，正是因为很少接触，所以朱倩在张强的心目中保留了最纯美的形象。也正是因为如此，所以张强才无法从心中消除朱倩的身影，接纳其他的女孩子。然而，毕业十年的聚会使张强有机会见到了阔别已久的朱倩，他恍然发现自己所爱的那个朱倩已经不存在了。这样一来，再与其他女孩子接触的时候，张强才能客观地评价对方，坦然地接受对方。看着其他同学的孩子，张强不禁感叹自己晚了十年，然而，这十年正是因为他从来没有走出过去才耽误的。

由此可见，我们要学会走出过去，让过去的彻底成为过去。要知道，每个人都有历史，但是每个人都不应该沉浸于历史。假如人人都沉浸在过去之中，今天又应该怎么度过呢？所以，忘掉过去吧，未来的生活更美好！

让恐惧症远离自己

恐惧症也叫“恐怖症”、“恐惧性神经症”，是以恐怖症状为主要临床表现的神经症。一般情况下，恐惧症患者所害怕的特定事物或处境是客观外在的，虽然当时并没有太大的危险，但是恐惧症患者还是感到非常恐惧。恐怖发作的时候，通常伴有显著的植物神经症状，当事人竭力回避自己所害怕的处境，导致其恐惧反应与引起恐惧的对象很不相称。尽管他自己也清楚自己的害怕是非常过分的、不应该发生的或者是不合理的，但是这些都无法有效防止恐怖发作。当他再次进入相同的场合或者面对相同的客体时，恐惧依然会反复出现。为了避免恐惧发作，患者总是回避自己的害怕和畏惧去艰难地忍受，如此一来，就会严重影响患者的正常生活。恐惧发作的时候，一般会伴有明显的焦虑和自主神经症状，诸如失控感、紧张不安、心

慌、颤抖、出汗、恶心、头昏、四肢无力、尿频、尿急等。为了使我们能够更好地生活，我们应该调适自己的心理，尽量远离恐惧症。

在生活中，恐惧症患者所害怕的事物形形色色，千奇百怪，既有有形的事物，也有无形的事物，诸如蛇、软体动物、黑暗、高等，其中最常见的就是恐高症。在一个幼儿类电视节目中，当主持人邀请家长和幼儿一起登上高台的时候，一个家长害怕得抓住台子上的栏杆，膝盖呈现弯曲状，双腿不停地颤抖，他甚至不敢朝下看一眼，这就是典型的恐高症。其实，有很多恐惧症是可以克服的，只要了解患者真正害怕的是什么，然后再有针对性地采取措施就可以了。诸如，假如你害怕蛇，那么你首先应该想清楚自己为什么害怕蛇，是害怕蛇有毒，还是害怕蛇那柔软冰冷的身体？在此基础上，你应该多多了解蛇，了解蛇的生活习性，并且能够区分蛇是有毒的还是无毒的。在此基础上，你才能战胜自己的恐惧，尝试着与蛇接触。但是假如你怕黑，那么就很麻烦了。例如，加班太晚了，整栋办公楼只剩下你一个人了；乘坐末班车的时候，车窗外黑漆漆的一片，车厢内除了你和司机、售票员之外空无一人；突然停电了，你是选择大声尖叫，还是选择摸索着点燃蜡烛。诸如怕黑之类的恐惧症还是很有必要克服的，因为生活中难免会有一片漆黑的情况发生。实际上，大多数怕黑是因为担心那些黑暗之中会突然蹿出什么东西来，只要你树立科学的观念，摒除自己心中的封建迷信思想，你会发现黑暗能够使你的心灵恢复平静，安宁地面对整个世界。你还可以尝试着躺在高山之巅看夜空，看那无比美丽的璀璨星空，正是因为有了黑暗的衬托，星空才显得更加瑰丽灿烂。这样一来，你就能够逐渐地克服自己内心深处对黑暗的恐惧。接下来，选择一个人独处的时候关会儿灯，一个人静静地品味黑暗，享受心灵的宁静。

在生活中，不管你害怕什么，首先都要认清自己的心理，找到彻底解决问题的方法。只有这样，你才能够克服恐惧，战胜自己。

打破心灵的枷锁

我们常常会发现，对于那些纯真无邪的孩子而言，他们很容易就能够说出异想天开的话，而且可以为了实现自己的梦想不懈地努力。然而在成人身上，这种难得可贵的品质却非常罕见，这是为什么呢？按正常的逻辑思维而言，成人见识过很多的事情，接触过更多新鲜美好的事物，他们的思维应该更具发散性，更加开阔。但是，为什么成人的思想反而更受禁锢呢？究其原因，是因为成人的思想受到了现实社会和人生经验的束缚，所以越来越保守，越来越闭塞。从某种意义上来说，生活的经验反而变成了一把枷锁，锁住了人们原本自由翱翔的心灵。所以，假如你能够打破心灵的枷锁，敞开心扉面对人生，你就能够更好地享受生活，创造出更多更美好的事物，提出更多富有创意的想法。

为了打破心灵的枷锁，我们必须勇于挑战。只有勇敢地面对挑战，我们才能获得更长足的发展，使心灵自由地飞翔。你必须知道，每一个挑战都是你创造更加成熟自我的最好时机，在挑战的过程中，你突破自己的能力局限，挣脱心灵的枷锁，不断地创新，坚持不懈，最终达到自己想要实现的目标。从某种意义上来说，选择不断的追逐挑战是在给自己创造动力。当然，你也可以选择在诗人威廉·奥尔森所创造的意境里，像“生活在风中”的花朵那样度过你的人生，亦或是选择在安逸的度假村中度过人生。总而言之，你有完全的权利选择自己以哪种方式度过一生。毋庸置疑，度假村是一个休息的好地方，但是绝对不是一个生活的最佳去处。虽然大多数奔波忙碌的人们都幻想着能够在度假村中休闲放松一下，但是在那里长期生活的结果显然是人们所不愿意接受的。你可以有意识地把度假村作为自己放松和储存能量的地方，在这里，你整装待发，从而精神抖擞地面对下一个挑战。与此相反，假如你永远生活在度假村里，那么它们就会由放松心灵的地方摇身一变成为摇滚歌手斯汀所说的“心灵枷锁”。记住，要想高飞，就要摆脱桎梏、获得自由。体会德国哲学家费希特如此阐述自由的境界，他说：“自由什么也不是。只有成为自由的，才是至高无上的。”

面对骄奢淫逸的生活，人们很容易沉浸其中，无法自拔。自古以来，我国就有句老话，即生于忧患，死于安乐。想必很多人都记得温水煮青蛙的故事。假如你把一只青蛙放进装有热水的杯子中，那么青蛙立即就会跳出来。不过，假如你把青蛙放在一个装有温水的杯子中，那么青蛙会对危险毫无觉察，显得非常安逸。此时，你小火加热杯子，当温度逐渐升高的时候，青蛙还是若无其事的，甚至非常快乐。然而，当温度升到一定程度之后，青蛙就会在不知不觉之间变得越来越虚弱，尽管并没有什么东西或者是力量限制它摆脱困境，但是青蛙已然失去了往外跳的爆发力，它就那样待在不断加热的温水中，直到被煮熟为止。这个现象非常奇怪，究竟为什么呢？从本质上来说，青蛙体内感应生存威胁的器官只能感应出激烈的变化，而很难感知到缓慢的、渐进的变化。所以，这就导致青蛙在不知不觉之间被煮熟，失去了生命。同样的道理，生活在安逸环境中的人们也更容易丧失斗志，贪图安逸的享受。要想爆发出强大的力量，我们首先要挣脱心灵的枷锁，摆脱使人变得安逸的生活，这样才能突破自己，超越自己。人们常说，人最大的敌人就是自己。确实如此。很多事情你自以为做不到，但是只要你努力去做，带着破釜沉舟的决心，那么你会惊讶地发现自己的体内居然蕴藏着如此巨大的力量。所以，我们一定要打破常规，勇于尝试。很多时候，禁锢我们的恰恰是我们的心灵和那些自以为是财富的经验之谈。

一个木匠手艺精湛，尤其擅长做门。他选用最好的木材，精心地为自

己家制作了一扇完美无瑕的门。看着这扇门，木匠暗暗地说，这门用料实在，做工精良，肯定能够用很长时间也不会坏的。

不过，即使再好的门也是有寿命的，随着时间的流逝，门上的钉子锈了，而且还掉下来一块板。为此，木匠费尽心思地找出一颗和原来的钉子比较搭配的钉子补上，这样一来，门又恢复原样了。不过，没多长时间又掉了一颗钉子，木匠不得不再换上一颗钉子。接下来，居然有一块门板也在风雨的侵蚀之下坏掉了，木匠找出一块板换上。再后来，门上的零部件坏得越来越多，先是门闩，后是门把手，木匠只得隔三差五地维修这扇门……

转眼之间，已经十几年了，虽然门变得斑驳不堪，但是在木匠的精心修理之下，依然坚固耐用。对此，木匠非常自豪，他常常想：多亏我有这门手艺，否则，门坏了该怎么办呢?

有一天，木匠又在修门，邻居对他说："你虽然是个木匠，但是你看看你家这门，然后再看看别人家的门！"木匠经过认真观察之后突然发觉邻居家的门样式新颖、质地优良，甚至还有很多邻居都安上了时髦的不锈钢门。然而，自己家的门却满是补丁，看起来又破又旧。木匠想了很长时间，终于想明白了一件事情，原来，他们家的门之所以几十年如一日，远远地落后于潮流，正是因为他的这门手艺阻碍了自家"门"的更新换代。

随着社会的发展，我们不仅需要学好一门手艺，更重要的是要换一种思维思考问题。要知道，行业上的造诣虽然是一笔财富，但是从某种意义上来说也是一扇无形的门，很容易将你关在其中。面对日新月异、瞬息万变的世界，你必须有足够的勇气和决心才能打破关住自己的这扇"无形门"，使自己具有发散性思维，以更加敏锐的感觉跟进时代的潮流。

总而言之，你必须打破心灵的桎梏，才能突破自我，获得更好的发展。要知道，命运就掌握在自己的手中。

驱散空虚心理

心理空虚的人往往无所事事，遇到困难的时候很容易自暴自弃。他们没有信仰，没有寄托，生活百无聊赖，无滋无味。因而，很多时候，他们就像是无头苍蝇一样团团乱转，根本没有明确的人生目标。对于这些人而言，他们在生活中就像行尸走肉一样，既没有人生理想，也没有想要达到的高度。他们更像是随风漂流的蒲公英，风把它们吹到哪里，它们就在哪里，然而他们却未必有蒲公英那般顽强的生命力，落地也不一定能够生根发芽，只是被动地等待着随风的再一次旅行。

当然，在生活中，大多数人都有着或者是短期或者是长期的人生目标。要想实现这些目标，首先需要自己付出努力，然后还要做足准备，这样才能抓住转瞬即逝的机会。毋庸置疑，虽然我们不是心理空虚的人，但是我们一定或多或少都有一些空虚心理，对于任何人而言，这都是难以避免的。在工作中，也许你会产生厌倦的情绪，觉得自己的生活没有任何希望，甚至不想工作；在生活中，也许你会觉得不管干什么事情都提不起精神来，觉得只想睡觉、吃饭，吃饱了睡，睡饱了吃，所以有些人说自己的人生理想就是像猪一样生活；还有些人总是郁郁寡欢，似乎生活中根本没有什么事情能够使他们提起精神来……实际上，以上这种种表现都是空虚心理在作怪。

从本质上来说，精神空虚是一种社会病，非常常见。每当社会失去精神支柱或者社会价值多元化导致人们感到无所适从的时候，亦或是社会抹杀了个人价值，那么，人们就很容易出现精神空虚的症状。通常情况下，精神空虚的人总是萎靡不振，没有社会责任感，不仅对于社会发展没有任何推动作用，有的时候还会阻碍社会发展，不利于人类发展。由此可见，不管

是从个人的角度出发，还是从社会的角度出发，我们都要及时驱散自己的空虚心理，找到人生的价值和意义所在，为自己确立一个明确的人生目标，从而成为一个对社会有益的人。假如这个社会中每个人都陷入空虚心理无法自拔，那么社会就会止步不前，进而退步。所以，我们每个人都有责任和义务使自己充实地活着，积极地推动社会进步。

最近，张明的工作状态非常糟糕。每天，他几乎都是最后一个到单位的，而下班的时候则成为第一个开溜的。这与张明之前拼命三郎的状态截然不同。同事们和领导对此都深感纳闷。

最终，张明在单位里最好的哥们朱志为大家解开了迷雾。原来，张明和女朋友分手了，原因是张明的父母觉得张明女友的身高太矮，长相太丑。虽然现在早就已经过了以貌取人的年代，但是父母还是担心会影响到下一代的形象。为了迫使张明与女友分手，张明的父母甚至以死相要挟。

得知事情的真相之后，同事们都纷纷想办法开解张明。大家七嘴八舌地为张明出主意："如果是真爱，别管父母怎么说，先把生米煮成熟饭再说！""最好先生个孩子带回家，这样父母即使有再大的脾气也发不出来了！"偏偏张明还是一个非常孝顺的孩子，不愿意让父母为自己的婚事着急上火。最终，还是领导说了句公道话："父母也是为你好，毕竟还是要考虑优生优育的因素的。此外，假如你好好工作，还愁找不到好媳妇呢！自古以来好事多磨，你现在还年轻，应该侧重于发展自己的事业，放心吧，漂亮媳妇会有的，一切都会有的！"

常言道，听人劝吃饱饭，听了领导的话之后，张明果然发愤图强，努力工作。仅仅两年之后，他就成为了公司里最年轻的部门主管。很多年轻漂亮的女孩子仰慕张明的才华，觉得他是一个值得托付终身的好男人，纷纷向张明表白自己的心意。最终，张明和一个非常优秀的女孩子结了婚，而且有了一个非常幸福美满的家庭。

爱情是美好的，但是爱情远远不是两个人之间的事情，它所牵涉的方方面面很多。假如因为爱情而放弃自己的整个人生，无异于得不偿失。虽然现代社会提倡恋爱自由、婚姻自由，但是，父母把我们养大，有更加丰富的人生经验，有的时候，还是应该综合考虑父母的意见。故事中的张明在这一点上做得很好，但是因为失去爱情就对人生心灰意冷的表现却难免使人失望。幸运的是，领导一语点醒梦中人，使张明有了更加美好的前途。

一般情况下，空虚心理的产生都是一定的原因导致的，所以，要想驱散空虚心理，我们首先要找到症结所在，然后才能对症下药。此外，我们还要树立正确的世界观、价值观、人生观，这样才能坦然地面对人生中的坎坷，避免空虚心理的产生。当然，最好的方法是确立明确的人生目标，培养自己的多元化的兴趣爱好，使自己的精神有所寄托，使自己一心一意地为了人生的目标努力。

逆境中不能自暴自弃

众所周知，人生不可能是一帆风顺的，必然要面对或多或少的坎坷和风雨。诸如，失恋了、工作不顺利、爱情遭到阻拦等，除此之外，还有一些人力所不可抗拒的自然因素导致的灾难。那么，在面对这些人生逆境的时候，我们应该怎么做呢？是自暴自弃，还是振奋精神，重整旗鼓？相信大多数人都会做出第二种选择。然而，说起来容易做起来难。要想坦然地面对逆境，在逆境中扬起人生的风帆继续前行，首先应该修炼自己的内心，使自己变得勇敢、自信、坚持不懈。假如在逆境中自暴自弃，那么就会在人生的低谷之中越来越沉沦，最终导致覆没，没有丝毫回旋的余地。要知道，绝境并

不是别人造成的，而是自己造成的。那么，究竟怎样才能从容应对人生的逆境呢？

首先，我们要想从容应对外界的障碍，继而逾越障碍，就应该乐观公正地认识和评价自我。每个人都有优缺点，每个人的强项和弱项也是不一样的，我们要客观评价自己，扬长避短，取长补短，这样才能战胜苦难，克服阻碍。其次，要有意识地鼓励自己，可以阅读一些成功人士的传记，也可以看看那些历经艰难坎坷从来不放弃的人生轨迹。只要坚持向成功人士学习，就能够逐渐培养自己坚韧不拔的性格，最终走向成功的人生。再次，为自己在现实生活中找到一个榜样，处处向对方看齐，把对方作为自己的标杆。最后，为自己制定一个非常适宜的目标，标准就是自己经过努力之后能够实现的。当然，你也可以先制定一个长期目标，然后把这个长期目标分解成若干个可以实现的短期目标。这样一来，每当实现一个目标之后，就会觉得自己干劲十足，而且浑身充满了力量。

因为就业前景不太好，所以范光在大学毕业之后选择了自主创业。然而，自主创业的道路同样是充满艰辛的，尤其是对一个刚刚大学毕业、缺乏从业经验的大学毕业生而言。刚刚开始创业的时候，范光和自己的合作伙伴——大学同学黎明都兴致高昂，似乎自己已经挖掘到了人生的第一桶金。然而，事实证明这并非是他们人生的第一桶金，而是他们人生之中交的又一份学费。他们把自己从父母那里筹集来的八万元资金全都赔了进去，甚至落到了衣食无着的地步，现实使他们认清了自主创业的道路是非常艰辛的。当大多数同学都以为他们会在这沉重一击之后失去信心的时候，范光和黎明却痛定思痛，总结了公司倒闭的原因。最终，为了再次筹措资金，范光和黎明商量好去一家公司打工，一边积累资金，一边积累经验。就这样过了三年，范光和黎明再次拥有了十万元启动资金。因为是带着积累经验的目标去工作的，所以他们在这三年之中学到了很多宝贵的经验。

他们一拍即合，再次投入仅有的十万元积蓄，开了一家只有三个人的小公司。果然，凭借着在三年之中积累的人脉，他们的公司很快就拥有了第一笔业务。接下来，他们的生意越来越好，越来越红火。

十年同学聚会的时候，当初不看好他们的同学纷纷对他们羡慕不已，对他们当初的勇气和毅力更是大加赞赏，甚至有同学说自己很早以前就觉得他们俩不是凡人。对此，范光和黎明淡然一笑，因为只有他们自己知道自己曾经走过了一段怎样的艰难岁月。

在这个事例中，假如范光和黎明在第一次创业失败的时候选择了放弃，那么他们迄今为止可能仍然是一个普普通通的打工仔。要知道，很多事情都是在失败之中寻求经验的，假如你在一次失败之后就选择了放弃，那么你的一生就都失败了。与此相反，假如你在一次失败之后能够总结经验，再接再厉，越挫越勇，那么你就能够做好准备，为自己再次争取搏击长空的机会。雄鹰并不是生而会飞的，它们之所以能够在天空中翱翔，是因为鹰妈妈一次次地把小鹰从半空中扔下。能够展翅翱翔的就成为搏击长空的雄鹰，而不能展翅翱翔的则被无情地淘汰掉了。生活也是如此，自然有着残酷的优胜劣汰的守则，每个人都必须遵守。毫无疑问，在逆境面前，自暴自弃的人只能注定一生失败！

当你遇到人生逆境的时候，也就意味着你拥有了更多难得可贵的经验，也拥有了重头再来的机会。所以，你要抓住机会，充实自己，整装待发！

让自己主宰自己

每个人的性格都是不一样的，有人自信，有人自卑；有人随和，有人

执拗；有人暴躁，有人温和……总而言之，一千个人就有一千种性格。正如人们所说的在这个世界上没有两片完全相同的树叶一样的道理，这个世界上也没有完全相同的两个人。不管是哪种性格的人，都有一个明确的人生目标，即成就自己。然而，要想成就自己，无论你的性格怎样，你都必须无一例外地先成为自己的主人，让自己主宰自己。只要你细心阅读那些成功人士或者是名人传记，你会发现他们都是一些非常有主见的人。他们知道自己想要拥有怎样的人生，也知道在实现人生目标的过程中会遇到很多艰难险阻，然而，他们始终坚定不移地向着自己的目标前进，始终不曾放弃，最终，他们成功了。虽然成功取决于很多因素，但是自己主宰自己是其中最重要的、必不可少的条件。在历史长河中，你很难发现随波逐流的人能够取得成功，因为随波逐流的人往往没有主见，喜欢人云亦云，这就导致他们只能成为跟风者，而无法成为主导者。试想，假如一个人自己都做不了自己的主，那么他还能去主宰别人吗？就像我们在前面的章节中所说的，你首先应该自信，别人才会相信你，是同样的道理。你必须先成为自己的主宰，才能主宰别人，对别人施以影响。而大凡成功者，往往有着无数的拥护者，坚定不移地崇拜和推崇他们。由此可见，对于成功而言，自己主宰自己是多么重要。

其实，不仅成功者需要自己主宰自己，就算是普通人，也需要成为自己的主宰，这样才能够把握自己人生的命运。众所周知，每个人的命运都掌握在自己的手中，而那些随波逐流者看似把握了人生，实际上却是跟随别人的脚步。对于任何人而言，自己都是最了解自己的人，只有你才真正知道自己想要得到怎样的生活，想要达到怎样的目的，所以，只有在你有主见的情况下，你才能真正把握自己的人生，创造美好的未来。毋庸置疑，在这个世界上，最贫穷的人就是让别人来决定自己快乐与否的人。人生在世，每个人都在扮演着自己的角色，富人有富人的烦恼，穷人有穷人的快乐，谁都没有必要去羡慕或者妒忌谁。记住，只有自己能够改变自己的命运，只有自己才是命运的主宰！

玛丽觉得一切都糟糕透顶，所以她向父亲抱怨自己的生活。在一团乱麻的生活中，她根本不知道应该怎样应对生活，她甚至想要放弃了，她想通过自暴自弃的方式来逃避。毫无疑问，她已经厌倦了与生活的逆境抗争和奋斗，因为似乎她刚刚解决一个问题，新的问题就会接踵而至。

玛丽的父亲是位资深厨师，听到玛丽的诉说，他一言不发地把她带进厨房。他准备了三口锅，分别往其中倒入一些水，然后再把它们放在通红的炉火上，很快，三口锅里的水都烧开了。他往一口锅里放些鸡蛋，往第二口锅里加入了一些胡萝卜，在最后一口锅里放入碾成粉末状的咖啡豆。他接着点燃三口锅底的大火，还是一声不吭。

玛丽似乎有些不耐烦了，她想不明白父亲做这些和自己的烦恼有什么联系。玛丽一边咂嘴，一边不耐烦地等待着。过了大概20分钟，父亲把火关闭了。他把鸡蛋捞出来放入一个碗内，把胡萝卜捞出来放入另一个碗内，最后还把咖啡装进一个杯子中。直到做完这些事情之后，父亲才打破沉默，转过身问玛丽："亲爱的，你可以告诉我你看见什么了吗？"玛丽不以为然地说："当然，它们分别是鸡蛋、胡萝卜和咖啡。"从她的表情上不难推断，迄今为止，她依然不知道父亲的用意。

父亲让玛丽靠近些，并且让玛丽打破一个鸡蛋，并且把壳剥掉，呈现在他们面前的是一只煮熟的鸡蛋。然后，他又让玛丽用手摸摸胡萝卜，玛丽摸了摸，发现胡萝卜变软了。最后，父亲让玛丽喝咖啡，玛丽品尝到香浓的咖啡，情不自禁地笑了。此时，她若有所思地问父亲："爸爸，这意味着什么呢？"

父亲解释说，不管是对于鸡蛋而言，还是对于胡萝卜亦或是咖啡而言，它们都面临着同样的逆境，即煮沸的开水，不过，它们对待逆境的态度却截然不同。鸡蛋有着坚硬的外壳，用来保护它呈液体的内脏，然而，经过

开水一煮，蛋壳也阻挡不了鸡蛋的内脏变硬。在入锅之前，胡萝卜无疑是三者之中最健硕、最强壮的，它丝毫不想向开水示弱。然而，一旦进入开水，它就变弱了，变软了。在这三者之中，粉末状的咖啡豆看上去无形，实际上非常独特，进入沸水之后，它们用自己的柔韧彻底地改变了水。

父亲问玛丽："亲爱的，在这三者之间，你想成为谁呢？当面对逆境的时候，你是逃避、麻木、妥协还是改变逆境？你想成为鸡蛋，还是胡萝卜，亦或是咖啡？"

在这个事例中，虽然玛丽的父亲只是一名厨师，但他却发现了人生的真谛。那么，你呢？在遭遇逆境的时候，你是使自己的内心变得麻木僵硬的鸡蛋？还是看似强硬，一旦遭遇痛苦和逆境就畏缩、软弱的胡萝卜？还是成为最不起眼的粉末状的咖啡豆，不愠不火地在逆境之中释放自己的生命，最终改变了水的味道，使之变得更加香醇、完美？

面对逆境的时候，人生就像是凤凰涅槃，只要能够浴火重生，那么一切都将获得新生。相反，假如你沉沦、退缩，那么你就会失去自我，被生活所改变。你，想成就哪一种人生？勇敢地面对人生吧，成为自己的主宰，这样你才能把握住自己的命运。

第 7 章
让自己笑起来，在平凡中感受生活的喜悦

微笑具有神奇的力量，不仅能够感染别人，而且能够感染生活！只要你微笑着生活，微笑着面对你所接触到的人和事，那么你就会惊讶地发现，原来微笑就像魔术师，能够使平淡无奇的生活绽放出异彩，使你的人生从此变得与众不同！

微笑的力量

一张微笑的脸，能够使人联想到蔚蓝的晴空，联想到绿草如茵、百花争鸣的春色，联想到和煦温暖的阳光……总而言之，一张微笑的脸具有神奇的魔力，能够使人如沐春风，想到所有美好的事物，让人感到无比的幸福和充实。假如说在艺术领域中，音乐是无国界的，那么在语言领域中，微笑则是一种没有国界的最好的交流方式。不管你所说的道理是多么的正确和高深，也不管你是否能够说得一口流利的国际通用语言，你都必须拥有微笑，这样才能使你与别人之间的沟通达到事半功倍的效果。要知道，即使你在面对语言不通的人的时候，只要你能够微笑着对待对方，那么对方就会感受到你心底的善良和友好，从而与你更好地相处。有的时候，微笑是默契；有的时候，微笑是心有灵犀。

世界已经变成了一个地球村，而且社会的发展也是日新月异，瞬息万变，所以我们应该使自己拥有开阔的心胸，接纳这个越来越大也越来越小的世界。只有从心底里洋溢着温暖和友好的人，才能够做到发自内心地与人微笑，友好地对待别人。古人云，相由心生，其实一个人的相貌和神情，尤其是神情，很大程度上取决于他面对生活的态度。因此，我们必须学会微笑着面对生活。因为，生活就是一面镜子，你哭泣着面对它，它也就会哭泣着面对你；相反，假如你微笑着面对它，那么它也就会微笑着面对你。

卫华最近非常忧郁，因为工作的原因，他和单位的一个同事产生了一些分歧，那个同事是个非常小心眼的人，自此之后总是对卫华鼻子不是鼻子的。

看到卫华这么抑郁，妈妈问卫华："卫华，你近来总是闷闷不乐的，怎么了？工作不顺利吗？"

卫华说："因为工作上的一点儿纷争，一个小心眼的同事总是对我有意见，弄得我现在都不想见到他了。"

妈妈说："假如你从此以后不想见到他，那么你们之后必然更加无法相处，从而导致嫌隙越来越深。你知道最好的方法是什么吗？"

卫华说："我当然知道，我已经非常诚恳地和他说了，工作归工作，不要影响我们之间的同事情谊。虽然碍于其他同事的面他表示赞同我这句话，但是，私下里他还是对我非常冷淡。"

妈妈说："其实，你什么也不用说，只要见到他的时候发自内心地微笑就好，这样一来，他就能够感受到你的友谊。你先尝试一个星期，你会发现事情的结果出乎你的意料。"

果不其然，一个星期以来，每天上班的时候、下班的时候、吃午餐或者是在茶水间里，甚至是在洗手间里，只要见到那个同事，卫华就发自内心地对他微笑，什么都没有说。其实，还没有到一个星期，仅仅过去五天，这个同事再见到卫华的时候就开始主动微笑着和卫华打招呼了。

微笑就像温暖的春风，能够融化人们心目中的寒冰；微笑就像是一种无比强大的力量，能够彻底改变一个人的心灵。微笑可以使人变得坚忍不拔，自信满满，从而拥有不一样的人生！假如你还没有学会发自内心地微笑，假如你还没有养成对生活、对世界微笑的好习惯，那就赶快行动起来吧！

能够知足就有幸福

古人云：知足者常乐。意思是说，满足的人很容易得到快乐。与这句话相对的还有一句话“人心不足蛇吞象”，毋庸置疑，蛇吞象最终受苦的还是蛇。随着社会的发展，物质的极大丰富，导致人们对生活的要求越来越高，因此很多人追名逐利，还有些人追求物质的享受，使自己始终生活在痛苦之中。其实，很多人明明已经拥有了很多，但是仍然不快乐，究其原因，是因为他们不知足。对于人生而言，可以追求的东西太多，尤其是在物质方面，人的欲望简直是无休无止的。因此，我们要想得到快乐，首先要学会知足，否则，就会深陷欲望的泥沼，无法自拔。

其实，知足说起来简单，做起来却很难。首先，要求我们要修炼自己的内心，坦然地面度生活中的甘与苦。知足，实际上是一种生活的心态。台湾漫画家蔡志忠曾经说：“假如用橘子来比喻人生，一种橘子小而甜，一种橘子大而酸，一些人拿到甜的就会抱怨小，拿到大的就会抱怨酸。但是，我拿到酸橘子会感谢它是大的，拿到了小橘子则会庆幸它是甜的”。假如拥有这种心态，就能够对生活感到满足。其实，这个世界上没有十全十美的事

情，也没有顺乎人心的天意。不管什么事情，总是会有一些瑕疵和不完美的地方，甚至有一些缺憾，殊不知，这种不完美也是一种美。所以，我们要允许生活中有缺憾，要学会品味和欣赏生活中的不完美。记住，知足常乐！知足才能够得到幸福！

最近，李霞的心情特别不好，上班的时候烦，回到家里也烦，见到孩子吵闹更是烦。因此，她和心理医生取得了联系，想咨询一下如何才能改善自己现在的心情。经过仔细询问之后，心理医生得知，李霞上班的时候烦是因为已经工作十年了，始终是同一个岗位，做着千篇一律的事情。回到家里烦是因为家实在是太小了，只有60多平方米，却住着祖孙三代人。见到孩子吵闹的时候烦是因为她不知道应该怎么教育和对待孩子，面对处于叛逆期的五岁的儿子，她手足无措。此时，心理医生安慰她从另外一个方面来看待这些事情，想想让自己烦恼的事情有没有什么好的一面。假如没有，就彻底放弃；假如有，就学会欣赏，学会接受，学会满足。

李霞开始改变自己的心态，绞尽脑汁地想想自己生活中幸福的地方。虽然工作十年了还是老样子，可是没有被裁员，没有下岗，至少说明单位比较稳定，而且也给了自己更加充裕的时间来学习和充电，从而更加从容地面对社会。虽然和公公婆婆一起住在六十多平的房子里确实是太挤了，但是公公婆婆每天天不亮就起来赶早市买菜、做饭、烧水、洗衣服、做家务，伺候他们一家三口上班的上班，上学的上学。每天晚上回到家中的时候，热腾腾的饭菜已经摆放桌子上了，他们虽然工作累些，住得挤些，但是从来没有为生活的琐事操心过。儿子刚刚五岁，正是调皮的时候，假如不调皮，变得像是木头人一样，那岂不是不正常了吗？想想孩子生病的时候，其实，只要孩子健健康康的，无论多么调皮都是可以的。

想到这里，李霞突然意识到，自己之所以觉得不幸福，是因为不知道满足，总是在抱怨。面对工作，付出多少才能收获多少；面对家庭，公婆一

直在竭尽所能地帮助他们；面对孩子，只有更好地沟通和交流才能更好地互动。李霞突然之间释然了，她知道，自己其实是非常幸福的。她从来都没有反省过自己身上的毛病，总是在苛求别人把事情做得更好。

其实，幸福没有一个固定的标准，因此往往需要比较。假如你总是向着最高的目标奋进，而丝毫不考虑自身的情况，那么你就会觉得非常苦闷。反之，假如你能够根据自身情况出发，争取一些力所能及的幸福，使自己得到满足的感觉，那么你就能够生活得更快乐。正所谓知足常乐。只有知足的人，幸福才会经常光顾他的心灵。

幸福与烦恼形影相伴

在生活中，几乎每个人对于生活的渴望都是得到幸福，而祈祷着自己远离烦恼。实际上，幸福和烦恼就像是一对孪生兄弟，形影相伴，不离不弃。这也就注定了生活有苦有甜。其实，正是因为有了烦恼的衬托，所以才显得幸福的生活是那么难得可贵，那么值得我们去珍惜，去认真地品味。四川汶川地震之后，毕淑敏在地震灾区北川中学为孩子们上一堂特殊的语文课，当她不经意地问谁是这个世界上最幸福的人的时候，几十个初二的学生让她大感震惊，因为他们居然不约而同地回答："我们！"这些失去亲人、失去家园的孩子们，在经历了残酷的生死考验之后，在不知不觉之中意识到活着就是最大的幸福。在经历了生命痛苦的锤炼和沉淀之后，他们必然更加珍惜生活，更加全心全意地拥抱幸福的生活。

随着生活压力越来越大，很多人都觉得活着不堪重负，劳累不堪。他们总是因为各种各样的事情烦恼，诸如生活没有变化、工作没有进展、上面

有老人要伺候、下面有孩子要抚育。然而，变化总是分为两个方向，一个是好的变化，一个是坏的变化，你所期望的幸福必然是生活往好的方向变化，但是，假如是坏的变化呢？对于坏的变化而言，其实维持现状就是最大的幸福。因此，当你为生活没有变化而烦恼的时候，不如为生活没有向坏的方向变化而感到庆幸。工作没有进展，也许你能够腾出更多的时间来照顾家庭和孩子。对于一个中年人来说，也许照顾父母是一种负担，但是，当你体味到“树欲静而风不止，子欲养而亲不待”的人生遗憾的时候，则会深刻地意识到原来有父母可以照顾和牵挂是一件多么甜蜜的事情。而孩子呢？毋庸置疑，他是我们一个甜蜜的希望。在因为孩子的调皮而感到烦恼的时候，我们应该为孩子的健康而庆幸。总而言之，平淡地生活着，拥有一个和睦的家庭，一家人平平安安地在一起，就是最大的幸福。不仅生活如此，工作也是同样的道理。

李爱华是单位的一名中层管理人员，近来，他非常苦恼，因为公司给他安排了一批实习生，都是大四学生，涉世不深，眼高手低，而且还个性十足，使他不得不在他们身上耗费很多的时间和精力。对此，李爱华心里也颇有怨言，但是面对领导的信任，他不得不打起十二分的精神来全心全意地指导这些大学生。

经过三个月的实习之后，在李爱华的调教之下，这些毛头孩子有了很大的变化，与刚刚进单位的时候截然不同。面对领导的赞赏，李爱华谦虚地说这是自己应该做的。他为自己熬过了那段艰难的牢骚满腹的烦恼时段而感到高兴。大学生实习之后都回到学校去了，临行前，他们都亲切地称呼李爱华为“师父”。此时，李爱华感到非常安慰，毕竟，经过自己的努力，他把自己的烦恼转变成了自己的成绩。

半年之后，李爱华更是得到了一个很大的惊喜。那批大学生一个不少地在大学毕业后如约来到公司报道，而且主动要求去“师父”所在的销售部门。一下子注入这么多新鲜的血液，李爱华所在的销售区域的成绩大大提高了，最终，公司决定提升李爱华为销售部门的主管。此时，李爱华发自内心地感到幸福，他相信，付出一定是有回报的！

在这个事例中，假如李爱华因为面对实习生的烦恼而选择放弃这项工作，那么他就不会得到领导的赞赏，不会得到实习生的爱戴，也不会顺利地晋升为销售部门的主管。其实，感到烦恼的时候我们一定要再坚持一下，相信付出一定是有回报的，只有这样，我们才能够有所收获。很多时候，有些人之所以不成功，之所以总是感到烦恼而毫无所获，就是因为他们缺少坚持的毅力。

记住，只要你有决心，有毅力，幸福就会跟随在烦恼后面如约而至！

保持一颗赤子之心

在生活中，很多人都喜欢孩子，尤其是几个月大的婴儿。他们说，婴儿的眼睛是最干净的，澄澈透明，能够净化人们的心灵。其实，婴儿的眼睛之所以那么清澈见底，就是因为婴儿有一颗纯正的赤子之心。何谓赤子之心？就是指纯洁无暇的心。就像一块白玉一样，不是华美而又耀眼的，但是却有一种清澈的魅力。其实，不仅仅是婴儿有一颗赤子之心，很多成人也保持了一颗赤子之心。他们不管是对待自己还是对待别人，都非常的热诚，心无邪念。他们非常单纯，愿意相信人性的美好，真诚地对待这个世界，也得到了别人真诚的回报。他们从来不知道尔虞我诈，因为他们没有任何外心邪念。即使受到伤害，他们也愿意相信别人的本性是善良的。拥有赤子之心的人，生活比较简单，心思比较单纯，所以，更容易得到幸福。

实际上，人们刚刚出生的时候都有一颗赤子之心，但是随着年岁渐长，随着接触社会越来越多，人们的心灵渐渐地变得复杂，最终失去了赤子之心，只有少数人能够始终保持一颗单纯善良的心，享受生活的美好。随着年龄的增大，人们的心里装进去的东西越来越多，因此，人们的心变得越来越沉重。要想拥有一颗赤子之心，我们就要端正自己的心态，放开自己的心灵，勇敢地接纳别人，这样一来，自己也能够得到更多的快乐。众所周知，小孩子总是非常快乐，其实，这并不是因为他们有多么开心或者使人高兴的事情，而是因为他们的心思单纯，遇到事情不会像成人那么思来想去，而且即使有了不开心的事情，他们也会很快地就忘记，转身为自己找到新的快乐。可以想象，假如一个成人能够做到这一点，那么必然能够拥有幸福快乐的生活。

在一部电影中，有这样一个情节。

弗朗西斯是一位著名的作家，写出的批判的书评非常犀利，才思敏捷，然而她却无法经营好自己的爱情。她与丈夫离婚后，独自住在离婚公寓里自怨自艾。她的朋友玛丽怀孕了，邀请她一起去托斯卡尼旅行。顺从自己的决定和天意如此，她决定在托斯卡尼买幢古堡重新开始自己的生活。

古堡非常破旧，装修古堡使弗朗西斯感到疲惫不堪，因为台风和蛇的事件，她最终彻底崩溃。她开始情不自禁地抱怨起来："虽然我有三个房间，但是却没有人来住；虽然我有宽敞明亮的厨房，但是却没有人吃我烧的饭；虽然我想生活，但是却没有属于自己的另一半……我最大的愿望是在这个房子里举行一场隆重而又盛大的婚礼，在这房子里有个属于自己的家庭。"但是，律师却告诉她，有个地方特别偏僻，尽管没有火车，但是人们却早早地造好了铁轨等待着火车的到来。律师是想用这个故事鼓励她……

在一个大雪纷飞的圣诞之夜，律师送了她一尊厨房的保护神。她对着保护神许下了自己的愿望。

时间是治愈一切的良药，渐渐地，弗朗西斯的生活回到了正常的轨道上。她为自己的装修工人烹饪美食；在罗马，她经历了一场美丽的邂逅，尽管擦身而过，没有任何结局，但是还是使她重新燃起了对生活和爱情的憧憬和期望；她的朋友生下了一个非常可爱的宝宝，有了一个完整而又幸福的家庭。最终，在她的古堡中，有了一场盛大而又隆重的婚礼。律师说，看，你的愿望已经全部实现了。有人吃你烹饪的美食，有一场盛大而又隆重的婚礼在你的古堡里举行，有一个完整而又幸福的家庭。弗朗西斯看看身边，突然之间恍然大悟。正如她听说的那个故事一样，“想要去寻找瓢虫，遍寻不到；放弃的时候，却发现就在周围”。原来，弗朗西斯苦苦找寻的幸福始终都在她的身边。因为她敞开了自己的心灵，怀有一颗赤子之心，所以才能得到触手可及的幸福。

拥有一颗赤子之心的人拥有一双干净澄澈的眼睛，能够发现生活中的美好和幸福。正如故事中的弗朗西斯，假如不是因为敞开心灵，假如不是心怀感恩，假如仍然一味地自艾自怨，那么她就会始终生活在失望之中，无法感受到幸福的滋味。你拥有赤子之心吗？如果没有，请试着敞开胸怀去接纳和热爱整个世界吧！

小鱼儿的“重生”

有的时候，我们会把一件事情看得很小，觉得这是一件无关紧要的事情，殊不知，这件事情对别人非常重要，甚至关系到生死存亡。有的时候，我们会把一件事情看得很大，认为这是一件至关重要的事情，甚至能够决定生死存亡，但是在别人眼中，这件事情其实很小，甚至不值一提。这就

是看待问题的角度不同导致的。

很久以前，有一个孩子在海边行走，突然之间发现有很多鱼儿被大浪卷到了岸边，躺在那里奄奄一息。这个孩子赶紧捡起小鱼用力地向海中扔去。这时，旁边的一个人笑着说："这么多鱼儿呢，扔不过来，别扔了。海那么大，多一条鱼儿或者少一条鱼儿，没有人会在乎的。"想不到，孩子一本正经地说："小鱼儿在乎！"这句话使人的心灵深受震撼，对于人类而言，多一条小鱼儿或者少一条小鱼儿确实无关紧要，但是对于那条小鱼儿来说，确实关系到它的生命。即使全世界都不在乎一条鱼儿的死活，小鱼儿仍然努力地想要活下去。更使我们深切感到的是孩子纯真无邪的心灵，在他的心里，一切生活都是平等的，没有高低贵贱、重要与不重要之分。小鱼儿的重生使人性闪耀着光辉。

古人云，勿以善小而不为，勿以恶小而为之。一个人做一件好事很容易，难得的是坚持做好事，坚持不论事大事小地做好事。只有拥有孩子般纯洁无暇的心灵，我们才有可能平等地对待世界上的所有生物，敞开心怀来热爱一切生灵。真正的善行不是为了被别人看见、博得别人的表扬而行善，更不是在自己认为值得的时候去行善。真正的善良是发自内心的，不管别人能否看见，不管别人是否对你表示赞赏，也不管这个善行是大还是小，都心无芥蒂地去关心和热爱别人，这才是发自内心的善良。

因为走得太疲惫，一个行路人坐在路边休息，但是却不知不觉地睡着了。突然，一条毒蛇从草丛里钻了出来，爬向那个沉浸在梦想之中毫无觉察的路人。显而易见，毒蛇发现了眼前的目标，它高昂着头，吐着鲜红的毒芯子，眼看着路人就要死在这一个"蛇吻"之下。另一个过路人恰巧经过这里，他赶紧把那条毒蛇赶走了，不过，他并没有惊醒行路人的好梦，默默无言地走开了。

行路人一生都生活在别人的恩泽之中，但是，他永远不知道那次他熟

睡的时候发生的这件事情。

这是一个在外读书的父子之间发生的感人故事：有一天，父亲焦急地来学校找到儿子，说是专门来给儿子送生活费的。这事太奇怪了，因为儿子言之凿凿地说自己在两天前刚刚收到父亲寄来的200元钱。

父亲却坚定不移地说这不可能。他告诉儿子，他几天前去邮局给儿子寄钱的时候，不小心把装钱的信封丢了。担心儿子等钱急用，所以他才亲自把钱送来了。儿子更加疑惑不解了，说："我的确收到了那封夹着钱的信。"直到儿子把那个信封拿出来的时候，父亲才相信儿子所说的话。毋庸置疑，一定是一个陌生人在路上拾到了那封信，并且把信投到了邮筒里。

拾到那封信的人可能不会想到，他那不经意间一次善良的举手之劳，将会温暖一个陌生人的一生。

当你做好事的时候，不要想着回报，更不要想着得到别人的赞扬，而只要想着，你所帮助的那个人确实需要你的帮助，这就够了。无论如何，不管你做的行为再怎么微不足道，小鱼儿在乎。你的一个举动，温暖了海洋，温暖了整个世界。

平平淡淡才是真

很多人追求那种轰轰烈烈的生活，希望自己能够拥有传奇的一生，殊不知，传奇的人生只是凤毛麟角，大多数人的人生都是非常平淡的。轰轰烈烈的事情总是转瞬即逝，只有平平淡淡的人生才能历久弥新。现代社会中，随着社会的发展，人们对于物质的要求越来越高，人心也越来越贪婪。面对永不知足的人们，生活总是以烦恼回报他。相反，假如你能够做到

平静淡然，从庸俗的追求到精神的满足，那么你就能够得到更多的幸福。

其实，平平淡淡就是有所求而亦无所求，追求的是精神的升华，灵魂的涅槃。如今，竞争越来越激烈，诱惑越来越纷繁，所以很少有人能够固守节操、甘于平淡，因此也就有越来越多的人陷入痛苦的深渊。要想树立正确地面对生活的心态，首先，我们要树立远大的理想和人生追求，最终做到甘于平淡，淡泊明志，宁静致远。

龚繁花准备和老公离婚，原因就是老公的工作始终不见起色，十几年来一直都是一个平凡的教师，而且薪水也毫无波澜，导致一家人只能过着半饥半饱饿不死的生活。龚繁花想要的可不是这种生活，她羡慕女同学们嫁的大款开豪车住别墅，她羡慕女同事每天穿金戴银，出入都有小车代步，她羡慕自己的妹妹找了个检察官当老公，家里一年到头总是断不了送礼的人踏破门槛。思来想去，只有她老公没有任何长进。

其实，龚繁花的老公是个非常顾家的男人。每天早晨，龚繁花还没起床的时候，他就起床去给老婆孩子买早点；每当晚上，龚繁花坐在电视机前看韩剧，他一个人忙忙活活地做饭，吃完饭还要刷碗；此外，每天接送孩子、做家务，也都被他一手包揽了。即使这样，龚繁花还是觉得不满足，她想要的是一个在商场或者是官场上叱咤风云的男人，而不是在家里窝窝囊囊地做家务的男人。

最终，龚繁花和老公离婚了，离婚没多久，她就找了一个比自己大十几岁的老头子，过起了开宝马住别墅的生活。然而，很快，龚繁花就意识到宝马与别墅无法代替一个真心爱自己的丈夫。虽然龚繁花比这个老头子小十几岁，但是这个老头子并不知道满足，仗着有几个钱就四处找情人，其中不乏一些刚刚毕业的大学生。每当龚繁花提出反对意见的时候，老头子就眼睛一瞪，恶狠狠地说："你吃我的，花我的，还想管着我吗？"龚繁花一个人守着一栋空荡荡的别墅，不由得开始想念起以前平平淡淡的生活。每当她的家中传出饭菜的香味的时候，住在同一个楼的同事都会羡慕龚繁花："繁花，你可真是有福气啊，你看看，整个楼就你老公一个男人做饭，而且做得色香味俱全。把你养得白白嫩嫩的，十指不沾阳春水，都成了千金大小姐了你！"如今，她却从一个被男人宠爱的大小姐变成了一个弃妇、怨妇！

事已至此，龚繁花才意识到，自己已经失去了生命中最宝贵的、最值得珍惜的生活。等待她的，将是越来越漫长无谓的孤独。有的时候，她会偷偷地到学校门口看女儿。看着曾经的丈夫牵着女儿的手走在路上，她不禁潸然泪下，在她眼中，这种生活曾经是那么无聊乏味，如今却是一个难以企及的幸福的梦。

在生活中，大部分人的人生都是平平淡淡的，生活的滋味就像一杯白开水，在你最渴的时候是你最纯美的甘甜。虽然白开水远远没有如今那些让人眼花缭乱的饮料那么有滋有味，但是却总是能够缓解人们的干渴，是人们生命中必不可少的东西。只有这种平平淡淡的感情，才能够不离不弃地陪伴你走过一生一世！

苦难，让生命更有价值

我们经常用"幸福快乐""万事如意"来表达自己对别人的祝福，然而，这只能停留在祝福的层次上。在生活中，没有任何一个人的生活能够实现永远地"幸福快乐""万事如意"。生活的本质就是经历各种各样的人生滋味，或者是幸福快乐，或者是忧愁烦恼，或者是万事如意，或者是诸事不顺。人生正是在这种更迭和交替之中逐渐地成长起来，渐至成熟。假如生活

总是一味地甘甜，就无法变得厚重；假如生活总是一味地比黄连还苦，就会使人失去活着的信心和勇气，因此必须交替进行。而无论如何，是苦难使我们的生命更有价值。

对于每一个人来说，生命都是短暂的，非常短暂。不管是富人还是穷人，不管是用金钱还是用祈祷，我们都无法使自己哪怕多活一秒钟。既然我们无法改变生命的长度，就应该想办法改变生命的宽度和厚度，使生命变得厚重起来。苦难，恰恰能够做到这一点。人的生命就像名贵的香料，必须在烈火焚烧中才能够散发出最浓郁的芳香。苦难就是这种烈火，使人们在其中得以涅槃。因为有了苦难，我们更加珍惜幸福的滋味；因为有了苦难，我们才更加爱自己、爱别人，珍惜与每一个亲人和朋友之间的缘分。很多时候，苦难能够使一个人产生蜕变，使一个怯懦的人变得勇敢，使一个软弱的人变得坚强，使一个优柔寡断的人变得意志坚定。面对苦难的时候，千万不要退缩，而是要勇敢地迎上去，迎接生活的考验！

杨慧的人生之路非常坎坷，她自幼就失去了母亲，在父亲的抚育下长大。这使她非常自卑，而且渐渐地封闭了自己。大学期间，她和同学们几乎没有什么交往，总是一个人独来独往。然而，一个特殊的机会使她意识到自己并不是最不幸的。

原来，杨慧所在的班级有一个叫刘洪敏的女孩子，人缘特别好，和每个同学都相处得很好。她的脸上总是挂着微笑，给人以如沐春风的感觉。她还主动联系了食堂勤工俭学，而且还在校外当兼职家教。看着每天都精力充沛、心情愉悦的她，同学们都非常喜欢和她交往。对此，杨慧却不以为然，她想，刘洪敏肯定有一个幸福的家庭，所以才会每天都这么开心快乐！

然而，有一次，老师统计家庭成员的时候，刘洪敏只写了一个阿姨的名字，这让大家疑惑不解。最终，他们多方打听才知道，刘洪敏是一个孤儿，从小就是在保育院长大的，她填写的阿姨其实是保育院的老师。得到这个消息的时候，同学们都深受震撼，尤其是杨慧。她原本以为自己是最不幸的，却没有想到还有比自己更不幸的人！看着刘洪敏积极乐观的生活和学习状态，杨慧不由得反思自己。很快，她和刘洪敏成为了朋友，当杨慧问刘洪敏："生活如此不幸，为什么还这么乐观"的时候，刘洪敏笑着说："正是因为生活的不幸，我才能够拥有现在的人生。我感谢那些帮助过我的人们，我要好好地努力，给别人带来幸福！"刘洪敏的话使杨慧若有所思。是啊，失去了母亲已然不幸，假如不好好地活着，给父亲再增加烦恼，那岂不是对不起死去的母亲和所有爱自己的人吗？从此以后，杨慧处处像刘洪敏学习，大学毕业的时候，她们一起以优异的成绩毕业了。因为生活的历练，使她们更加勤奋努力，等待着她们的必然是更美好的未来！

生命无法回避苦难。泰戈尔说：生命，因为失去爱而拥有更多的爱。同样的道理，苦难能够让一部分人超越自我，并且拥有一份特殊的生命体验和精神财富。其实，既然苦难是无法避免的，与其哀叹着面对苦难，不如积极地战胜苦难。对于生活而言，苦难的俘虏是没有资格拥有幸福的，只有那些直面苦难、战胜苦难的人才有机会成为"胜利者"。

用笑来面对残酷的命运

我们不得不说，命运是不公平的。在生活中，有些人出身名门贵族，有些人出身贫苦，有些人总是一帆风顺，有些人总是遭遇接连不断的坎坷和挫折。假如你足够幸运，你就会成为那个衔着金汤匙出生的人，也或者，你只能出生在一个普普通通的家庭，甚至还会遭遇一连串的坎坷。英国著名

博物学家赫胥黎曾经说过：“充满着欢乐与斗争精神的人们，永远带着欢乐，欢迎雷霆与阳光。”确实，在这个世界上，不管是贫穷还是富有，很少有人能够顺心如意。生活有的时候充满阳光，但是同时也会伴随着雷霆。面对残酷的命运，你是选择坚强，还是选择投降？你是选择面对，还是选择逃避？假如你选择了逃避或者是投降，你就彻底地输了；假如你选择了坚强地面对，那么命运的坎坷和挫折必将磨砺心智，使你成为一个更加成熟的、傲然面对人生风风雨雨的人。

面对残酷的命运，首先不能绝望，因为绝望总是使人无比沮丧，不愿意再做任何尝试。而有的时候，奇迹就隐藏在一次次不放弃的尝试之中，所以绝望意味着失去任何机会。其次，要微笑着面对残酷的命运。微笑具有神奇的力量，不仅能够温暖别人的心灵，也能够温暖你自己的心灵，使你恢复昂扬的斗志，积极乐观地面对生活。面对残酷的命运，哭泣是没有任何作用的，只会使你迷蒙了双眼和心灵，更加无法看清前进的方向。而只有微笑，就像阳光一样，能够驱散乌云，重见天日。有的时候，上帝关上了一扇门，肯定还会打开一扇窗。只要你能够冷静理智地面对绝境，就像人们平常所说的天无绝人之路，就一定能够“山穷水尽疑无路，柳暗花明又一村。”

2012年6月15日，程菲躺在北医三院的病床上，而没有像计划的那样在体操馆里训练。此时此刻，距离奥运会开幕只有短短的四十几天的时间。虽然程菲的手术非常顺利，但却无法改变她必须以这样残酷的方式宣告无缘伦敦的命运。对于运动员而言，这无疑是非常残酷的。

原来，前一天进行自由操训练的时候，程菲不幸受伤，最终致使右脚跟腱断裂。事情发生之后，她被紧急送往北医三院进行了手术治疗，因为这个意外，她再次征战奥运的希望成为了泡影。对于坚持了整整4年的程菲而言，这样的结果无疑是个悲剧，不过，她却用微笑来面对命运

的残酷安排，对自己的希望就是“能康复，还有一副好的身体可以进行体育锻炼”。

程菲的话听上去很轻松，就像是在说别人的事情，她说：“正好有这个机会，能够一次解决之前的一些问题，我认为挺好的，反正痛苦那么长时间了，正好彻底地解脱。”

程菲是中国体操女队历史上年龄最大的队员，今年已经24岁了。在运动生涯中，她拿到过9个世界冠军，是中国体操女队历史上夺得世界冠军最多的队员。她已经参加过两届奥运会，原本希望能够在伦敦奥运会创造新的纪录，但是这次意外的伤痛却使她无缘伦敦奥运会。在4年前的北京奥运会上，程菲是中国体操女队的一姐，“程菲跳”就是以她的名字命名的高难度动作，此外，她还是世锦赛上的三冠王。2012年，她带领队友夺得了女团金牌，这是中国体操女队奥运历史上的首枚团体金牌，然而，之后她却遭遇了职业生涯最严重的一次滑铁卢——在个人项目上接连失误。在此后的4年时间里，无情的伤病总是一而再再而三地找上这个刚刚20来岁的年轻姑娘，在心理和身体的双重伤痛折磨下，程菲仍然顽强地向着自己第三届奥运会的目标一步步蹒跚前行……

在5月全国锦标赛接受网易采访的时候，刚刚伤愈复出一个月的程菲笑着表示：“奥运会的魔力就在于永远那么吸引人，不管是谁，只要想起那次经历就很想再来一次。”

尽管2012年伦敦奥运会已经注定与程菲无缘了，但是她还是非常坚强乐观，她笑着告诉记者，她祝福自己的队友能够取得更好的成绩。

对于一个运动员而言，参加奥运会并且夺取金牌无疑是最大的梦想。但是，即使是命运开了一个如此残酷的玩笑，程菲依然能够笑着面对命运的安排，她从来没有放弃，一直在坚持着！

生活也像是一场博弈，或者是竞赛。有的人赢了就笑，输了就哭，其

实是不对的。不管是面对胜利还是失败，我们都要笑，因为只有笑，才能使我们再次鼓起勇气，扬起命运的风帆，扬帆远航。

明天会更好

不管什么时候，也不管是在什么情况下，我们都要坚定不移地相信，明天会更好。很多时候，我们不是因为竞争对手太强大而失败，而是因为自己内心的怯懦和绝望。只要我们相信明天会更好，就能够战胜生活的坎坷和挫折，勇敢地为自己的未来付出努力，竭尽所能地去争取，去为自己赢得更好的机会。要知道，假如你相信明天会更好，就意味着你的心中还有希望。与此相反，绝望是人生的大敌，总是使人一蹶不振，再也没有机会去博弈。从某种意义上来说，人生的希望就是在绝望中寻找辉煌！每一次面对困难都是一种艰难的学习，而只要你战胜困难，就相当于为自己赢得了生机。生活就像登山，只有努力，永不放弃地、坚定不移地向前，才能登上山顶，拥有成功的人生。

近年来，因为各种各样的原因，身患绝症的人越来越多，其中尤以癌症最为常见。截至目前为止，世界上还没有有效治疗癌症的良药。很多医学专家认为，在控制病灶的情况下，最好的、最有成效的辅助治疗手段就是好心情。实际上，很多癌症患者在得知自己得了癌症的那一刹那就彻底崩溃了，他们已经给自己判了死刑，认为自己得了癌症必死无疑。在这种情况下，他们生存的希望的确非常渺茫。但是，有些人面对癌症的态度则截然不同。在得知自己身患癌症的时候，积极乐观的人们突然之间顿悟了，他们想吃就吃，想喝就喝，还有人列出了一张人生计划表，想在自己为日不多的生命里给自己机会实现自己以前不曾实现的心愿。结果，奇迹出现了，这些人中有些人居然康复了。癌细胞非常顽固，手术、化疗、药物有的时候都拿它们无可奈何，但是它们却被人的豁达和坦然打败了。由此可见，希望的力量是巨大的。我们只能坚定地相信明天会更好，才能创造生命的奇迹。

祖强自己一个人去医院取回了病理报告。他说："说心情波澜不惊肯定是不现实的，不过，我真正感到失落和绝望的只有两天。此后，我就开始实施自己的计划。"

第一个知道祖强得什么病的人就是他自己。一般，医生会把这个不好的消息首先告诉家人，然而，祖强坚持要知道结果。和很多知道自己身患癌症之后就一蹶不振的人完全不同，28岁的祖强非常坚强，他说："我真正感到失落和绝望只有两天的时间。"

迄今为止，祖强依然对诊断书历历在目，他说："我直至此刻依然清晰地记得诊断结果的第一行写着：右肾后方包绕巨大包块，多系恶性肿瘤，淋巴肿瘤的可能性比较大。在那一刻，我觉得天旋地转，似乎整个世界都弃我而去了。"祖强好不容易才坚持走到4楼病房，当他把结果告诉照顾自己的妈妈的时候，"我还没哭，她就已经泣不成声了。"祖强知道，自己必须坚强。经历了两天两夜的消沉和痛苦的思索之后，祖强决定勇敢地面对疾病。他相信，自己还很年轻，只要有着必胜的信念，就一定能够战胜疾病。至少，他不想让妈妈看到痛不欲生的他。

随后，他就展开了与病魔之间的斗争。6次入院，6次化疗，伴随他的是头晕、呕吐、失眠，甚至神智不清等由于治疗而引起的强烈的副作用。而比这些更残酷的，是父母的心理压力和情绪波动。不过，因为祖强的坚强和刚毅，爸爸妈妈感到非常欣慰。虽然化疗的过程非常痛苦，掉光头发，整个人瘦的脱了形，但是祖强却非常平静地告诉记者："当医生问我对这病有什么想法的时候，我说我什么都不敢想。我只是认为很多癌症患者都是被吓死

的，我可不想被活活吓死。”

最终，祖强凭借着顽强的毅力有效地控制了癌症的扩散，他为自己赢得了一线生机。

活着，我们每天都要给自己一个希望，只有这样，生活才会多一份精彩和快乐。其实，生活的本质就是向着希望的光不断前行，直至到达为止。然后，再给自己一个希望，接着再去实现自己的希望，如此循环往复，你就拥有了积极乐观的人生。希望是激发生命激情的催化剂，是引爆生命潜能的导火索。生命是有限的，但希望是无限的，只要我们不忘每天给自己一个希望，我们就一定能够拥有一个丰富多彩的人生。只要你相信自己的明天一定会更好，你的明天就一定会更好！

第 8 章
怀着善良之心，坦荡享受生活

很多时候，我们以为自己是在宽容别人，实际上，我们是在宽容自己。一位名人曾经说过，生气是用别人的错误惩罚自己，所以，从某种意义上来说，宽容别人也就是宽容自己。假如是一个心胸狭隘、心怀恶毒的人，就无法生活得幸福，因为生活必然从他的眼睛中折射出一个非常凄惨黯淡的影响。所以，为了使我们的生活更加幸福，我们首先应该怀着一颗善良的心。只有怀着善良之心，胸怀坦荡，才能够尽量减少生活中的干扰，更好地享受生活的美好。

学会善待他人

古人云，与人为善，就是于己为善。其实，善待他人，就是善待自己。人是群居动物，每个人都难免要和别人打交道。假如你总是对别人心怀恶意，或者是心怀戒备，那么你不仅很累，而且会与很多原本能够成为朋友的人失之交臂。我们常说，害人之心不可有，防人之心不可无。但是，防范也不能过度，我们不能把自己囚禁在牢笼之中，别人进不来，自己也出不去。其实，不管是在工作还是在生活中，人们的分工越来越明确，要想使自己圆满地完成老板交代的一个任务或者是实现自己的一个心愿，我们很难独立完成，而是需要与别人一起合作。那么，这就意味着人际交往能力在现代社会的生活和工作中扮演的角色越来越重要。那么，如何才能与别人更好地相处和交往呢？最重要的就是要学会善待他人。

在人际交往的过程中，我们不能要求别人一定要对自己多么多么好，而是首先要相信别人，对别人好，这样别人才会对你好。有位名人曾经说过，你想让别人怎么对待你，你就要怎么对待别人。这句话虽然只有寥寥几个字，但是却道出了人际交往的真谛。那么，如何才能够作到善待别人呢？首先要真诚。不管是熟人之间，还是在陌生人之间，我们都要学会真诚待人，因为真诚是待人的第一要义。其次，要善良。只有有着一颗善良之心的人，才能善待他人。最后，要学会包容别人、宽容别人。这个世界上没有绝对完美的人，而且也没有绝对相同的两个人。每个人都是一个独立的个体，都有自己的个性，因此在与人交往的时候，我们要学会包容别人，宽容别人。也许，对方的某些地方是你所不欣赏的，但是这并不妨碍你喜欢他。假如你总是因为一个人的身上有你所不喜欢的地方而疏远他、排斥他，那么你永远也无法找到自己的朋友。

战国时代的名将吴起爱兵如子，因此深得士兵们的爱戴。在一场战争中，一个刚刚入伍的小兵受伤了，由于战场上的条件非常艰苦，缺医少药，等到打完仗回到后方的时候，那位小兵的伤口已经化脓生疽。在巡营的时候，吴起发现了这个情况，他毫不犹豫地马上蹲下来，用嘴为那位士兵吸吮伤口、消炎疗伤。那位小士兵看到大名鼎鼎的将军居然这么对待自己，感动得热泪盈眶，一句话也说不出来。其他士兵们看在眼里，记在心里，深受感动。当那位士兵的母亲听说了这件事情之后，不由得大哭起来。起初，大家都以为她是因为感动才哭泣的，但是她却出人意料地说：“我是在为我儿子的命运担心呀!你们有所不知，当年吴将军也曾经为他的父亲吸吮

过伤口，最终他的父亲感念吴大将军的恩情，舍生忘死英勇杀敌，战死沙场。”从这件事情之中不难看出，士兵们之所以个个英勇善战，正是因为吴起善待士兵。

古代伟大的教育家孔子有一个叫颜回的得意门生。

有一次，颜回看到一个买布的人和卖布的人吵架。买布的人说：“三八二十三，你为什么非要收我二十四个钱呢？！”见此情形，颜回赶紧上前劝说道：“你算错啦，三八是二十四。不要再吵了。”此时，买布的人不屑一顾地指着颜回的鼻子说：“你是什么人，居然平白无故地指责是我错了？我只听孔夫子的，咱们找他评理去。”颜回问：“假如孔夫子说是你错了，你准备怎么办？”买布的人不假思索地说：“假如孔夫子说是我错了，我就把自己的脑袋给你。”接着，他又反问道：“假如是你错了怎么办？”颜回说：“假如是我错了，我就把帽子输给你。”说着，两个人一起找到孔子。孔子问明情况之后，笑着对颜回说：“三八就是二十三。颜回，你输了，赶紧把帽子给人家吧。”颜回百思不得其解：三八明明是二十四啊？老师肯定是老糊涂了。为了不驳老师的面子，他不得不把帽子给了买布人。那人拿了帽子，高高兴兴地走了。直到此时，孔子才告诉颜回：“说你输了，只是输一顶帽子，假如说他输了，那可是一条人命啊！你说，是人命重要呢还是帽子重要呢？”颜回跪在孔子面前说：“老师重大义而轻小是非，学生惭愧万分！”

孟子曾经说过：“君子莫大乎与人为善。”那些不求回报、慷慨付出的人，总是能够无心插柳柳成荫；而对于那些斤斤计较、自私吝啬的人来说，他们不仅很难找到合作伙伴和真心的朋友，甚至还有可能成为孤家寡人。与人为善的人总是关心他人，当朋友遇到困难的时候，他们不等朋友开口求助就主动伸出友谊之手；他们不在背后议论、批评他人；他们尊重他人，不去探究他人的隐私；他们善于和别人沟通、交流；他们喜欢认可别人，给别人信心和勇气……总而言之，“己所不欲，勿施于人”是善待他人的首要原则，假如你能够凡事都站在对方的角度来考虑，那么你就能够设身处地地为对方着想，从而友善地对待对方。

原谅伤害你的人

在生活中，不乏睚眦必报、斤斤计较的人。这种人心胸狭隘，不管别人在何时何地冒犯了他或者是伤害了他，他都会牢牢地记在心里，绝对不会轻易忘记。那么，这么做的结果是什么呢？在某年某月某日，在别人已经把当初的不愉快抛诸脑后的时候，他突然找到一个机会报复别人，最终使双方的关系彻底决裂，没有任何恢复的可能性。那么，他最终得到的是什么呢？在报仇雪恨的一刹那，他得到的是短暂的复仇的喜悦。但是，在漫长的等待报仇的过程中，他得到的是内心深处的纠结和仇恨。换言之，在等待报仇的过程中，他始终深受仇恨的折磨，永不原谅别人的方式使自己的灵魂受到煎熬，而最终得到的就是一时之间的喜悦，随之而来的必将是巨大的空虚。从某种意义上来说，他对自己的伤害比对仇人的伤害更深。牢牢地记住别人对自己的伤害，不原谅别人，除了伤害自己之外，还会导致严重的后果。假如你在情急之中威胁到对方的生命安全，那么，很有可能会导致两败俱伤的后果，一方承受身体的伤害，一方付出自由的代价。如此想来，牢记别人的伤害实在不是一个明智的举动。

其实，在很多时候，我们应该选择原谅伤害自己的人。因为，这样不但做到了宽容、豁达大度地对待别人，而且也能够使自己的心灵摆脱在等待

复仇的过程中承受的煎熬和纠结，使自己的心灵获得宁静和安乐。

一个人被别人深深地伤害了，一直以来，他始终牢牢地记着这件事情，而且每天都在等待机会给自己一雪前耻。因为每天都会情不自禁地想起这件事情，而且有的时候甚至一想到这件事情就怒不可遏，所以他非常苦恼。因此，他找到大师诉说心中的愤怒以及自己的苦恼，想请大师指点他如何才能让自己在报仇之前变得好受一些。

大师非常淡定地说："要想摆脱和超越伤痛，只有一个办法，即原谅伤害你的人。"

这个人大声惊呼："原谅他？这样也未免太便宜他了！"

大师笑着反问他："你真的相信，自己的气愤持续的时间越长，就越是能够折磨对方？"

这个人还是忿忿不平，说："至少我不会让他好过。"

大师微微一笑，问："如果你想提一袋垃圾给对方，使其感觉到臭气难闻，你想一想，是谁一路上都在闻着垃圾的臭味？"

听到大师的提问，这个人陷入了沉思，片刻之后，他尴尬地说："……是……当然是我。"

大师说："紧握着忿恨不放，和你自己想要扛着臭垃圾却想去熏死别人是同样的道理，这岂不是很可笑吗？"

话已至此，这个人恍然大悟，谢过大师，高高兴兴地走了。

最近，小米的心情非常糟糕。上班的时候，她总是失魂落魄，丢三落四。后来，同事们才知道她和埃伦分手了。埃伦和小米在同一个公司上班，只要看到埃伦，分手的痛苦就会在小米的心里加深。那段日子，小米会突然地在工作的时候放声大哭，有的时候还会默默地坐在埃伦的宿舍门口掉眼泪。每当这时候，埃伦就满脸愧疚地躲开，爱情无法强求，也不需要同情。

突然，有一天早晨，大家发现小米神采奕奕地来上班了，而且还微笑着和每一个人打招呼，包括埃伦在内。小米化了淡妆，人显得非常精神，大家的心情也随之一振，纷纷夸小米越来越漂亮了。午餐时间到了，埃伦正巧和小米在同一楼层等电梯，见到小米的时候，他又赶紧像往常准备转身躲开，想不到的是，小米却落落大方地走过去微笑着跟他招呼说："听说你上个月拿了很多奖金，有空的时候可要请我喝茶哦。"那一刻，埃伦涨红了脸，不知怎样回答才好，他知道自己以后不必再躲着小米了。

下班的时候，我和小米一起乘坐公交车，看到小米是发自内心地恢复了平静，我不由得问她如何想得通了。小米淡淡地笑笑说："就在昨天晚上，我突然之间想明白了一个道理，即使让别人自觉有罪，我也无法得到失去的快乐。和失去自己比起来，失去一个男友还是可以接受的。因此，我决定原谅他，因为这样才是善待我自己的最好的而且是唯一的方式。"

我情不自禁地为这个冰雪聪明的女孩子叫好！

毫无疑问，小米是一个非常聪明的女孩子，她之所以抛开愤怒，是为了自己能够更好地面对未来的生活。要知道，紧握仇恨的人首先伤害的是自己，正如把自己束缚在转动的车轮上一样，让仇恨慢慢地吞噬自己的心灵。对于自己而言，最好的解脱的方法就是原谅伤害自己的人，那样一来，就相当于把自己从仇恨的车轮上释放下来，从此远离无休无止的痛苦。

君子不计小人过

《约翰福音》八章中记载："耶稣却往橄榄山去，清早再次回到殿

里。人们都到他那里去，他就坐下，教训他们。此时，文士和法利赛人带着一个行淫的妇人来，让她站在众人中间，并且对耶稣说：‘夫子，这妇人是正行淫之时被拿的。摩西在律法上吩咐我们用石头砸死这样的妇人。你说该如何处置她呢？’实际上，他们之所以这么说，乃是为了试探耶稣，想抓住他的把柄。想不到，耶稣却始终弯着腰，用指头在地上画字。他们还是不停地追问他，因此，耶稣直起腰来告诉他们：‘假如你们中间有谁是没有罪的，那么就可以先拿石头打她。’说完，耶稣又弯着腰，继续用指头在地上画字。他们听见这话，就从老到少，顺次出去了，只剩下耶稣自己，还有那妇人仍然站在当中。这时，耶稣直起腰来，对她说：‘妇人，那些人去哪儿了？没有人定你的罪吗？’妇人回答说：‘主啊，没有。’耶稣说：‘我也不定你的罪。你走吧，从此不要再犯罪了！’”

从这段文字不难看出，在这个世界上，除了刚刚出生的婴儿之外，没有人是没有罪的。因此，在面对别人的错误的时候，我们一定要宽容。要知道，每个人都会犯错误，人人都有罪。所以，当我们发现别人犯了错误的时候，不要一味地指责、嘲笑对方，而是应该站在他的角度上体谅他。假如对方已经知道自己错了，那么我们不应该得理不饶人；假如对方还不知道自己错了，我们就要告诉他错在哪里。

在生活中，很多人一旦抓住别人的小辫子就不撒手，也有一些人因为年轻气盛，凡事都喜欢和人一争高下。实际上，在我们狠狠地批评犯了错误的人的时候，我们最好先想一想自己的错误。尤其是当有些人并非是故意犯错，而是无意之间的过错的时候，我们就更是应该宽以待人。很多时候，当我们选择谅解别人的时候，也许会有意想不到的结果。

在阿拉伯的传说中，有很多发人深省的小故事，其中都蕴含着很深刻的哲理，使人受到启迪。

有一天，两个关系比较好的朋友结伴在沙漠中旅行，在旅途中因为一件微不足道的事情，他们吵了起来，其中一个人在一气之下扬手给了另外一个人一记耳光。被打的觉得受到了侮辱，但是什么都没有说，他在沙子上写到：“今天，我最好的朋友狠狠地打了我一记耳光。”他们继续往前走。直至到了沃野的时候，他们终于决定停下。被打巴掌的那个人在渡河的时候差点被淹死，幸亏被朋友救起来了。被救起之后，他休息了片刻就拿了一把小剑在石头上刻下了如下几个字：“今天，我最好的朋友救了我一命。”朋友在一旁看着很好奇，问他说：“当初我打你的时候，你把发生的事情写在沙子上，而此刻，我救了你，你却要刻在石头上呢？” 那个人笑了笑的，说：“刻在石头上的字很难磨平，但是写在沙子上的字很容易被风抹掉。当你帮助我、把我从河水中救出来的时候，为了避免自己忘记，我必须花费很多的时间和精力将其刻在石头上，以便能够保存得更加长久。不过，当你打我一巴掌的时候，我却应该尽快忘记这些无关紧要的不愉快，因此，我要将其写在易忘的沙土上，这样一来，风就会抹去它。很多时候，朋友的相处帮助是真心的，铭记那些真心的帮助，相反，伤害往往是无心的，所以，我们应该学会忘记那些无心的伤害……只有这样，我们才能拥有更多的朋友。”

毫无疑问，这个记住朋友的真心帮助而忘记朋友的无心之过的人深谙与朋友的相处之道。确实，假如我们能够像他一样记住别人的好而忘记别人的不好，那么我们就会变得更加快乐，减少很多烦恼。相反，假如我们总是轻易忘记别人对自己的帮助，而牢牢地记住别人对我们无心的伤害，那么我们就会感到非常苦闷，也会在无形之中使自己的心灵背负沉重的负担。所以，我们要学会忘记，忘记别人的无心之过，此外，还要忘记那些不值得我们在乎的人对我们的伤害，这样才能轻装上阵，享受美好的生活。

宽恕是一种美德

在生活中，有很多睚眦必报的人，只要占据道理，他们就会据理力争，直到别人示弱为止。实际上，人们常说的得理不饶人并非是一句赞美的话，而是形容人不知道宽恕，只知道一味地指责。所谓宽恕，并非指对恶人横行的退让和迁就，也不是指鼓励和纵容自私自利。其实，每个人都有自己的长板，也都有自己的短板。人并非计算精密的机器，在生活和工作中，很多人都有可能遇到情势所迫的无奈情况，也会犯下一些考虑欠妥的差错和无可避免的失误。遇到这种情况的时候，有的人能够以善意去宽待有着各种各样的缺点的人们，这就是宽容。也有的人能够放开自己的心胸，哪怕是受到了伤害，也能够根据实际情况尽量选择原谅那个犯了错误的人，这就是宽恕。有的时候，人在犯了错误之后也许当即就知道自己是错的，并且产生了悔意，此时，假如你作为占据道理的一方继续喋喋不休、唠叨不止，那么对方一定会感觉到厌烦，自身心里所产生的愧疚感也会因此而无影无踪。至此，事情就开始变得事与愿违了。很多时候，宽恕其实比一味地指责对方效果更好。

然而，拥有一颗宽容的心很难，有些人，即使经过岁月的磨练，也无法达到这个至高的境界。人们常说，海纳百川，有容乃大。之所以还不能够宽恕别人，主要是因为心胸不够开阔。首先，可以先从宽恕身边的人开始。诸如，家人做了对不起你的事情，你能够设身处地地站在对方的立场上考虑；爱人做了一些你无法理解的、伤害了你的事情，你能够认识到人无完人，犯错误是正常的。毋庸置疑，宽容其实是有一个限度的，它和放纵完全不同。面对宽容，智者才是真正的强者。假如你能

够像一个智者一样学会宽恕别人，那么你必将能够从内心里征服对方，使其发自内心地尊重你、佩服你。当然，在宽恕别人的同时，你也得到了内心的平静。

仙崖禅师曾经收过一个非常贪玩的徒弟，他总是耐不住寺院的孤独和寂寞，每天天一黑，他就趁着禅师不注意的时候溜出院子去玩，一直等到天快亮的时候才悄无声息地溜回来。

有一天夜幕降临的时候，他又像往常一样在后院的高墙下放了一张很高的高脚凳，再次翻墙溜出去了玩耍了。当时，正巧仙崖禅师正在院子里散步，当他看到墙角边的这张凳子的时候，不用问就明白一定是有人违规越墙出去闲逛了。不过，禅师并没有生气，而是从容不迫地走到墙边，把高脚凳搬到一边，就地而蹲，等待溜出去的人归来的时候可以踩着他的后背。

眼看着黎明就要到来了，禅师的那位徒弟在外面游荡了整整一夜，这时才尽兴归来，当然，他并不知道墙下的高脚凳已经被禅师搬走了。黑暗中，徒弟翻墙之后觉得脚下踩着的凳子有点儿不寻常，软软的。直到他在地上站稳之后，才发现自己刚才踩的并不是高脚凳，而是禅师的后背。刹那间，他瞠目结舌，不知所措，纹丝不动地矗立在那里，连头都不敢抬。

然而，令徒弟万万没有想到的是，禅师并没有声色俱厉地责备他，而是像什么事情都没有发生一样关心地说："夜深天凉，赶紧去多穿一件衣服。"

回到住处之后，这个贪玩的徒弟坐卧不宁，辗转反侧。他非常害怕，担心次日清晨的时候禅师会当着所有学僧的面狠狠地批评他一顿。出乎他意料的是，这件事一天天过去了，禅师好像忘记了这件事情一般，再也没有提到过此事，通过观察，徒弟还发现禅师根本没有把这件事情告诉第三个人知道。直到此时，徒弟才慢慢地恢复了内心的平静，因为发生了这件事情，他非常自责，暗暗下定决心要发愤图强，再也没有溜出去玩过。最终，他成为了禅师最为得意的弟子，深得禅师的真传，成为了一代深有造诣的高僧。

宽恕别人，升华自我，假如说犯错是平凡的，那么宽恕则是一种超凡。从本质上来说，宽恕，是人类的一种美德。除了能够减轻对方的痛苦之外，宽恕还能够提升自己。要知道，当我们宽恕别人的时候，我们其实也给自己放松了束缚，从而使自己也能够得到真正的快乐。在这个世界上，只有真正懂得宽恕别人，才能得到真正的快乐。佛陀告诉人们："假如一个人的快乐是希望从别人身上去获得的，那么就会比一个乞丐沿门托钵更加痛苦。"由此可见，要想得到快乐，就要使自己拥有一颗宽容别人、宽恕别人的心。

海纳百川，有容乃大

在担任两广总督查禁鸦片的时候，林则徐曾经在自己的府衙写了一副对联：海纳百川有容乃大；壁立千仞无欲则刚。这副对联非常形象生动，而且蕴涵着深刻的寓意。上联谆谆告诫自己，应该广泛听取各种不同的意见，只有这样，才能把事情办好，立于不败之地；下联砥砺自己，当官必须坚决杜绝私欲，只有这样，才能像大山那样刚正不阿，傲然于世。林则徐提倡的这种精神，在当时表示了一种坚决禁烟的决心，令人钦敬，迄今为止，其蕴含的博大胸怀仍然为后人所鉴。

其实，人生在世，难免会遇到很多坎坷和挫折。因为人是群居动

物，所以每个人都难免会遭到其他人的评价或者要接受别人提出的建议。听到赞赏当然会欣然接受，但是假如对方提出的是中肯的建议呢？甚至还有可能是故意刁难。要想对此采取正确的态度，淡然处之，虚心接受，有则改之，无则加勉，则显得没有那么容易了。古人云，“宰相肚里能撑船”，其实就是在称赞有博大胸怀的人们。面对出于各种动机形式各异的评价，面对众生百态，我们应该以开放的心怀去接纳这一切，取其精华，去其糟粕，为己所用。只有在这样的心态的驱使下，才能够更加积极主动地学习。

张杰和于谦都是刚刚毕业的大学生，为了进这个世界五百强企业，他们简直是过五关斩六将，经过层层筛选，最终才得到了这个机会——试用三个月，然后从他们两人中间选一个留下来。为此，张杰和于谦的压力都很大，各自都使出了自己的看家本领，恨不得和单位的清洁工也搞好关系。其实，领导心里也是非常纠结的，因为张杰和于谦实力相当，专业知识都非常扎实，最重要的是，他们俩的人际交往能力都很强，在短短的时间里，与同事之间的相处都非常好。

然而，最终领导选择留下于谦作为正式员工。这是为什么呢？其实，这个决定完全来自于一个非常偶然的事件。为了验证张杰和于谦的能力，领导分别交给了他们两个人两个难度相当的项目，让他们自己策划。事实证明，张杰的水平比于谦略高一筹，张杰的项目书提交之后，领导给予了很高的评价。然而，世界上没有绝对完美的事情，所以，领导在赞赏张杰的同时也给他提出了一些比较中肯的建议。出乎领导意外的是，每当领导提出不同意见的时候，张杰总是条件反射般地马上反驳领导，企图从各个方面证实自己的方案是完美的，这件事使领导有些不悦。而于谦呢？相比之下，他的项目书没有张杰那么好，不过，可以看出也是有一定功底的，并且能够看出于谦花费了很多的心思。同样的，领导也针对于谦的项目书提出了自己的建议，毫无疑问，不同的意见比针对张杰的项目书更多。然而，在和于谦沟通之后，领导不仅没有心生不悦，反而非常欣慰。原来，于谦真是名如其人，他非常谦虚，每当领导针对项目书提出不同意见的时候，他都认真聆听，而且在认真思考之后，结合自己的项目书的实际情况和领导的建议给出一个合理的解决方案。领导阅人无数，非常确信于谦是真的很谦虚，并非虚伪矫饰。最终，经过权衡，领导最终决定留下于谦，因为领导认为，能力的差距可以弥补，但是虚心好学的品质则是非常难得的。对于一个想在职场有长远发展的职业人而言，谦虚好学、虚心接纳别人提出的不同意见，这一点至关重要。

不管是在生活中还是在工作中，我们都要学会虚心接纳别人的不同意见，只有这样，我们才能够取得更大的进步。此外，我们还要学会接受生活中的坎坷和挫折，做到胜不骄，败不馁，这样才能拥有更大的动力在人生的道路上迈进。总而言之，海纳百川，有容乃大。

退一步海阔天空，让三分心平气和

为人处世，有的人心胸狭隘，总是暗自哀叹或者是生气，整日郁郁寡欢，把自己弄得就像一个不得志的男人或者是一个受气小媳妇似的。而有的人呢？胸怀豁达，心胸开阔，不管面对什么人、什么事，亦或是一些有失公平的待遇，也能够淡然一笑，从容对待。这种人完成可以用两个字形容，就是大度。在生活中，我们对于大度的人给予了很多评价，每个人也都想使自己变得豁达大度。然而，说起来容易，做起来难，大度并非是一日之功。

有人说大度是对无奈生活的一种妥协，有人说大度是一种泰然处之的处世原则。其实，这两种说法既有其正确的地方，也有其不到位的地位。首先，大度确实离不开妥协，一个斤斤计较、不懂得妥协的人肯定无法成为一个大度的人。不过，大度又不是简单意义上的妥协。虽然大多数大度的人都懂得妥协，但是他们不会无原则地退让和妥协。和很多人处世的时候过细的原则比起来，大度的人为人处世的时候有自己的一套原则，他们会在一定限度内进行妥协，由此可见，大度的妥协是有限度的。大度的人往往心怀宽广，不管面对什么人和事，都能够泰然处之。不过，大度并非只有正面的意义，有的时候也会导致事与愿违，纵容或者是姑息养奸，因此，我们要把握好大度的度，做到游刃有余。从本质上来说，大度是一种超然的处世方式，大度的人往往拥有大智慧，能够参透生活的真谛、意义以及目的，所以才能够坦然地面对人生，大度地对待别人和自己。

生活是琐碎的，很多时候，我们因为一些小事情或者与自己过不去，或者与别人过不去。其实，人生就是一场轮回，也许走到最后的时候，才会发现自己又回到了原点。所以，生活重要的是过程，而不是结果。假如能够这么想，就不会总是因为那些阶段性的结果而耿耿于怀。尤其是在人际交往的过程中，很多人都心胸狭隘，睚眦必报，因为对方无意间的伤害，就总是心怀芥蒂，无法释然。其实，假如知道人生的终极目标和意义，那么就能够变得豁达大度一些，尽量减少自己因为不值一提的小事介怀的概率。正如古人所云，退一步海阔天空，让三分心平气和。只要能够做到这一点，人际交往就不会那么让人伤脑筋，而会变成使人愉悦和放松的一件事情。

张哲和宋茜是刚刚结婚的新婚夫妇，正处于蜜月期呢，俩人就开始三天一小吵，五天一大吵了。其实，也没有什么原则性的问题，无非是

因为两个人突然到了一个屋檐下生活，猛然发现彼此的生活习惯有很大的不同。

例如，张哲特别喜欢吃辣，而宋茜则喜欢清淡的饮食。为此，张哲总是吃不惯宋茜做的饭，觉得没滋没味的，难以下咽。张哲要求宋茜每次做饭的时候给他做一个比较辣的菜，但是宋茜一放辣椒就连连打喷嚏，因此告诉张哲："要想吃辣的，自己做去！"张哲呢，心里还在想着那些没滋没味的菜，因此，炒菜的时候恶狠狠地放了很多辣椒。张哲还在做饭，因为辣椒的味道，宋茜就开始在客厅打起喷嚏来了，一个接一个，接二连三的喷嚏使宋茜怒火中烧。吃饭的时候，宋茜就更生气了，因为张哲每个菜都放了很多辣椒，宋茜根本吃不了，只好吃白开水泡米饭，自己拆开了一袋榨菜吃。就这样，饭还没有吃完，两个人已经吵得不可开交了。

宋茜说："谁让你放这么多辣椒的？你就是故意的！你就是不想让我吃饭！"

张哲则说："想吃不辣的，自己做去！我这纯粹是和你学的！"

宋茜气得眼泪汪汪的，泪水和着白开水泡饭一起吃到了肚子里。

后来，宋茜在和朋友聊天的时候，朋友不由得开导宋茜："假如你们因为生活习惯的不同而引起的争吵伤害了彼此之间三年的感情，那岂不是太得不偿失了吗？其实，这个问题很好解决，你可以给张哲准备一碟辣酱，或者在做菜的时候在其中一个菜里放辣椒。假如害怕打喷嚏，可以戴着口罩。毕竟，男人做家务少一些，女人做家务多一些，假如你天天让他食不知味，那他岂不是很难受。"

宋茜一想，觉得朋友的话很有道理，因此，再炒菜的时候她就会专门为张哲炒一个辣菜，而且假如没有辣菜，宋茜就会准备好一碟辣椒酱。一次，张哲回家的时候看到宋茜正在戴着口罩炒菜，不由得温柔地对宋茜说："老婆，以后做饭的时候不用专门给我炒辣菜了，吃辣椒太多了容易上火，咱们应该吃得清淡一些。假如我实在嘴馋了，吃点儿辣椒酱就可以了。"

在朋友的劝解下，宋茜选择了退让，使原本针锋相对的问题以非常缓和的方式解决了。这就是退让的巨大魔力。可以想象一下，假如新婚夫妇继续争吵下去将会是什么结果。而如今，他们因为这个生活习惯的问题增加了对彼此的了解和感情，也许未来的婚姻生活会因为这次磨合而变得更加幸福美满。

不管是夫妻之间，还是朋友之间，亦或是陌生人之间，我们都应该设身处地地为他人着想，做到退一步海阔天空，让三分心平气和。

严以律己，宽以待人

在生活中，很多人对自己的要求很低，处处随心所欲，自由散漫，但是对别人的要求却很高，甚至自己做不到的也要求别人做到。这种人，往往很难得到别人的尊重。孟子曾经说过，己所不欲勿施于人。因此，一个人只有先严格要求自己，才能严格要求别人。当然，这只是人生的第二重境界。真正的一流的境界是智者才能拥有的，他们心怀宽广，心存善念，总是能够做到严以律己，宽以待人。毫无疑问，每个人都想和这样的智者交往，因为他们就像春风一般抚慰人们的心灵。

要想做到严于律己，宽以待人，我们首先要严格要求自己。在生活和工作中，我们应该时刻反省自己，提醒自己，一定要尊重别人，推己及人。在为人处世的过程中，不管我们对别人的要求是高还是低，我们必须保证自己做得很好，以身示范。其次，要宽容地对待别人。遇到事情的时候，要多站在对方的立场上考虑问题，设身处地地为对方着想。除非是原则性的问题，不然，最好不要对别人求全责备，要知道，每个人都有缺点和不足，我们应该学会宽容地对待别人。假如你能够真正地做到这两点，那么你的人脉关系一定会越来越广泛，因为围绕在你身边的朋友会越来越多。然而，说起来容易做起来难，虽然“严于律己，宽以待人”只是简简单单地一句话，但是却蕴涵着为人处世的深刻哲学。在生活中，我们一定要拥有宽容豁达的胸怀，设身处地地为别人着想，才能更好地做到这一点。

春秋时齐国丧君，大臣们开始策划拥立新君。齐国正卿自幼与公子小白要好，所以就暗中派人去莒国召小白回国即位。与此同时，还有人主张接年长一些的公子纠回国为君，而鲁国也正准备护送公子纠回齐，并且派管仲带兵在途中拦截回国的小白。

双方相遇之后，小白被管仲一箭射中身上铜制的衣带钩，几乎丧命。为了迷惑对方，小白佯装中箭而死，暗地里却乘一辆轻便小车，昼夜兼程地向齐都驶去。公子纠及鲁军以为小白已死，自己则稳操胜券，所以就放慢了回齐的速度，六天后才赶到。此时，小白早就已经被拥立为齐君，并发兵乾时，大败鲁军。小白登上了齐国国君的宝座，人称齐桓公。

齐桓公做了国君之后，心里始终惦记着杀死管仲以报一箭之仇。当发兵攻鲁的时候，鲍叔牙对桓公说：“假如您想管理好齐国，那么有高傒和我就可以了；但是，假如您想称霸，则必须有管仲的辅佐!”听了鲍叔牙的话，桓公胸怀大度，尽释前嫌。他亲自前往迎接管仲，并且厚礼相待，委以重任。得到管仲之后，桓公如虎添翼，如鱼得水，把国家治理得越加兴旺昌盛。

在管仲的参谋之中，齐桓公进行了一系列大刀阔斧的改革。很快，齐国就国富兵强， 实力雄厚，在诸侯林立的春秋福年的政治舞台上担任了不可或缺的重要角色。

三国时，刘巴始终反对刘备。曹操带兵攻打刘备的时候，别人都跟随刘备南下，只有刘巴留下来投靠了曹操。赤壁之战以后，刘巴被困在荆州，诸葛亮写信劝他归顺刘备，刘巴还是不愿意，因此向刘璋投降了，为此，刘备和他的将领都特别痛恨刘巴。不过，在攻打刘璋即将破城的时候，刘备却下了一道让众将领百思不得其解的命令：“谁要杀了刘巴，我就诛他九族。”刘备为什么这么说呢？因为他深知刘巴是一个不可多得的人才，在得到刘巴之后，刘备果然有了一个无人能敌的尚书令。

实际上，不管是齐桓公也好，还是刘备也好，他们对待自己都是非常严格的，然而，在对待人才方面，他们却求贤若渴，尽管齐桓公受了管仲一剑，刘备多次不被刘巴放在眼中，但是他们都仍然执著地表达自己的真诚，宽容地对待别人。最终，他们才能如愿以偿地得到了良将。

在生活或者是工作中，不管我们对自己的要求多么严格，我们都应该对人怀宽容之心。这样一来，日久天长，你必然能够从心底里征服对方，使其真正地接受你，认可你，肯定你。

让宽容成为一种习惯

在生活中，很多时候，人与人之间的纠纷和争吵原本是可以避免的，但是，就是因为其中的一方不够宽容，所以因为不值一提、微不足道的小事，人们吵得不亦乐乎。假如我们都能够修炼自己的心性，使自己变得更加宽容，那么生活就会少一些争吵，多一些理解的微笑。有人说宽容是一种修

养，也有人说宽容是一种境界，其实，宽容更像是一种忘却，忘却别人对你的伤害和指责，心无芥蒂地对待别人。要想使自己的生活少一些战争的硝烟，多一些春日的和煦温暖，那么，不管我们做什么，都应该有一颗宽容的心，这样才能宽容地面对一切，宽容孩子的幼稚与顽皮，宽容别人的曲解和个性，宽容别人的误会和高标准严要求。总而言之，只有宽容，你才能够得到快乐。

尽管宽容有诸多好处，但是在生活中，我们总是不由自主地歇斯底里、怒火中烧。由此可见，要想使自己变得更加宽容，首先要修炼自己的心性，使自己变得更加豁达大度。假如没有豁达大度的心胸，是无所谓宽容的。只有先学会宽容，才能渐渐地使宽容成为一种习惯。当你已经习惯了宽容地对待别人的时候，你会发现自己的宽容能够带来很多意想不到的收获。有的时候，正如古人所说的，有心栽花花不成，无心插柳柳成荫。宽容的你虽然并不强求，但是有可能得到更多。相反，假如你总是不够宽容，苦苦相求，那么也许会事与愿违。总而言之，在人际交往的过程中，假如你想使自己成为朋友们瞩目的中心，那么就要养成宽容待人的好习惯。这样一来，朋友们自然愿意与你交往，环绕在你的身边。

马蕴是一名中学教师，今天早读时间，她在批改学生昨天晚上的家庭作业——写一篇关于“我心中的祖国”的演讲稿。对于初中学生而言，要想写出一篇能够打动人心的演讲稿并不是很容易。所以，马蕴批准学生们阅读相关的文章，结合自己平日里所积累的知识以及对课文的感悟，整理出一篇1200字左右的演讲稿。实际上，这已经降低了本次习作的难度。因为有资料可以参考，因此，大多数学生写的演讲稿还是比较令人满意的。

但是，当马蕴走到赵明身边的时候，他故意把读书的音调提高了很多，“赵明，你的演讲稿呢？”他装作专心致志读书的样子，没有回答。马

蕴不由得提高了嗓门：“把你昨天的家庭作业——演讲稿拿出来。”赵明吞吞吐吐地说：“我……我……”马蕴有点儿生气了，说：“你前天的日记就忘记写了，昨天的演讲稿是不是也忘记了？”赵明尴尬地说：“没有，老师，我家里没有电脑，所以没法上网阅读《我心中的祖国》相关的文章，此外，我家里也没有什么课外书，因此，我才没有写出来。”说着，他用眼睛瞟了马蕴一眼。不知为何，马蕴居然消了火，她知道，既然没写，生气也是于事无补的。

马蕴换了一种温和的语气对赵明说：“赵明，作为初中生，我觉得你应该已经养成了主动完成作业的好习惯。对于学生而言，写作业能够帮助你们温习所学的知识点，此外，还可以提高你们的语文素养。假如不写作业，你就会和同学们之间拉开差距，虽然你没有找到演讲稿的相关资料，但是你非常聪明，我觉得根据你以往的知识积累和我们在课本上学到的演讲稿的相关知识，你一定可以写出一篇货真价实的演讲稿！老师等着你！”赵明惭愧地说：“老师，我下午就可以教给你！你放心吧！”

下午上作文课的时候，马蕴刚刚走进教室，就发现赵明的演讲稿已经摆在讲台上了。马蕴一看，果然都是赵明的感悟所得！在演讲稿下面，还有赵明补交的前天的一篇日记。马蕴感到非常欣慰，因为她的宽容相待，点燃了赵明主动完成作业的欲望，这可比一顿声色俱厉的批评的效果好得多。

不管是孩子还是成人，都是有自尊心的。所谓宽容，正是给人以自尊的一种方式。让我们牢牢地记住：“当你把脚踩在紫罗兰身上的时候，它却把清香留在了你的脚后跟，这就是宽容。”让我们都学会紫罗兰的宽容，让宽容成为一种生活的习惯！

对生活要学会感恩和宽容

一个知道感恩和宽容的人，总是能够善待自己、善待他人，善待生活。相反，一个对生活心怀不满的人，总是不停地抱怨，索求无度，待人苛刻。因此，要想使生活的原野开遍鲜花，我们就要学会感恩和宽容，学会以宽容豁达、心怀感念的心灵面对生活。

如今，很多年轻人抱怨父母没有给自己一个很好的生活条件，但是他们却忘记了感恩正是因为父母的无私付出，他们才能够茁壮成长。有些人抱怨自己的工作不够顺利，没有得到更多的薪水，却忘记了感恩自己能有一份稳定的工作，很多人至今仍然挣扎饥饿之中或者饱受战争的残害。正是因为心无感恩，所以这些人总是索求无度，满心埋怨，无法做到宽容待人。假如你拥有一颗感恩的心，那么你对世间的很多事情的看法都会改变，你会少一些怨天尤人和一味索取。当你知道滴水之恩当涌泉相报的时候，你就能够感念父母的养育之恩、同事之间的知遇之恩、朋友之间的相知之恩等。记住，千万不要等到失去了，才懂得珍惜。要知道，“树欲静而风不止，子欲养而亲不待”是人生之中最大的遗憾。其实，感恩，不仅仅是一种心态，更是一种美德。由此可见，我们必须先做到感恩，然后才能发自内心地宽容。总而言之，只要你懂得感恩，学会宽容，那么你就能够更加坦然地面对生活，享受生活的美好。

一次，美国前总统罗斯福家遭遇了小偷的洗劫，被偷去了很多东西。闻讯后，一位朋友赶紧写信安慰他，劝他不要太在意身外之物。罗斯福写了一封回信给朋友：“亲爱的朋友，非常感谢你来信安慰我，现在，我非常平安。感谢上帝：因为首先，贼只偷去我一部分东西，而没有偷走我的所有

财产；其次，贼偷去的仅仅是我的东西，而没有伤害到我宝贵的生命；最后，最值得庆幸的是，做贼的是他，而不是我。”

自从结婚之后，米罗因为工作上的不顺心，被妻子朱莉批驳得体无完肤。原本，朱莉之所以和米罗携手共度一生，主要是因为她觉得米罗是一支潜力股，能够获得很好的发展。然而，几年的时间过去了，事实证明，米罗的工作非但没有起色，反而因为一些莫名其妙的原因，处于诸多不顺之中。最终，当朱莉决定离开米罗的时候，米罗虽然很伤心，但是却丝毫没有责怪朱莉的意思。米罗把唯一的房产和存款都给了朱莉，并且给朱莉写了一封很长的信。在信中，米罗真诚地表示了自己的歉意：“朱莉，非常抱歉，和我在一起，没有让你得到你预想之中的幸福。即使这样，这段短暂的婚姻生活也依然是我人生之中最美好的回忆。谢谢你，是你使我成长，从一个男孩成长为一个男人。在以后的日子里，我会一直默默地祝福你，希望你能够得到自己想要的幸福。”

朱莉能够看得出，米罗丝毫没有抱怨她不能安守清贫，而是真心诚意地祝福她在今后的人生中找到自己的幸福。也许事情的结局有些出人意料之处，在离婚两年之后，朱莉选择了回到米罗的身边。因为她知道，米罗是一个心怀感念的、非常宽容的人。而这样的一个男人，是她在两年的时间里遍寻不到的，她知道自己想要的是什么。

对任何人而言，失盗绝对是倒霉的事情。但是，罗斯福却能够从中找出感恩的理由，他的处世哲学和优秀的人格，告诉我们要学会感恩，要学会宽容。即使是在遭遇小偷丢失财物的情况下，他也能够找到自己比那个小偷幸运的地方，聊以自慰。这无疑是感恩的心在教会他宽容。在第二个事例中，米罗丝毫没有因为朱莉的离开而怨恨朱莉，相反，他非常理解朱莉，并且真诚地对朱莉表示感谢和祝福。假如没有感恩的心和宽容豁达的胸怀，是很难做出如此的行为的。而米罗和朱莉最终的结局也是皆大欢喜的。

其实，不管是名人也好，还是凡人也罢，每个人在生活中都有很多值得自己感恩的东西。辛苦抚育我们成长的父母、不离不弃的爱人、健康可爱的孩子、一起合作奋斗的同事……甚至是一颗鲜绿的小草、一株默默无闻的野花。总而言之，只要怀着一颗感恩的心，我们就能够在生活中发现更多的美好，从而心怀感念，更加宽容地待人待己。

[下篇]

只要勇敢面对，任何事情都会过去

第9章
相信自己　做自己命运的主宰

在生活中，有些人活得非常潇洒，总是能够做到宠辱不惊，坚定地做自己想做的事情。相比之下，有些人则活得很累，总是人云亦云，无法安之若素地对待别人的意见。究其原因，就是因为这些人没有自己的主见，不相信自己而相信别人。要想使自己活得更加从容洒脱，我们就应该相信自己，做自己命运的主宰。

做自己的主人

要想生活得更好，首先应该记住，命运掌握在自己的手中，每个人都应该做自己的主人。换言之，就是做人一定要有主见，要有自己的原则和人生的方向，并且能够坚定不移地向着自己既定的方向和人生目标努力。在此过程中，必然会遇到很多困难和挫折，但是只要认准了，就应该坚持努力，不要轻易放弃。当别人对你的事情指手画脚的时候，也能够坚定地相信自己是正确的，从而为了实现自己的梦想而不懈奋斗。只有这样，才能够实现自己的人生理想。反之，假如别人对你的决定提出异议，就赶紧采纳别人的建议改变自己，必须认识到一点，就是一个人无法让所有人都满意，因此，不管做得多么好，都会有人提出不同的意见，由此注定了人云亦云的是不可能取得最终的成功的。因此，成功离不开坚持。人生最大的学问就是怎样主宰自己的命运，做自己的主人。通常情况下，独立的人更有自己的思想，能够掌握自己的命运，成为自己的主人。

做自己的主人首先要正确地认识自己，客观地评价自己。所谓人无完人，意思就是说每个人都有自己的优点和缺点，都有自己的长处和不足。在生活和工作中，要想取得长足的发展，我们首先应该正确地认识自己，这样才能取长补短，得到更好的发展。其次，除了正确认识自己、客观评价自己之外，我们还应该树立正确的人生观、价值观、世界观。这是做人之根本，只有确立了这三个观念，才能够树立自己的人生原则。如此一来，不管在生活中遇到什么事情，都知道自己应该如何去处理。最后，还要有坚定不移的信心和勇气，知道自己想要什么。对于人生而言，最重要的是要确立目标。大家都见过没头苍蝇，假如人也像没头苍蝇一样，是根本不可能有所发展的。因此，我们一定要树立人生的方向，这样才知道自己满腔的热血和努力应该在何处发挥。

索尼亚是著名的女演员，她从小是在渥太华郊外的一个奶牛场里长大的，上小学的时候，她就在农场不远处的一所小学里上学。

有一天，她突然泪流满面地跑回家，父亲纳闷地问她怎么了，她哽咽着说：“班里的同学们都说我长得丑，而且还说我跑步的姿势就像一只鸭子。”

听完索尼娅的话之后，父亲微笑着良久没有说话。突然之间，父亲突兀地说：“我可以摸得到我们家的天花板。”

听了父亲的话，索尼亚觉得难以置信，她不知道父亲为什么要这么说，因此停止了哭声反问道：“你刚才说什么？”

父亲重复了一遍自己的话，说：“我可以摸得到我们家的天花板。”

索尼亚情不自禁地仰头看看天花板，她怎么也不敢相信父亲居然能够摸到将近4米高的天花板。父亲好像看穿了索尼娅的心思，得意洋洋地说："我知道你不相信我所说的话。我希望你也不要相信你同学所说的话，因为有些人说的其实并不符合事实！"

索尼亚恍然大悟，不管什么事情，都不能太在意别人的说法，这样才能按照自己的想法去做。

二十四五岁的时候，索尼娅已经开始在演艺圈崭露头角了。有一次，她计划去参加一个集会，不过，经纪人告诉她，由于天气的原因，只有很少的人参加这个集会，会场的气氛会显得比较冷淡一些。其实，经纪人是想建议作为新人的索尼亚，为了使更多的人知道自己，应该把时间花在大型的活动上。但是，索尼亚却坚持要参加这个集会，因为她曾经在报刊上公开承诺过要去参加。

最终，那次在雨中举行的集会，因为索尼亚的参加，吸引了越来越多的人，她的名气和人气骤升。

一对父子住在农村，距离集市很远，有一天，他们想去城里卖家里的一头驴。起初，父子俩牵着这头驴一起走路。走着走着，他们突然看到有人指着他们哈哈大笑："看啊，这里有两个大笨蛋，有驴不骑，却非要走路。"父子俩听了这个人的话之后觉得很有道理，因此，爸爸就让儿子骑着驴，自己走路。走着走着，他们又听到别人悄声说："你看你看，这个孩子真是不孝顺啊，自己骑驴，却让父亲走路。"因此，他们赶紧换过来，这次换爸爸骑驴，儿子走路。走着走着，他们又听到别人说："难以相信！世界上居然有这么狠心的父亲，自己骑着驴，但是却叫年幼的儿子走路。"父子俩听了之后，觉得非常为难，不知所措。他们俩商量了一下，最终决定两个人一起骑着驴进城。他们暗自庆幸，这次肯定没有人会指责他们了。因此，他们就放心地骑着驴。想不到的是，走着走着，又有人指责他们："你看你看，真是太可恶了，两个人居然一起骑一头小驴子，作为农村人如此虐待家畜，简直是丢脸。”父子俩听了，更加为难了……最终，他们决定抬着驴赶集，但是却遭到了更多人的嘲笑和指责。

在生活中，假如你能够坚定地做自己的主人，那么你就会像索尼娅一样获得成功。假如你像那对父子一样总是随着别人的想法而改变，那么最终非但一事无成，而且会招致别人的嘲笑。由此可见，我们必须做自己的主人。

“面对”是解决困难最好的方法

在生活和工作中，不管是谁，都会遇到一些困难和挫折。不过，每个人在面对困难和挫折的时候所采取的态度却是不同的。有的人知难而退，有的人迎难而上。因为面对困难和挫折的态度不同，所以人生也有着截然不同的结局。面对困难知难而退的人，总是无法获得成功，因为成功的路上有无数的绊脚石，假如一遇到障碍就退缩，那么就永远无法到达成功的彼岸。与此相反，那些迎难而上的人则很容易获得成功，在通往成功的路上，他们总是努力地克服一个又一个的困难，从来不放弃。如此执著和坚定的努力，当然有更多的机会到达成功的彼岸。面对困难，逃避意味着放弃，面对才是最好的解决方法。

人们常说，困难像弹簧，你强他就弱，你弱他就强。人的一生不可能是一帆风顺的，这个困难逃避了，还有下一个困难接踵出现，假如一味地逃避，那么就意味着人生止步不前。当别人都进步的时候，你原地踏步则相当于退步，最终会导致人生的毁灭。有句话说得非常好：态度决定一切，细节决定成败。由此可以看出，要想战胜困难，获取成功，首先应该具备勇者

的心态、勇者的细心。在征服一个个困难的过程中，一定能够为自己积累更多成功的经验，使自己越挫越勇，从而在人生的困难面前游刃有余。总而言之，遇到困难的时候，一定要勇敢地面对！

在荒野中，一群体型庞大的牦牛正在寻找青草充饥，突然之间，几只狼出现在距离它们很近的地方。领头的牦牛发现有危险之后，在第一时间之内就做出了反应，带领牛群开始不顾一切地奔跑起来。随着牛群奔跑，狼也寸步不离地紧跟其后，最终，有一头身体比较弱的牦牛因为体力不支而掉队了。饥饿的群狼团团地围住它，不停向它发起进攻。为了得到生存的机会，牦牛与狼奋勇拼杀，因为年迈体衰，寡不敌众，在苦苦支撑了半个小时之后，它最终倒地身亡。

在沙漠中，一只蝎子正在骄阳下缓缓前行。突然之间，它发现前面有动静，原来，是几只獴在偷偷地向它靠近。蝎子赶紧掉头，开始拼命逃跑，然而獴紧追不舍，很快就赶上，还没等蝎子反应过来，几只獴就分工协作，咬身子的咬身子，咬头的咬头。就这样，蝎子成了獴的盘中美味。

尽管弱肉强食是动物界的法则，谁也无法改变。然而，不久之后，两个不同的故事再次发生在以上四种动物之间。

在辽阔的荒野上，一群牦牛正在寻找青草，突然之间，几只狼出现在距离它们很近的地方。一头牦牛首先发现了狼，因此直愣愣地看着狼，其他牦牛也发现了异常，全都抬头向狼望去。此时，所有的牦牛都站在原地，看着狼，没有任何想要逃跑的意思。虽然狼在牛群边虎视眈眈地转悠了很长时间，但是却始终没有找到下手的机会，因此不得不心有不甘地走开了。

在炎热的沙漠中，一只蝎子正在缓缓地爬行，突然之间，它与几只獴狭路相逢。獴非常小心而又缓慢地靠近蝎子。蝎子一动不动地趴在那儿，翘起尾巴，好像已经做好了战斗的准备。獴看到这种情景之后，不由得后退

了几步。蝎子还是纹丝不动地待在原地，既不打算主动出击，也不准备逃跑。如此对峙了几分钟之后，獴只好悻悻地走开了，去其他地方寻找更容易对付的猎物。

实际上，狼并不是牦牛的天敌，獴也并不是蝎子的天敌。在这个故事中，牦牛和蝎子前后两种截然不同的命运告诉我们一个道理，天敌是因为人们的恐惧才“制造”出来的，不管是对牦牛而言，还是对蝎子而言，在面对敌人的时候，最致命的错误就是逃跑。置之不理的牦牛和敢于面对的蝎子，不仅保全了自己的性命，而且还吓跑了对手。其实，在生活中遇到困难的时候也是同样的道理，只要你勇敢地面对，就一定能够反败为胜，战胜困难！

多给自己一点勇气

“生活就像一面镜子，如果你对着它笑，那么它就会对着你笑；如果你对着它哭，那么它就会也对着你哭。”这句话虽然很简单，但是却道出了生活的真谛。其实，不管你是什么身份、什么地位的人，只要活着，就不可能永远一帆风顺。很多富家子弟年轻的时候衣食无忧，但是终有一天要独自面对人生，因此，他们也和贫穷的子弟一样要遭受各种各样的失败，不管怎样，我们都要鼓起勇气，勇敢地面对，豁达地处理。

要想战胜生活的各种艰难的处境，我们就一定要勇敢，只有鼓起勇气面对，我们才能最终战胜挫折和失败。与此相反，假如一味地埋怨生活，从此之后变得消沉、萎靡不振，那么一生就注定了失败。那些成功人士，无一不是尝尽了生活的艰辛，在我们看到他们无限风光的时候，其实还应

该看到他们曾经遭受的苦难。实际上，成功人士也是凡人，唯一不同的在于，他们有更多的勇气和坚持。当生活使他们跌倒的时候，他们并没有哭泣，而是拍拍身上的尘土，站起来，继续攀登人生的高峰。当我们羡慕他们的风光的时候，我们同样也应该意识到他们背后所付出的艰辛，更要学习他们在失败面前一次次站起来的勇气。你想成功吗？那么首先给自己更多的勇气吧！

桑兰原本是中国女子体操队的一名队员，浙江宁波人，于1993年进入国家队，1997年的时候，她一举夺得全国跳马冠军。1998年7月22日，在第四届美国友好运动会的一次跳马练习中，桑兰不幸坠落，导致颈椎骨折，胸部以下高位截瘫，因为这个意外事件，她成为了社会各界关注的焦点。对于一个花季少女来说，这件事情简直是难以承受的伤痛。然而，在如此沉重的打击面前，桑兰表现出了非常顽强的意志，她进入北京大学新闻系学习，最终成为一名新闻系的毕业生。2008年的时候，她还通过自己的努力成为北京申奥大使之一，同年，她进入北京奥运官方网站担当特约记者。

在面对人生中如此重大的变故时，桑兰所表现出来的乐观使人们深受感动。

桑兰的主治医生说："桑兰表现得特别勇敢，面对如此沉重的打击，她从来没有抱怨过，对她，我所能找到的唯一的形容词就是'勇气'。"即使在得知自己再也无法站起来之后，她仍然不后悔练体操，她说："我对自己有信心，我永远不会放弃生活的希望。"

因为她的乐观、坚强，美国院方称她是"伟大的中国人民光辉形象"，而且，当时有很多美国普通民众去看她，被她的精神所感染。美国总统克林顿、前总统卡特和里根都曾经给桑兰写过信，赞扬她面对悲剧时表现出来的非凡的勇气。

因为拥有非凡的勇气，桑兰改变了自己的命运。

在事情发生之后，假如桑兰只是一味地懊悔、抱怨连天，等待她的命运将会是什么？不难想象，就像一颗星星的陨落，也许大家会一时同情她，但是最终人们必然会淡忘她。幸运的是，桑兰有非凡的勇气，她勇敢地面对人们原本以为她无法承受的打击，选择了站起来，活下去。高位截瘫使她这辈子都很难站起来了，但是，在精神上，她却是一个顶天立地的人，永远站在人们的心中。

只有勇敢地面对，你才可能活出精彩。

充分利用可利用的资源

在生活中，你有没有发现一个非常奇怪的现象，即那些埋头苦干的人往往付出了很多的努力和艰辛，但是却无法如愿以偿地获得成功。与此相反的是，有些人总是潇洒地度过生命中的每一天，他们也努力，但是他们更擅长于借力，因此，成功总是非常青睐他们。无容置疑，每一个人都有属于自己的梦想，每一个人在面对生活的时候都雄心万丈，都无一例外地渴望成功的到来。然而，在现代职场的竞争之中，虽然能力和努力是不可或缺的，但是在通往成功的道路上，又多了一个必不可少的重要因素，甚至远远地排在了能力和努力之前，那就是充分利用可利用的资源。一个人，即使再怎么能干，力量也是有限的，而假如一味地埋头苦干，则无异于一个职场“植物人”，这是一个非常残酷的现实。其实，要想获得成功，是有捷径可走的，就是要在努力的同时善于为成功铺路，在还没有进入职场之前或者是进入职场之后做好自己的职场定位，未雨绸缪，利用各种可以利用的资源为自己的成功添砖加瓦。

那么，何为可利用的资源呢？这个可利用资源包含的范围非常广阔，诸如学识、人脉、甚至是一次偶然的相遇等。总而言之，不管拐多少道弯，只要能够对你的成功起到曲线救国的作用，就都可以充分利用。

琳达大学期间学习成绩中等，而且也没有什么特长，但是，使同学们大跌眼镜的是，在大学毕业前夕，琳达居然与一个非常好的工作单位签订了聘用合同。对此，同学们感到疑惑不解，他们怎么也想不明白琳达是如何做到这一点的。对此，琳达笑而不语。她想：假如我说自己是通过姥姥的邻居的孙子的介绍进入这家公司的，大家会不会觉得太绕呢?

原来，当大家都在找工作的时候，琳达也在浏览一些公司的网页，希望能够投递一份简历。一个偶然的机会，她在网页上看到了一个依稀有点儿印象的名字——迈克尔。琳达前思后想，终于想起来曾经听姥姥说过她的邻居的孙子迈克尔是一个非常优秀的人，在一个重要的跨国公司担任董事长助理的工作。不过，琳达并不确定这个人就是姥姥口中所说的那个迈克尔。因此，琳达在周末的时候去了姥姥家，打听到了那个迈克尔确实就在这家公司工作，琳达终于可以确认，此迈克尔就是彼迈克尔。随后，琳达写了一封邮件发到了迈克尔的邮箱中，并且委婉地介绍了自己的身份以及现状。想不到的是，迈克尔是一个非常热心的人，第二天，他就给琳达回了一封邮件，并且表示愿意帮助琳达。

最终，琳达并没有到迈克尔所在的公司工作，因为他们公司没有适合琳达的位置。不过，迈克尔却给她介绍了另外一家公司，那家公司正好在招聘新职员。经过迈克尔的介绍，琳达如约到公司进行面试，在面试的时候，琳达在介绍自己的过程中，委婉地提到了迈克尔，并且表现出和迈克尔比较熟稔的样子。最终，琳达成功地进入这家公司，成为了同学们人人羡慕的对象。

你能够想得到通过找姥姥的邻居的孙子为你牵线搭桥到一个新的公司

面试吗？假如你也能够像琳达这样充分利用身边的资源，那么你就会多一些成功的机会。假如你总是固步自封，封闭保守，那么你只能守着自己那点儿贫瘠的资源耐心等待。其实，在生活中蕴藏着很多机会，甚至一次邂逅也是一个非常好的机会，关键在于你能否抓住那些稍纵即逝的机会。要想使自己得到更多的机会和更好的发展，就要充分利用自己所能够利用的一切资源，借助别人的力量，使自己获得成功。

敢于行动才有机会

人的一生特别像游泳，总有决定“游”或者“不游”的时候。对于一个充满信心的人而言，往往会勇敢地游向中央，把自己投向未知的新世界，迎接各种各样的挑战，从而不断地提升自己。这种人肯定能够历经危险，吸取经验。与此相反的是，有些人特别胆怯，或者是害怕变化，看着别人在水中自由地游弋，他们只能躲在警戒线内，根本不敢面对未知的危险和新鲜的生活。因此，这两种人的人生就是完全不同的。

对于任何人而言，不管理想是多么美好和远大，最终都必须落实到实际上行动上，否则，理想就只能停留在空想的阶段。人们常常用“思想上的巨人，行动上的矮子”来形容那些只说不做的人，所以，我们每个人都要争取成为行动上的巨人。要知道，只有敢于行动才能为自己争取更多的机会，否则，再好的梦想也是空中楼阁、镜中水月。

比尔·盖茨靠什么法宝建立了自己的微软帝国？他为什么能够在竞争激烈的现代经济中独占鳌头而历久不衰？假如你问比尔·盖茨这个问题，那么他一定会告诉你成功的第一个要素就是冒险。在任何事业中，假如避开所

有的冒险，那么也就同时失去了一切成功的机会。

在比尔·盖茨的一生之中，最持续一贯的特性就是强烈的冒险天性。他甚至觉得，假如一个机会没有风险相伴，那么这种机会往往是不值得花时间和经历去尝试的。他坚信，有冒险才有机会，正是因为风险才使得事业更加充满跌宕起伏的独特趣味。而所谓的冒险，就离不开行动。

比尔·盖茨是一个天分极高、争强好胜、喜欢冒险、自信心很强的人，在本行业之中，他所表现出来的控制力是惊人的，以致有人曾经评论说：微软公司正在屠杀对手，看来好像几近垄断软件工作。

其实，比尔·盖茨从学生时代就开始培养自己的冒险精神了。在哈佛的第一个学年，他给自己制订了一个策略：多数的课程都逃课，然后在临近期末考试的时候再开始学习。他想通过这种冒险的行为，检验自己如何才能在最短的时间之内得到最高的分数。他做得非常成功，通过这个冒险的举动，他发现了一个企业家必须具备的素质：怎样在最短的时间内用最少的时间和成本得到最高的回报。

对于比尔·盖茨来说，他最喜欢速度快的汽车和游艇，他私人拥有两艘快速游艇和两部保时捷汽车。对于普通人而言，很多人不敢乘坐速度很快的汽车和游艇，因为这种紧张而又刺激的运动使人肾上腺素急速增加。无疑，这是比尔·盖茨不断锤炼自己的冒险性格的专用工具，所以，他总是会接到超速的罚单。比尔·盖茨很喜欢一个人驾驶游艇遨游大海，一个人驾驶飞机飞越崇山峻岭，一个人驾驶汽车到沙漠旅行。不管是在生活中还是在工作中，他的冒险精神都给他带来了很多常人没有机会体验到的乐趣。

冒险的行为很有可能导致失败，然而，也有可能使你获得意料之外的收获。从表面上来看，不冒风险是一种非常安全的方式，但是它同时也会使你碌碌无为地度过自己的一生。很多成功者之所以能够白手起家，成为事业有成的大富豪，就是因为他们有敢为天下先的超人胆识和付诸行动的实干精神。此外，敢于行动的人往往能够抓住转瞬即逝的机会。通常情况下，好机会总是稍纵即逝，只要你稍有犹豫，那么机会就一去不返。在这种时候，只有你敢于行动，才能切切实实地抓住千载难逢的好机会。而机会，对于成功而言是至关重要的。

把精力集中在一点

很多时候，人们很贪心，总是希望自己能够占据得天独厚的条件，并且天时地利人和。殊不知，这种理想状态只会出现在理想世界之中，而现实世界是残酷的。没有人是全能的，所以，现代的职场更需要人们彼此之间进行分工合作，各司其职。从对于一个人成功的角度来说，人们也不可能面面俱到。如今，很多家长望女成凤、望子成龙，在孩子几个月大的时候，就开始带着孩子上各种各样的亲子班，等到孩子两三岁的时候，就开始给孩子报各种各样的培训班，恨不得孩子一下子成长为一个无比完美的人。有些家长给孩子报了十几个培训班，诸如美术、音乐、跆拳道、围棋等，试问：你看到哪个在某一领域有建树的人是个全才呢？现实情况是，假如一个人对于绘画有着特殊的热情，那么，他就无法在其他领域也投入同等的热情。因此，对于那些对孩子寄予厚望的家长而言，明智的做法是遵循孩子成长的规律，根据孩子的兴趣为孩子选择兴趣班，然后发挥孩子的专长。

其实，不仅仅对于孩子是这样的，对于成人来说，现实情况也是如此。孟子曾经说过，鱼与熊掌不可兼得也。因此，面对诸多选择，我们同样需要经过思考做出理智的决定。归根结底，人的时间和精力是有限的，不可能把所有的美景尽收眼底。假如你想欣赏北国冰封的美景，那么你就无法欣赏到南国的鸟语花香，这是必然的。因此，对于成人而言，假如想在某一个领域有所收获，就要集中自己的精力，全心全意地投入，而千万不要这山望着那山高，最终一事无成。

从省城某师范院校中文系毕业后，巧莉被分配到县城的一所中学成为了一名语文教师。在校期间，巧莉就是校文学社领军人物，尤其以散文写得最好。参加工作以后，因为教师的工作相对比较清闲，所以她总是利用业余时间写一些散文，而且还陆陆续续地发表了很多。渐渐地，每当学校有需要动笔的地方，校长就会把这个艰巨的任何交给巧莉。日久天长，她居然小有名气，甚至有一次，教育局还专门要求巧莉写一篇关于教育的论文代表县里参加比赛。

就这样，巧莉的名声越来越大，而且写作的兴趣也越来越浓郁。她隔三差五地就把文章发表在报刊或者是杂志上，领导非常器重她。因为教育局的领导欣赏巧莉的才干，所以专门把她“借调”到县教育局担任文秘的工作。不过，巧莉心知肚明，自己仅仅是“借调”而已，要想从学校正式进入教育局工作，其中的道路还很漫长。为此，巧莉开始暗暗地做准备。她除了做好本职工作之外，还暗地里报考了中文专业的函授研究生课程。经过几年的努力，巧莉最终取得了中文硕士文凭。

这一年，全国举行国家公务员考试，巧莉借此机会参加了县里的招收公务员考试。非常巧合的是，不仅教育局需要一名中文专业的人才，而且县报社也需要招收一名中文专业的记者。在考试中，因为基本功扎实，所以巧莉很容易就考得了第一名的好成绩。最终，不仅教育局想录取她，而且报社也敞开大门迎接她。出人意料的是，最终这两家单位都没有如愿以偿，因为巧莉被县委组织部半路“截”了去，他们正好需要这种笔杆子过硬的人才做宣传工作呢！

在这个事例中，巧莉无疑把好钢都用在了刀刃上。巧莉知道自己的优势所在，所以她充分发挥自己的优势，使自己在县城的笔杆子届小有名气。而且，在取得一些成绩之后，巧莉也丝毫没有骄傲，更没有得意，她及时抓住机会提高了自己的学历水平，并且继续发挥自己的强项——写作，最终改变了自己的命运，为自己赢得了一个更好的前程。从某种意义上来说，巧莉之所以能够成功，就是因为她把自己的精力集中到了一点上，始终在发挥自己唯一的强项，并且及时做好了准备以迎接机会的到来，最终抓住了一个千载难逢的好机会。

由此可见，要想获得成功，就要集中精力发展自己的特长。

该拒绝时就拒绝

在生活中，与不会合作相同，很多人不会拒绝。实际上，在工作或者生活的过程中，每个人都会碰到一些很难拒绝的人和事。遇到这种情况，你会怎么做呢？硬着头皮接受，自己觉得难受；不顾面子拒绝，别人觉得很难受。很多时候，你明明知道这个忙你根本没有时间也没有精力帮，但是你就是抹不开面子，觉得难以启齿，无法坦坦荡荡地拒绝，或者是不好意思拒绝。最终的结果呢？尽管你没有拒绝，事情也没有向着皆大欢喜的结局发展，反而有可能好心办坏事，双方谁都不满意。其实，在这种情况下，拒绝也许是更好的选择。

很多时候，人们在拒绝别人的时候总是觉得愧对别人，其实用民间通俗的话来说，帮是人情，不帮是公道。因此，我们根本没有必要因为拒绝别

人而觉得愧对别人，毕竟每个人都有自己的生活需要安排，只能根据自己的能力帮助别人。而且，从另外一个方面来说，一般情况下，假如你的朋友因为你拒绝帮助他就从此和你绝交，只能说明他并不是一个通情达理的人，当然，如果对方曾经义无反顾地帮助过你，那么则另当别论。有的人因为不好意思拒绝别人而心不甘情不愿地帮助别人，最终忙也没帮好，自己也付出了一些，对方还会觉得不满足。从这个方面来看，勉为其难的帮忙不如索性拒绝，这样对方可以另外想办法，以便能够更好地解决问题。假如你能够这么想，那么你就能够更好地拒绝别人了。

李渡是单位里出了名的老好人，不管谁有事情找他帮忙，他都来者不拒。然而，虽然他在同事中间口碑很好，但是领导却对他颇有微词。

上个星期，一个新来的同事请李渡帮忙完成一个设计，看到新同事万分为难的样子，李渡明明知道自己也有一大堆的工作需要完成，但还是不忍心说出拒绝的话，因此只好勉为其难地答应了，这样一来，李渡的工作量就更大了。最终，李渡帮助新同事拿出了一个非常好的设计，而他自己却挨了老总的一顿批评。原来，李渡只顾着帮新同事的忙了，忘记了自己在三天之后有一个设计图必须完成，直到领导和他要的时候，他才一拍脑袋，如梦初醒。要这个设计图的客户是个老主顾，因为没有按期缴纳图纸，老主顾特别生气，因为这耽误了他们整个工程的进度。为了弥补自己的过错，李渡24小时连轴转，忙活了整整一天一夜，才算勉强交了一个初稿。为此，老总狠狠地批评李渡：“你不是救世主，你的时间和精力是有限的。你只要做好你的本职工作就可以了，要不，我还雇佣别人干嘛呢，雇你一个不就行了嘛？！”李渡的脸上红一阵子白一阵子的，被老总说得哑口无言。虽然他帮了同事一个忙，但是自己却受到了处分。

李静和杨华是大学同学，也是好朋友，毕业几年之后，两个人都各自成家，有了自己的家庭。李静在老家工作，是一名教师，生活得非常安稳。杨华则选择在大学毕业之后到大城市打拼，见识到了大城市的精彩，工资也比较高，但是消费也同样很高。

李静准备在老家买套房子，还差几万块钱，所以就想到了在大城市挣高工资的杨华。碍于面子，杨华在接到李静借钱的电话的时候并没有直接拒绝杨华，虽然她从心底里不想借这笔钱。眼看着杨华用钱的日子一天天逼近了，李静不得不给杨华发了个短信说："实在对不起，我的钱套在股市里还没有变现，要不你再想想其他办法吧！"当即杨华就生气了。她给杨华回了个短信："这下子你可把我坑苦了，你没钱借我怎么不早点儿说呢？我买的房子等着交首付，到了最后的节骨眼上，我临时去哪里借啊！"差不多有两年的时间，她们之间几乎没有联系，杨华知道，李静生气了。

对于李渡而言，领导对他的批评是完全正确的。在工作中，一个萝卜一个坑，每个人都有自己的工作，假如放着自己的本职工作不做，而去帮助其他同事，只能使工作变得一团糟。而在第二个事例中，其实，李静之所以生气，并不是因为杨华没有借钱给自己，而是因为杨华先是答应了自己，然而又在交钱的日期临近的时候突然说无钱可借，使她措手不及。假如杨华能够在一开始的时候就和李静说清楚情况，李静当然不会责怪她。

由此可见，该拒绝的时候一定要拒绝。这样一来，自己也不至于太为难，而且别人也可以及时地寻求其他的帮助。

不屈不挠，坚持到底

对于任何人来说，要想获得成功，就必须不屈不挠，坚持到底。众所周知，成功的道路是坎坷的，必然遇到很多困难和阻碍，假如一遇到困难

就轻易放弃，那么人们根本不可能取得成功。纵观那些成功人士的奋斗史我们不难发现，大凡成功人士，都是经历了很多坎坷和挫折。然而，他们的身上都有一种非常宝贵的品质，即不管遇到怎样的困难，都不屈不挠，坚持到底。

在生活中还有一些人，他们也非常努力，而且迫切地渴望获得成功，但是成功却总是对他们若即若离，使他们无法达到成功的彼岸。这是为什么呢？是他们不够努力吗？还是他们不够勤奋？亦或是他们不够聪明？以上原因皆有可能，然而却不是最重要的原因。最重要的原因是他们不够坚持。很多时候，成功就在前方不远处的拐弯处。在成功之前，人们无法确切地预知自己的成功，而且即使在距离成功一步之遥的时候，成功仍然会和人们藏猫猫，使人们无从得知成功即将到来。在这种情况下，假如你选择在又一个困难面前退却，那么你就会与成功失之交臂。用功亏一篑这个成语来形容这个情况是最恰当的。所以，在追求成功的过程中，为了避免遗憾的情况出现，我们一定要努力努力再努力，坚持坚持再坚持！也许，只要再一次坚持，你就能够与成功相拥！

1877年，爱迪生开始进行改革弧光灯的实验，他想搞分电流，把弧光灯变成白光灯。要想使这项实验的结果达到令人满意的程度，爱迪生就必须找到一种可以燃烧到白热的物质做灯丝，此外，这种灯丝必须能够经住热度在二千度一千小时以上的燃烧。当然，这种灯泡的用法必须简单，而且还要能够经受日常使用的击碰，价格也要尽量低廉一些，以便能够走进千家万户。

在当时的社会中，爱迪生的这个想法是非常大胆的，不仅需要他花费很多的时间和经历去进行实验，而且还必须找到这种适合做灯丝的特殊物质。首先，爱迪生选择用炭化物质进行实验，但是失败了。随后，爱迪生又用金属铂与铱高熔点合金进行灯丝实验，也失败了。他没有气馁，继续用上质矿石和矿苗等各种各样的物质进行实验，遗憾的是，全都失败了。截至目前为止，他的助手们已经总计做过一千六百种不同的实验，尽管都以失败而告终，但是却使他们的研究工作取得了很大进展。至此，他们已经知道白热灯丝必须密封在一个高度真空玻璃球之中，这样才不容易熔掉。如此一来，他的试验再次回到最初使用的炭质灯丝上来了。

接下来，爱迪生始终在做实验，但是他的白热灯试验仍然没有令人满意的结果。他把自己的所有精力都投入到炭化上，仅仅植物类的炭化试验就高达六千多种。为了做实验记录，他用了二百多本笔记本做实验笔记，共计达到四万余页。整个实验历时整整三年。每天，他都要工作十八九个小时，直到凌晨三四点的时候，他才躺在实验用的桌子下面，头枕两、三本书休息一小会儿。有的时候，他整天都不睡觉，只是在凳子上休憩三、四次，每次只有半个小时的时间。

1880年上半年的时候，爱迪生的白热灯实验还是没有任何结果，甚至连一直陪伴在他身边的助手都感到绝望了。一个偶然的机会，爱迪生把实验室里的一把芭蕉扇边上缚着的一条竹丝撕成细丝，经炭化后做成了一根灯丝，结果证实，这次的实验结果比以前做的种种实验都更加令人满意，这就是爱迪生最早发明的白热电灯——竹丝电灯。这种竹丝电灯使用了很多年，直到1908年的时候人们发明用钨做灯丝后才彻底代替它。

此后，爱迪生开始研制碱性蓄电池，面对着重重困难，他的钻研精神使人感到无比震惊。这种蓄电池是专门用来供给原动力的。他和一个精心挑选出来的助手苦心孤诣地研究了将近十年的时间，期间经历了很多的艰辛以及无数次的失败，一会儿他发现自己错了，不得不重新开始实验，一会儿他以为自己到达了目的地，但是却发现只是一场空欢喜。然而，不管过程多么艰难曲折，爱迪生从来都没有动摇过，每次都坚定地选择重新开始。大约经过五万次的实验之后，爱迪生已经写出了一百五十多本实验笔记，最后，他终于达到了自己的目的。

在科学家身上，这种不屈不挠、坚持到底的精神表现得最为淋漓尽致。然而，作为普通人的我们，虽然不需要进行发明创作，但是，要想获得成功，同样需要我们不屈不挠，坚持到底。

靠自己的力量改变命运

面对命运无情的捉弄，你是选择哭泣和放弃，还是选择微笑和改变？假如选择哭泣和放弃，那么你就会被命运玩弄于股掌之中，随波逐流。假如选择微笑和改变，那么你就要鼓起勇气，勇敢地和命运抗争，靠自己的力量改变命运的不公。

没有人的人生是一帆风顺的，假如不能事事顺心如意，那么你就要想方设法地成为命运的主宰，改变自己的命运。有的人因为家境贫穷而哀叹，殊不知，在这个世界上还有很多人没有解决温饱问题，与其哀叹，不如靠自己的双手改变生活；有的人因为在大城市举目无亲而感到万般绝望，殊不知，每一个立足大城市的异乡人都经历了最初的迷茫、彷徨和坚持，最终才能为自己在熙熙攘攘的大城市中争得一席之地；有些人因为身体残疾而灰心绝望，殊不知，即使灰心绝望也无法改变残疾的现状，与其抱怨，不如勇敢地面对命运，使自己成为精神上的强者……不管在什么情况下，哭泣都是于事无补的，只会使事情变得越来越糟糕。哭泣不如微笑，微笑不仅能够给别人的心灵带来温暖，也能够使自己的内心洒满阳光，从而才能拥有力量面对厄运。总而言之，必须记住，只有勇敢地面对人生，使自己成为命运的主宰，才能靠自己的力量改变命运！

张晴是上海某著名高校的在读大学生，她和大部分同学相同，都来自于农村，家庭经济条件非常差。为了减轻家里的负担，张晴想自己攒够求学期间的生活费以及下一学期的学费。所以，她决定一边学习，一边兼职工作，这样一来，还能够使自己多多与社会接触，从而积累更加丰富的社会经验，开阔眼界，增长见识，毕业以后更容易找到合适的工作。

当张晴下定决心兼职之后，就去征求导师的意见。在听了张晴的叙述之后，导师说："你成绩一直非常好，我建议你最好去那些世界跨国公司找到兼职的机会，这样虽然在短期内薪水很低，但是，这种工作经验对于你未来的发展是特别有好处的。"

张晴经过仔细考虑之后，觉得导师的意见是正确的，因此，她在导师的推荐下来到一家美国的跨国公司做钟点工。这份工作特别简单，即对从世界各地发往公司的信件进行分类整理，然后再根据各个部门的职责所在，把信件转交给每个部门的负责人，所以，薪水也比较少。

过了一段时间后，张晴再次见到导师，导师问她工作的感觉如何，张晴说有一点单调。导师告诉她，整理信件虽然非常简单，但是也必须认认真真地去做，既然决定兼职，就一定要放下大学生的面子，多观察、多学习名企的企业文化和工作风格，尽量勤快一些，还可以利用工作之便观察各个部门的运转情况，从而为自己将来进入职场找到最合适的舞台。

因为工作单调枯燥而且薪水不高，所以很快，很多兼职的同学都辞职了，但是，张晴却因为做事干脆利索，工作积极认真，受到了领导的赞赏。企业不但给她加了薪，而且还把她调到了正式部门成为了一名相对正式的临时工作者。

进入正式的部门之后，张晴感受到了与兼职截然不同的工作氛围和工作压力。公司有些正式员工嫉妒张晴的成绩，所以就在暗处使绊子，不过，她宽容大度，而且总是虚心向老同事请教，不久就与那些正式员工建立

了良好的人际关系。

经过一段时间的摸爬滚打之后，毕业时，当其他同学都忙着参加形形色色的人才招聘会的时候，张晴却惊喜地收到了这家跨国集团公司给她寄来的录用信。在信中，公司负责人告诉她，因为她在公司里工作了很长时间，而且工作上始终积极主动，勤奋好学，而且与同事之间相处得也很好，注重合作，所以公司决定直接聘用她。

成为公司正式的一员之后，张晴还是像兼职的时候一样严格要求自己，对待工作积极热情，对待同事非常诚恳和宽容。可以想象，她的未来一定会非常美好！

在上述事例中，张晴是非常幸运的，因为她有一位很好的导师。正是在导师的引导之下，张晴才做出了正确的选择。如今，很多大学生因为想挣钱，所以就从事家教、饭馆服务生、促销员等兼职工作，实际上，这些工作对于大学生未来的就业没有什么帮助。而像张晴这样有的放矢地兼职，才能够为自己未来的工作进行铺垫。虽然张晴来自农村，家境贫穷，但是她却靠自己的力量改变了命运。

其实，不管是大学生也好，还是普通人也好，要想改变命运，首先应该合理地规划自己的生活，做事情的时候不要只看眼前利益，而要把目光放得长远一些。总而言之，只要你有明确的人生方向，并且愿意坚持不懈地努力，那么你就一定能够凭借自己的力量改变命运！

第 10 章
有舍就有得，关键时刻做出正确选择

面对得失，人们总是或喜或悲。其实，早在古代，先哲们就已经告诉人们应该不以物喜，不以己悲。只不过，真正能够做到的人还在少数。其实，对于生命而言，得失是正常的，不管是得还是失，我们都应该坦然面对，这样才能在关键时刻做出正确的选择。

坦然面对得失

生活中，总是有得有失。有的人得到的时候异常欣喜，失去的时候则万分沮丧。其实，这种情绪不仅不利于身体的健康，而且会使人的心理方面也产生不良的反应。要知道，得失是正常的，在现实生活中，每个人都面临着得失的取舍。古人说得好，有舍就有得，有得就有失。就像好坏是事情的两面一样，得失也同样是事情的两个方面。在这个世界上，没有绝对的双赢，假如你想实现自己的一个目的，那么你就必然要为之付出一些东西，或者是时间，或者是精力，也或者是金钱，甚至还有可能是自己的感情。例如，有些年轻漂亮的女孩子为了能够坐上宝马车，住进别墅，放弃了爱情，而投入那些事业有成的老男人的怀抱。此时，她们得到了物质上的享受，失去的却是拥有真正的爱情的机会。有的时候，在两个同样优秀的男人

面前，一些女人坚守着自己的爱情，宁愿坐在自行车上笑，而不愿意坐在宝马车上哭，那么，她们得到的是真正的爱情，失去的是享受物质的机会。由此可见，得失的标准并不是绝对的，对于不同的人而言，得就变成了失，失也有可能转化为得。所以，我们应该正确看待得失。我们要相信：眼下我们所拥有的，不论是顺境还是逆境，都是对我们最好的安排。如果你能够这么想，那么你就能够在顺境中感恩，在逆境中心存快乐、乐观向上。

人们总是因为失去而郁郁寡欢，又或者因为得到而欣喜不已，实际上，这两种心态都会直接导致人心的浮躁，所以我们应该予以摒弃。有人把人生比喻成一道加减法，有的时候需要加法，有的时候需要减法，但是绝对不会永远都是加法，或者永远都是减法。由此可见，上帝是公平的，他在为你关上一扇门的同时，肯定会为你打开一扇窗户；你在失去一片风景的时候，必然能够领略到新的风景。既然如此，我们还有必要为了得失而大喜大悲吗？只要坦然面对就好！

战国时期，有一位名叫塞翁的老人，他养了很多马，突然有一天，一匹马脱离马群走失了。

听到这件事情之后，邻居们都来安慰他不要太着急，年龄大了，一定要多多注意身体。出人意料的是，塞翁见有人劝慰他，豁达地笑笑说："丢了一匹马对我而言是可以承受的损失，也许因为丢了这匹马我还会有福气呢！"

听了塞翁的话之后，邻居们嘴上没说什么，但是心里却觉得非常好笑。毋庸置疑，丢了一匹马肯定是件坏事，但是他却觉得有可能是好事，这不是自我安慰是什么呢？然而，过了几天之后，丢失的马不仅主动回家了，而且还带了一匹骏马回来。

邻居听说马失而复得，纷纷佩服塞翁的预见，大家都祝贺塞翁说："还是您老有远见，马不仅没有丢，而且还带回一匹好马，真是有福气呀。"

听了邻人的祝贺之后，塞翁反而显得比丢马更加伤心，没有任何高兴的表现。他忧心忡忡地说："平白无故地突然得了一匹好马，未必是什么福气，很有可能还会惹出什么麻烦来呢！"

邻居们以为他故作姿态，明明心里非常高兴，嘴上却有意不承认。

塞翁有个独生儿子，特别喜欢骑马。他发现带回来的那匹马嘶鸣嘹亮，身长蹄大，剽悍神骏，顾盼生姿，一看就知道是匹难得的好马。因此，他每天都骑马出游，心中非常得意。

有一天，他有点儿得意忘形了，策马疾驰，突然一个趔趄从马背上跌下来，摔断了一条腿。听说这件事情之后，邻居们纷纷赶来慰问。

塞翁却不以为意地说："没什么大碍，也许腿摔断了反而能够保住性命，可能是福气吧！"邻居们更加疑惑不解了，全都认为他又在胡言乱语，他们难以想象出摔断腿会带来什么福气。

很快，匈奴兵大举入侵，附近的青年人全都被征召入伍，塞翁的儿子因为刚刚摔断了腿，因此无法去当兵。入伍的青年全都战死沙场了，只有塞翁的儿子因为摔断了腿而保全了自己的性命。

这个故事告诉我们一个非常深刻的人生哲理，即有得必有失，有失必有得。很多时候，得失之间是可以互相转化的，而且，对于不同的人而言，得失的标准也是不一样的。因此，我们不必因为得到而狂喜，也不必因为失去而绝望，要知道，天无绝人之路，也许绝境恰恰是出现生机的地方！

做自己拿手并喜欢做的事

众所周知，在这个世界上，没有任何人是全能的。其实，换言之，

每个人都有自己的优点和缺点，每个人都有自己擅长的事情和不擅长的事情。那么，为什么生活中有的人过得风生水起，而有的人却始终事事不顺、灰头土脸呢？究其原因，是因为他们没有正确地认识自己，发现自己的长项，因此没有找到适合自己的舞台。要想得到长足的发展，要想使自己的事业有所起色，首先，应该分析自己擅长的事情是什么。就像木桶一样，每个木桶都有自己的短板和长板，假如拿自己的短板去和别人的长板比较，如何能够做得比别人好呢？！相反，你只有拿自己的长板去和别人的短板比较，才有可能获得成功。当然，我们无法左右别人拿出的是长板还是短板，不过，我们一定要保证自己所拿出的是长板。如此一来，我们胜算的机会就会更大。

李宏彦曾经说过，“只有擅长的事情，才能做得比别人好，只有这个事情是自己喜欢的，才有可能在碰到强大对手的时候，仍然坚持下去，在处境极其困难的情况下，仍然不会放弃，在有非常大的诱惑的条件下，仍然能够不离不弃。”确实如此。还有人曾经说过，对于那些职场人士而言，那些相对成功的人一定是非常热爱自己的工作的。因为，假如没有兴趣作为支撑，就很难获得成功；假如不擅长此事，就很难做出一定的成就。所以，不管是在生活中还是在工作中，我们一定要做自己拿手的事情，这样才能距离成功越来越近。

顾辽峰是一个非常好的男人，顾家、有责任感。他与自己从小青梅竹马一起长大的李美丽结婚了，组成了一个幸福的家庭。不过，顾辽峰上学的时候学习成绩不太好，所以高中毕业就走入了社会。而李美丽呢，则是本市最好的心脑血管专家之一。在外人眼中，他们的差距是如此之大，不过，因为两家世代交好，再加上两个人又是两小无猜、青梅竹马的伙伴，所以结婚也就成为了顺理成章的事情。

结婚没多久之后，顾辽峰想开一家餐馆，因为他做饭的手艺特别高，而且本身也对厨艺很感兴趣，所以开一家餐馆是他一直以来的梦想。让顾辽峰没想到的是，从来没有嫌弃过他的李美丽却坚决反对他开餐馆，最终，顾辽峰选择了妥协，他进入李美丽工作的那家医院当了一名司机，专门给院长开车。随着时间的流逝，李美丽越来越看不上不思进取的顾辽峰。她看不惯顾辽峰每天按部就班地上班、开车、洗车，然而，她又不同意顾辽峰实现自己的理想，开一家属于自己的餐馆。因为本身对于司机的工作不是特别喜欢，所以顾辽峰渐渐地对工作变得失去兴趣，失去耐心。因为一次交通事故，他被领导开除了，成为了一个地地道道的无业游民。此后，他找了很多工作，但是都因为不是他所真心喜欢的而没有任何成绩，总是半途而废，不了了之。

看着顾辽峰日渐没落的样子，李美丽突然之间意识到自己犯了一个错误。她的态度发生了一百八十度的大转变，突然之间非常赞成并且支持顾辽峰开一家属于自己的餐馆。此时此刻，她才真正意识到，只有开餐馆才是顾辽峰喜欢做的事情。果不其然，有了一家属于自己的餐馆之后，顾辽峰就像变了一个人一样，他重新找回了自信，每天都精神抖擞地经营餐馆的生意。很快，在短短的一年时间之中，餐馆的生意就越来越火爆，顾辽峰已经开始筹备开第二家餐馆了。

在这个事例中，假如李美丽始终坚持不让顾辽峰实现自己的梦想，那么顾辽峰必然越来越沉沦，直至彻底失去希望和信心。对于顾辽峰而言，厨艺是他的强项，然而李美丽总是不允许他发挥自己的强项，而让他拿短板去社会上参与激烈的竞争，结果可想而知。其实，不管你的身份是什么，也不管你的地位高低，要想取得长足的发展，最重要的事情就是做自己喜欢并且拿手的事情。也只有这样，你才有机会获得成功。

两个想法，两个机会

很多人都觉得人生是一个非常漫长复杂的过程，要想拥有美好的生活，往往取决于很多重要的因素。实际上，有的时候，人生是一件简单得不能再简单的事情，简单到只需要一个想法，就彻底改变了你的人生轨迹，使你拥有与众不同的一生。

在读大学期间，很多同学会发现，其实在一个班级之中，大多数同学的外在条件都相差不多，同样的学历、相似的经历，谁也不比谁更优秀，谁也不比谁更差劲。而毕业十年之后的聚会上，大家就会非常惊讶地发现，十年前的一切都改变了，有些同学还是像以前一样默默无闻，过着平淡的生活，而有些同学则突然成为了人之龙凤，出人头地。那么，变化为什么会这么大呢？确切地说，差距为什么会这么大呢？是因为家庭背景、就业机会还是因为其他的一些原因？实际上，这些变化虽然与很多因素有关，但是与“想法”之间的关系却是最密切的。有人曾经说过，你想要怎样的生活，你就拥有怎样的生活。这句话其实是想告诉人们想法的重要性，从某种意义上来说，想法能够决定人生的轨迹。

此时正是农闲时节，所以两个农村人决定外出打工。他们一个去北京，一个去上海。但是，当他们在候车厅等车的时候，听到邻座的人议论说，北京人十分质朴，假如看到有人吃不上饭，不仅给馒头吃，而且还送旧衣服穿；上海人过于精明，就连外地人问路都要收费。突然之间，他们都改变了自己的主意。

去北京的人想，还是上海好，居然连给人带路都能挣钱，那么还有什么不能挣钱的呢？幸好我还没有上车，否则就会与一次千载难逢的致富的

机会失之交臂。去上海的人则想，还是北京好，即使挣不到钱也不至于饿死，幸好车还没有来，否则我去了上海还不得饿死啊！

在退票处，这两个人在命运的安排下相遇了。真是一举两得的事情，他们没有退票，而是彼此交换了一下，原来要去上海的人得到了北京的票，去北京的人则得到了上海的票。

去上海的人惊喜地发现，上海果然是一个能够发财的城市，不管干什么都能够赚钱。开厕所可以赚钱，带路可以赚钱，弄盆凉水让人洗脸也可以赚钱。总而言之，只要不吝啬力气，再想出一些没人干的生意，那么就能够赚到大把大把的钞票。

凭着乡下人对泥土的认识和深厚的感情，次日清晨，他在建筑工地装了十包含有树叶和沙子的土，以“花盆土”的名义，向不见泥土而又喜欢养花的上海人兜售。仅仅一天的时间，他在城郊之间往返六次，净赚了一百元钱。一年之后，就因为“花盆土”的利润，他居然在大上海购买了一间小小的门面。

因为常年走街串巷，他有了一个新发现：一些商店的楼面非常亮丽，但是招牌却十分肮脏，显得很不协调。他就找人打听这是为什么，最终得知是因为清洗公司只负责洗楼不负责洗招牌。他马上抓住这个商机，买了抹布、水桶和人字梯，成立了一个小型清洗公司，专门负责为商店擦洗招牌。现在，他的公司已经发展成为了一家规模很大的家政公司，有一百多名员工，业务范围也不断拓展，由上海发展到南京和杭州、苏州等地。

去北京的人发现，北京果然和想象中的一样好。他刚刚到北京的一个月里，什么事情都没有干，居然也没有饿着。渴了就去银行大厅里喝免费的水，饿了就去大商场和大超市里品尝不花钱的点心。

不久前，去上海的那个人坐火车去北京考察家政市场。在北京车站之中，一个捡破烂的人把头伸进软卧车厢里，只为了向他讨要一只空啤酒

瓶，就在递瓶的时候，两个人的目光对视了，彼此都愣住了，五年前，他们曾经在家乡的车站换过一次票。

仅仅因为不同的想法，两个原本命运相似的年轻人有了截然不同的命运。这种命运的差距不能归之于造化弄人，而只能说，他们对于自己的人生进行了不同的规划，并且付出了不同的努力。以想法为出发点，他们来到了不同的人生轨道之上，拥有完全不一样的世界。

两弊相衡取其轻，两利相权取其重

人生在世，每个人都面临着各种各样的选择。面对选择的时候，有些人能够轻轻松松地做出正确的决定，但是有些人却非常犹豫，而且最终选定的结果也未必正确。这是为什么呢？其实，在做选择的时候，是有技巧的。面对选择，最重要的原则就是两弊相衡取其轻，两利相权取其重。只要能够做到这一点，选择就不会产生太大的偏差。当然，我们在权衡利弊的时候，应该以不危害别人的利益为前提。

那么，何谓利弊呢？其实，和上文所说的得失没有绝对的标准是相同的道理，利弊也没有统一的标准。因为在生活中，每个人所面临的情况不一样，所以，有的事情从这个人的角度来看是利，而从另外一个人的角度来看则是弊。所以，要想正确地权衡利弊，首先我们要认真分析自身的情况，这样才能对利弊做出更好的判断。其次，避重就轻是人的本能，所以，在面对弊的时候，我们自然要尽量将其降低。与之相反，在面对利的时候，处于利己主义的驱使，每个人都会毫不犹豫地选择利益最大化，这是无可指责的。需要注意的是，人是生活在群体之中的，在选择的时候，除了要弊端最小化和利益最大化之外，有一个非常重要的前提条件，即不要影响或者损害别人的利益。只有这样，彼此之间的友谊才能更加长久，才能够在下次有需要的时候更好地合作。和一些微小的利益比起来，良好的人际关系是更为重要的资源。

最近，饶小方和费立特别纠结，因为他们夫妻二人都不是北京户口，但是孩子则面临着上学的问题。到底是回老家上学，还是在北京上学，他们权衡了很久。首先，从经济的角度来说，在老家上学成本很低，只需要缴纳每个学期几十元的书本费就可以了。而在北京，因为公立学校的名额非常紧张，而且路途遥远，所以孩子只能在民办学校上学，每个月的费用折合一千多元，整个小学下来，相差10万元左右。其次，从对于孩子的身心健康的角度来考虑，孩子假如在老家上学，主要由爷爷奶奶照顾，物质方面不用担心，但是精神方面呢？因为隔代亲，所以老人特别溺爱孩子，一旦养成了不好的性格，没有形成正确的人生观、价值观和世界观，那么孩子的一生都是值得担忧的。最后，从学业的角度来说，孩子在北京上学，因为是老家的户口，所以必须回到户口所在地参加高考，而针对同一所学校来说，北京的孩子高考的分数线至少比老家要低100分。所以，这样一来，孩子在北京上学回老家高考，就几乎面临着考不上大学的必然命运。而回老家上学呢？父母不在身边照顾、引导，孩子也很有可能走上歪道。

综合考虑上述种种因素之后，饶小方和费立最终决定，让孩子留在北京上学，他们的原则是，即使考不上一流的大学，也要培养孩子健康的人格、积极乐观地面对生活的信心和勇气。

在这个事例中，饶小方和费立夫妇面临的是很多北漂一族面临的问题，也就是孩子的入学问题。毋庸置疑，孩子应该和父母一起生活，这样对孩子今后的发展、性格的养成有着很好的影响和作用。然而，和父母一起在北京上学也同样有一些弊端。但是相比孩子无人引导走上歪门邪道相比，是否能够上一流大学的问题就不是最重要的了。因此，他们最终决定让孩子留

在自己的身边，用心地引导孩子成为一个健康的、积极向上的人！

这就是两弊相衡取其轻，同时，也是两利相权取其重。归根结底，凡事有利必有弊，有弊必有利。就像是一把宝剑有着双刃一样，任何事情都有利弊两个方面。因此，在考虑做出选择或者是取舍的时候，我们一定要综合考虑，认真衡量，从而做出正确合理的选择。

放下你的虚架子

在人际交往的过程中，真诚的人使人如沐春风，而虚伪的人则使人感到彼此之间非常疏远，甚至因此而心生厌恶。其实，真正自信的、有实力的人往往比较随和，而只有那些一瓶子不满半瓶子晃荡的人才会刻意伪装自己，端起架子来。实际上，对于端着架子的人来说，不仅看的人很累，端架子的人更累。要想使自己活得更轻松、更真实、更简单，就要学会放下架子。

古人云："纸上得来终觉浅，须知此事要躬行。"其实，这个道理同样适用于人际交往。在与朋友相处的过程中，要想得到对方的真心相待，我们必须放下架子，丢下面子，放低姿态，真诚地与他们交朋友，了解他们，走进他们的内心世界，这样一来，才能实现心与心的交流与互动。要知道，放开了自己，就相当于是拉近了与朋友之间的距离！在交往中，应该尽你所能地用你的亲切力去影响对方，从而深深地感染对方。人是感情动物，只有真心才能换来真心，虚情假意的应承是无法打动对方的心的！

在生活中，有些人之所以总是端着虚架子，一个主要的原因就是怕对方瞧不起自己。其实，人无完人，每个人都需要别人的帮助和协作，才能更顺利地实现自己的目标。所以，当你敞开心扉对待别人的时候，别人会因为你并不完美而更加喜欢你！相反，假如总是端着虚架子，把自己伪装成一个十全十美的人，那么，聪明的人是不会轻易地相信你的，因为这个世界上根本就没有绝对完美的人！此外，放下虚架子还有一个好处，就是使你显得更加真实，从而使别人更愿意相信你！尤其是在一些位置比较高的人身上，他们很容易因为自尊而端着虚架子，不愿意轻易放下来。然而，他们一味地端着虚架子的结果往往事与愿违，因为不愿意承认自己的不足，所以别人反而更加看不起他们。相反，对于一个勇敢地承认自己有欠缺的人，人们总是愿意给予他更多的宽容和理解，甚至是尊重。

陈翀是一名新入学的大学生。在第一次开班会的时候，他对班主任老师产生了深深的厌恶和反感。大家也许会问，怎么第一次开班会就对老师产生反感了呢？其实，也没有太大的事情，陈翀只是厌恶老师的不真诚。原来，很多人都不认识陈翀这个名字后面的这个字，因此，从陈翀上小学开始直到他高中毕业，所有的点名到他那里都会停顿下来。有些老师会查完字典再接着点，而有些老师则自作聪明，念到陈翀的时候故意漏下，然后等到全班同学都点完之后再问有没有人落下的，等着陈翀自己站起来，做自我介绍。陈翀是一个非常聪明的孩子，渐渐地，他发现了这是个别老师的伎俩，就很不高兴。原本，他对大学怀有美好的憧憬，觉得大学的师生关系应该像朋友之间一样友好随和，然而，第一次班会他就遇到了老师自作聪明的举动，情不自禁地心生厌恶。他直接站起来告诉老师："老师，这个名字你不用让我自己介绍，从小学到高中，没有任何老师能够直接叫出我的名字，实际上，你们就是不会这个字，因为这个字有些生僻古怪，不过，我认为你完全可以直接说出来你不认识这个字，又何必要虚伪地掩饰自己的无知呢？"

托马斯·杰斐逊是美国第三任总统，他曾经说过："每个人都是你的老师。"

1743年，杰斐逊出生在一个非常富裕的家庭里。他的母亲是名门贵

族，他的父亲是军队里的一名军官，因此，不论是从受教育程度来看还是从家庭背景来看，他都是当之无愧的社会上层人士。虽然这样，杰斐逊却待人谦和，总是和家中的佣人、园丁、餐厅里的服务生们相谈甚欢，根本不受当时讲究阶级的社会风气的影响。要知道，对于普通民众而言，其他的贵族除了发号施令之外，几乎从来不与他们交谈。杰斐逊之所以这样做，主要是为了向这些人学习，了解民生的疾苦。有一次，他曾经告诉法国伟人拉法叶特："你必须像我一样到普通的民众家里去坐一坐，亲眼看一看他们的菜碗，亲口尝一尝他们吃的面包。只有这样，你才能真正理解他们为什么不满，从而了解正在酝酿中的法国革命的深刻意义。"

从这两个事例中不难看出，那个老师没有放下虚架子，原本是为了掩饰自己在知识方面的不足，最终却闹了个大笑话。相比之下，作为名门贵族，作为美国总统，杰斐逊却能够放下虚架子，深入普通民众的生活，把自己融入其中，成为大众的一员。正是因为如此，他才能够成为一名合格的总统，造福于人民。实际上，不管你的身份是什么，在与人相处的过程中，都应该学会放下虚架子，真诚待人，只有这样，别人才会敞开心扉真诚地对待你。

不要与人抬杠

近些年来，人们的怒气似乎是越来越大了，因为不值一提的小事，轻则打架互殴，重则伤筋动骨，更有甚者，还会闹出人命官司来。其实，为了这些琐碎的口角之事，实在不值得这么大动干戈，古人不是说过嘛，忍一时风平浪静，退一步海阔天空。假如能够有如此心胸，想必生活一定会变得更加幸福美好，多一丝安宁祥和，少一些焦躁暴戾。实际上，有很多时候，那些闹出人命的性质恶劣的案件并非是因为有多么大的仇恨，而只是因为一些微不足道的事情引起的口舌之争，就因为在争吵的过程中谁也不让着谁，哪些话解恨就说哪些话，所以才会最终导致严重的后果。由此可见，要想减少口舌之争，从而避免事情朝着更加恶劣的方向发展，我们就要管好自己的嘴巴，不管是在生活中还是在工作中，都不要和别人抬杠。

那么，何谓抬杠？所谓抬杠，原意是指通过拎环悬挂容器于其上，并且由两个人抬着的棒。 不过，在现代社会的人际交往中，抬杠已经有了新的衍生意义，即无谓的争辩，与人顶牛，俗称钻牛角尖。要知道，人都是有面子的，也许你们刚开始的时候是善意的抬杠，但是在不是东风压倒西风，就是西风压倒东风的过程中，难免会伤及对方的自尊和面子，导致善意渐渐减少，而争风的成分越来越多，直至有伤和气。在很多大城市，关于地域的讨论越来越多。刚开始的时候，大家还能够报着公平客观的立场阐述自己的观点，但是，渐渐地，这种讨论就变成了对地域的攻击，南方人说北方人的陋习，吃大米的说吃面条的非常粗鲁，直至上升到人生攻击的角度。这样一来，一场数人参与的大型抬杠活动在所难免。其实，每个人都有自己的思想，这就决定了每个人看待事情的角度是不同的，我们可以阐述自己的观念，却最好不要强迫别人也接受自己的观点，而抬杠之所以发生，最主要的原因就是一方想让对方接受并且认可自己的观点。由此可见，要想减少抬杠，首先要形成正确的观点，意识到每个人都有权利拥有和表达自己观点的自由。

有一次，孔子的徒弟在走路的时候遇见一个一身绿衣的人，就连帽子也是绿的。绿衣人想出个问题考考孔子的徒弟，徒弟说请问吧。于是绿衣人问道：一年之中，总计有几个季节？

孔子的徒弟暗暗想道：我还以为是多么难的问题呢，你要是问一加一等于几，可能我还真得琢磨一会儿，但是一年有几个季节这个问题也太简单了，还用想吗？！因此，他干干脆脆地回答说：“一年有四个季节。”想不

到的是，绿衣人却连连摇头，坚持说一年之中只有三季。为此，两人开始争吵起来，并且约定输者磕三个头。正在此时，孔子来了，两个人找到孔子担任裁判。孔子听完事情的始末之后，毫不犹豫地说："没错，三季。"听完孔子给出的答案，弟子只好给那个绿衣人磕头，绿衣人高高兴兴地走了。见到那人走了，徒弟问孔子，老师，一年之中明明有四个季节，你为什么要随着那个人说一年之中只有三个季节呢？孔子说，实际上那个绿衣人是个蚱蜢，蚱蜢在春天出生，在秋天就死了，从来没有机会见到冬季，所以他才会坚持说一年之中只有三个季节。由此可见，即使你与他辩论一生一世，也不会得出结果的。知之为知之，不知为不知，是知也。个中奥妙，只可意会，不可言传。

虽然上文这个事例的真实性有待查据，但是这个事例却生动地为我们说明了一个道理。即大凡抬杠的人，他之所以能够坚持与你抬杠，一定是在他坚定不移地认为自己所说的是正确的情况下。因此，和一定坚信自己是正确的人抬杠，结果除了不欢而散之外，似乎没有其他的路可走。这个事例也从侧面告诉人们，没有必要把自己的观念强加给别人，因为每个人的生活环境都是不一样的，每个人的人生阅历也是完全不同的。因此，我们既要大胆地阐述自己的观点，也要以博大的胸怀容许别人阐述自己的观点，这样才能形成百花齐放、百家争鸣的局面。只有这样，生活才会少一些纷争，多一些和谐融洽。

不要在一棵树上吊死

在生活中，很多人因为想不开而把自己逼入绝境，甚至走上绝路，其实，这是非常愚蠢的行为。要知道，每件事情都有很多种解决的方法，并非只有一条路可走。因此，当一条路行不通的时候，我们不妨多试试其他的道路，也许虽然曲径通幽，但是最终仍然能够顺利地到达自己的目的地。这就是人们平时所说的不要在一棵树上吊死，这句话和条条大路通罗马有着异曲同工之妙。

通常情况下，在一棵树上吊死的人往往思维比较禁锢，在解决问题的时候，仅仅局限于很少的方法和途径。此外，思想闭塞、缺乏经验、视野狭窄也会导致人们在一棵树上吊死。要想改变这种情况，我们首先要形成发散性的思维。只有这样，我们的思维才会更加开阔，在遇到困难的时候，才能够想出更多的解决方法。其次，我们还应该尽可能地丰富自己的经验，使自己了解更多的知识，增长自己的见识。人们不是常说，“读万卷书，行万里路”，假如有条件，你完全可以到世界上的各个地方见识一下，即使没有条件，如今的资讯这么发达，你也可以通过读书、看报、浏览网页来增加自己的见识。正所谓见多识广，假如你的经验变得越来越丰富，视野变得越来越开阔，那么你就能够想出更多更好的方法来解决问题，即使身处绝境，你也能够以乐观积极的心态去面对，去走出绝境。

今年已经是杜和强第三次参加高考了，为了考上一所中意的大学，杜和强已经读了五年高中。然而，也许是因为造化弄人，也许是因为根本就不是读书的那块料，杜和强始终没有如愿以偿，再次与理想中的大学失之交臂。眼看着其他同学马上都要大学毕业了，自己应该何去何从呢？一想到别人都拿着大学文凭走入社会，而自己只有一个高中文凭，杜和强就心如刀割，万般地不甘心。最终，他决定再次参加高考，再给自己一次机会。命运之神再次与杜和强开了个玩笑，他以一分之差与心仪已久的大学失之交臂。经过这次打击之后，杜和强整个人都垮掉了，他整天待在家里，不愿意出门见人，更不愿意拿着高中毕业证出去找工作。

黎明也是杜和强的同学，当年，他们俩和全班同学一起参加高考，黎明也落榜了。虽然黎明也曾经考虑过复读的事情，不过，看到社会发展得越来越快，而且随着全球一体化的推进，人们的视野也越来越开阔，生活越来越与国际接轨，黎明改变了主意，想要抓住这个千载难逢的好机会大干一场，发展属于自己的事业，黎明选择了工作。经过一段时间的考察之后，黎明看好国外代购的市场。如今，人们越来越追捧国际品牌，但是国内的专卖店价格又太贵，假如能够直接从国外购买，则可以节省很多钱，这完全符合很多白领人士的需要。因此，黎明首先以最小的成本在淘宝网上开了一家代购的网店，主要代购时尚的女装和婴幼儿奶粉，果不其然，网店的生意非常火爆。渐渐地，他开了好几家连锁的网店，并且在第三年的时候拥有了一家属于自己的国际品牌实体店和一家专营国外品牌的婴幼儿奶粉店。就这样，在杜和强第四年参加高考的时候，黎明已经凭着自己的努力拥有了属于自己的两家实体店和六家连锁网店。大学毕业之后，当年的高中同学组织了一次聚会。当时，那些大学毕业的同学们都面临着找工作的窘境，毕竟，大学毕业生找工作并非那么容易。除了极少数人找到了中意的工作之外，大多数同学都在选择之中。当大家看到黎明开着私家车来参加聚会的时候，都羡慕不已。而杜和强呢？既没有考上大学，也没有挣到一分钱，甚至迄今还在依赖父母生活。这不得不说是天大的差距！

面对同样的遭遇，因为完全不同的态度，杜和强和黎明之间有了天壤之别。毫无疑问，在人生的这个阶段之中，杜和强是彻底地失败了。他之所以失败，主要是因为他的脑筋过于死板，最终导致他吊死在高考这一棵树上。而黎明呢？则拥有一个灵活的头脑，能够审时度势，及时变通，所以才成就了自己的事业。人生中，千万不要在一棵树上吊死！

拿得起，放得下

做人，一定要拿得起，放得下，这样才能活得更加潇洒从容，坦然地面对生活。常言道，“人生不如意之事十之八九。”在生活中，每个人都有可能遇到很多不如意的事情，在这个时候，假如总是无法放下，那么岂不是一辈子都要沉浸在过去痛苦的回忆之中或者是无限的懊丧之中。此外，生活是跌宕起伏的，总是会经历大风大浪，在这种时候，假如不能勇敢地有所担当，那么岂不总是犹犹豫豫，错失良机，无法把握自己的人生。民间流行瑞雪兆丰年的说法，意思是说雪愈大，年景越好。生活也是如此，平平淡淡的人生无法造就顶天立地的人物，而面对生活的大风大浪，只有拿得起、放得下的人才能够主宰人生，创造出属于自己的精彩。

古人也曾经说过，“宝剑锋从磨励出，梅花香自苦寒来”。只有经过生活的磨砺，才能够更好地绽放自己。要知道，尽管我们每天都在呐喊公平的口号，但是这个世界上根本没有绝对的公平，假如你因为遭遇一些不公而始终无法释怀，那么最终受苦的只能是你自己而已。在遭遇不公的时候，千万不要悲观，不要失望，一定要坚强地面对，只有这样，才能够迈过人生的这道坎，继续往前走。有句话众所周知，海纳百川，有容乃大。只有拥有博大胸怀的人，才能够更理智地处理心中的荆棘和杂草，更快乐更从容地面对生活所赋予的一切，不管是使人高兴的还是使人悲伤的。总而言之，要想从容地面对生活，要想尽情地绽放自己，就要端正自己的心态，在大任面前勇敢地担当，拿得起，在挫折面前勇敢地面对，放得下。

有个贵族非常虔诚地信佛，因为心中有事解不开，所以，他专程拿了

两只花瓶到佛佗前献佛。见到他愁容满面的样子，佛说：“放下！”听到佛的话，贵族放下左手拿着的花瓶。见此情景，佛再次说：“放下！”此时，贵族又放下右手中的花瓶。然而，佛还是继续对他说：“放下！”贵族毕恭毕敬地说：“我已经放下了。您不见我两手空空，已经没有什么可以放下了。”佛说：“我知道你已经放下了花瓶，但是你心中的苦恼还没有放下。我要你放下的是你的心与念想，只有你把这些心灵的负荷全都放下，心无杂念，你才能从桎梏中彻底解脱出来。”话已至此，贵族才彻底领悟了“放下”的道理。

古人说常说，“当忧则忧，遇喜则喜”“不以物喜，不以己悲”。意思就是说，不管遇到什么事情，都要当机立断，拿得起放得下。当然，这里所说的拿得起并非让你冲动地对待事情，而是要有所担当，能够通过慎重的思考及时决定，采取行动；放得下也不是要求你身如枯树、心如古井、万念俱灰，而是让你及时地从过去的痛苦之中走出来，珍惜现在心里最美好的东西，舍弃所有偏执的心外之物。要知道，人生就像是一叶扁舟，假如负载过多过重，即使不沉船也会搁浅。因此，放得下，是为了能够拿得起。只有放下，你才能够从生命的烦恼之中解脱出来，享受轻松自在的人生。

第 11 章 不要自寻烦恼，敢于直面自己的缺憾

很多时候，人们之所以感到苦恼，并不是因为客观外物的原因，而是徒生烦恼。所谓徒生烦恼，意思是说人们总是因为一些无需烦恼的事情而妄自烦恼，也就是人们经常说的自寻烦恼。人生在世，难免要经历各种各样的事情，其中有些事情是可以改变的，而有些事情是不能改变的。对于可以改变的事情，烦恼没有任何价值，重要的是想办法提升自己；对于无法改变的事情，烦恼更加没有价值，因为烦恼也于事无补，不如开心一些。如此想来，无需烦恼！

正确认识自己

“横看成岭侧成峰，远近高低各不同。不识庐山真面目，只缘身在此山中。”苏东坡的这首诗之所以能够流传千古，脍炙人口，主要是因为它非常真切生动地描绘了庐山的迷人景色。假如认真揣摸一下，你不难发现，这首诗也包涵了对社会、对人生哲理的深入探讨，尤其是在认识自我的问题上，这首诗何尝不是一个美妙的注解呢？自古以来，人们想了解又最难了解的就是自己。因此，“认识自我”始终萦绕在人们的心头，成为了每个人都正在面临着的一个难题。为此，古人云：“知人者智，自知者明。”

人们常说人最了解的人应该是自己，实际上，却很少有人能够真正地了解自己。有的人看别人看得很清楚，但是看自己却没有准确把握。有的人非常自卑，总是感叹自己处处不如别人，其实他原本很优秀，只是没有发现自己的长处所在。有的人非常自负，总是觉得自己处处高人一筹，因而不把任何人放在眼里，殊不知，自己已经成为了别人眼中不自量力的小丑。其实，上述这种认知对自己都没有什么好处，必须校正。我们既不能妄自菲薄，也不能自高自大，而要客观公正地评价自己。古人云：人以铜为镜，可以正衣冠；以古为镜，可以见兴替；以人为镜，可以知得失。这句话的意思是说，假如人们用铜做成镜子，可以用来整齐衣帽；假如人们用历史作为镜子，可以观察到历朝的兴衰隆替；假如人们把人比作一面镜子，那么就能够确知自己行为的得失。所以，假如你认为很难正确地认识自己，那么不妨看看自己身边的朋友。俗话说，物以类聚，人以群分。那些围绕在你身边的朋友，一定是在某些方面与你有着契合点的人。因此，要想了解自己不同的方面，你不妨问问你的朋友对你的不同方面所进行的评价。此外，你也应该认真地审视自己朋友的优缺点，从而反思自身。

林倩是一个非常自卑的女孩子，进入大学之后，这种自卑感就更强了。原来，林倩家是农村的，而且家境非常贫寒，林倩很小的时候就帮助家里分担一些家务，而且还要伺候年迈的奶奶。为了给自己攒够上学的学费，林倩从五岁开始就和奶奶一起去山上采摘草药。就这样，林倩作为村里的第一个大学生走出了山沟沟。

来到大学以后，林倩想不出除了“土包子”这个词语之外还有什么词语可以用来形容自己。看着女同学们花枝招展的样子，林倩简直想找个地缝钻进去。为此，林倩变得更加自卑和内向了。她很少和同学们交往，不管是上课、吃饭还是去图书馆，她都是自己一个人。有一次，在作文课上，老师把林倩的作文当成是范文诵读给全班同学听，并且鼓励林倩把这篇文章投

到报社去。想到自己的文字将会变成铅字发表在报刊上，林倩不禁开始怀疑自己，她不相信。然而，在老师的再三鼓励之下，林倩还是把这篇文章投了出去。一个月之后，林倩收到了生平的第一次稿费——30元钱。拿到这个钱之后，向来舍不得打长途电话的林倩在第一时间打了个电话给千里之外的父母，告诉他们这个好消息，并且用剩下的钱买了一些糖，分给了同学们吃。

在老师的鼓励下，林倩走上了文学创作的道路，她一发而不可收拾，尽情地抒发着自己的内心。渐渐地，同学们都亲切地称呼林倩为“才女”，而林倩变得越来越自信。她突然发现，虽然自己暂时无法改变贫寒的家境，也没有足够多的钱打扮得像那些女同学一样漂亮，但是她却能够写出一手好文章，这是任何人都无法比拟的。随着自信心的增强，林倩逐渐变得活跃起来，她各个方面的成绩都越来越优秀，人也变得越来越开朗，甚至还代表班级参加了学校组织的演讲比赛。最终，林倩成为了一个非常自信的、出类拔萃的优秀学生。

在这个事例中，假如林倩没有发现自己在写作方面的特长，那么她就无法使自己变得自信，而一味地自卑下去结果是可以想象的。不过，幸运的是林倩有一位好老师，可以说，正是老师的欣赏使得林倩能够正确认识到自己的特长，从而取长补短，使自己变得越来越优秀。在生活中，每个人都有自己的特长，即使卑微如丑小鸭，只要能够坚持不懈地努力，也可以蜕变成一只白天鹅。所以，每个人都应该正确认识自己，这样才能拥有更加美好的未来！

活在当下

对于生活，每个人都有无限的憧憬，也有属于自己的历史，然而，最

重要的是把握现在，活在当下。那么，何谓活在当下呢？所谓活在当下，意思就是要放下一切的负担，快乐地享受和把握此时此刻的生活。活在当下的人不会因为过去的事情而无限懊悔，因为他们知道过去的已经永远的过去，不可能再次来过，重要的是把握现在。活在当下的人也不会因为憧憬未来而活在虚幻的世界之中，他们知道，即使梦想中的未来再怎么美好，也需要人们为之不懈地努力，才能够最终把梦想变成现实。总而言之，活在当下意味着无忧无悔。对曾经发生过的事不作无谓的思维与计较得失，因此无悔；对未来会发生什么不作无谓的想象与担心，因此无忧。

在人生成长的路上，每个人都无一例外地会遇到困难和挫折，所以，并非每个人都能够做到物质上富有、精神上真正快乐。对于更多的人来说，那只是一种理想状态而已。然而，面对这些生活的遗憾和缺憾，每一个人都愿意想方设法地使自己变得快乐一点，轻松一些。而在面对生活放飞梦想的翅膀无限憧憬美好未来的时候，人们更是知道应该脚踏实地地努力，坚持不懈地付出，坚定不移地前行。尽管这些话说起来容易做起来难，但是只有你做到了，你才能够真正地实现活在当下。不管是多么美好的事物，都会成为过去，不管是多么美妙的未来，假如不努力终究会成为水中花，镜中月。纵观古往今来，那么多英雄都有他的引箭穿石，那么多美人都有她的一笑倾国。然而，他们各自有各自的脚本，各自的命运，随着时间的流逝，他们都已经悄然远去，成为永远的历史。而此时此刻，只有我们站在舞台上，在灯光打出的区域中，努力地扮演着各自的角色。确实，人生就像是一场正在上演的舞台剧，每个人只有一次机会站在舞台上展示自己。因此，不要因为哀叹过去而错过此时，不要因为憧憬未来而浪费手中把握着的宝贵光阴。把握现在，活在当下吧！只有这样，人生才会更加精彩，你才能够尽情地绽放！

浩铭和朱志都是刚刚毕业的大学生，一起应聘进同一家公司工作。他们俩都毕业于名校，而且所学专业相同，所以理所当然地被分到了同一个项目组，承担项目策划工作。

在一个项目中，浩铭和朱志因为经验不足，设计的项目出现了严重的失误，为此，他们俩都写了一份深刻的检讨给领导。发生这件事情之后，浩铭更加努力了，他在工作中加倍认真，加倍用心，暗自发誓一定要避免上次的失误再次发生。对于上次的失误，浩铭在作出深刻总结之后就将其深埋在了心底。他知道，自己一定要更好地表现，才能够挽回在领导心目中的印象，从而使自己的职业生涯得到更好的发展。后来，浩铭接连在几个项目中表现都非产出色，博得了同事的一致好评，同时，也使得领导不由得对他刮目相看，相信那次失误只是一次例外而已。

但是，朱志的表现却和浩铭恰恰相反。自从上次在那个项目中出现失误之后，朱志就总是责备自己，埋怨自己。因为觉得领导不再信任自己了，他万分沮丧，工作起来始终无法集中精力，导致错误接连不断。而且，因为担心同事们也怀疑自己的能力，所以朱志一见到同事就和同事诉苦，反思自己，责备自己。刚开始的时候，同事们还会好心地安慰他，鼓励他，但是说得次数多了，同事们都称呼他为祥林嫂，见到他就躲着走。

结果可想而知，试用期结束的时候，浩铭顺利地转正了，但是朱志则被领导辞退了。

浩铭和朱志同为刚刚毕业的大学生，同一个专业，同时进入一个公司，但是因为一个错误，他们的命运却走向了截然不同的方向。浩铭之所以能够取得成功，主要是因为他能够在深刻总结经验之后忘记之前的不快，努力地做好自己现在应该承担的事情；而朱志呢，则始终活在那个错误之中，无法自拔，最终导致现在也成为了过去的翻版。他们最终的命运也就成为了定局。

不管是在工作中还是在生活中，我们都应该从过去之中尽快走出来，

这样才能真正融入此刻的生活，好好地把握现在！要知道，昨天的我是今天的我的前世，明天的我就是今天的我的来生，我们的前世已经无法再来一次了，让它随风而去吧！为了拥有自己想要的来生，最明智的做法就是把握好今天！

对自己的行为负责

假如一个人没有责任心，那么，他在家不会孝顺父母，在外不会有知心朋友，在生活上不会幸福美满，在事业上更不会取得辉煌的成就。对于一个成年人而言，自信心就是如此重要。曾经有人提出了一个问题，如何判断一个人是否成熟。其中，人们所提出的最重要的一个标准就是能够为自己的行为负责。最近几年，很多婚恋交友类节目异常火爆，其中尤其以江苏卫视的《非诚勿扰》最为抢眼。看过《非诚勿扰》的人不难发现一个规律，即很多女性朋友在讲述自己想找一个什么样的男朋友的时候，都会把有责任心排在第一位。其实，对于成年人来说，有责任心是一个最基本的品质，是不可或缺的。假如一个人没有责任感，那么，在工作中，领导不会放心地把工作交给他做，在家庭生活中，一个女人不会安心地把自己的一生交给他携手度过。具体到生活中，责任心的体现就是对自己的行为负责。

众所周知，每个人的想法都是不一样的，所以在言论自由的今天，每个人都可以自由地表达自己的思想观念，也可以自由地作出一些举动，当然，是在不违反社会治安、遵守法律规定的情况下。但是，有的人使人钦佩，有些人则使人鄙视，原因就在于有些人能够对自己的行为负责，勇于为自己的行为负责，而有些人则不能对自己的行为负责，甚至是逃避自己原本应该承担的责任。从某种意义上来说，这种逃避责任的人是可悲的，要知道，责任感不仅仅是做人的基础，而且也是成才的基础。因此，我们甚至可以说，责任感是为人的一种美好的品质，而没有责任感的人则是品质恶劣的人。一个人要想成才，不管是从事什么工作，也不管地位高低，首先应该具备责任感，能够勇敢地对自己的行为负责。虽然很多优秀人才都被要求必须有进取精神、科学态度、创新能力，但是这些能力都必须建立在责任心的基础之上才能大放异彩，一旦离开了责任感作为支撑，这些都会成为无源之水，无本之木。

近来，林强失恋了，因为与他相恋六年的女朋友和一个老外飞到了美国。为此，林强深受打击，简直无法承受这种痛苦。这时，一个暗暗喜欢林强的女孩子小雪来到了林强的身边，默默地关心他，照顾他。

9月7日，正好是林强与女友曾经相识的日子。这一天，林强的心情糟透了，所以约着小雪一起去喝酒。林强为女友的离开而伤心，但是小雪则心疼陷入苦闷之中无法自拔的林强，因此，他们俩都喝醉了。在混乱的思维之中，林强把小雪当成了曾经的女友，并且与之发生了关系，等到第二天酒醒的时候，林强不禁感到万分懊悔，因为他虽然对小雪有好感，但是却并不是真正地爱小雪。

也许，很多事情都是上天安排好的，一个月之后，小雪发现自己怀孕了。林强想劝小雪放弃这个孩子，毕竟他来得不是时候，但是小雪很爱林强，她对林强说："你放心吧，这是我自己的事情，我不会让你负责任的。你仍然是自由的，而我一定要把这个孩子生下来，因为他是上天赐予我的礼物。"可能是被小雪感动了，林强决定和小雪结婚，因为他发现小雪是真的爱自己的。

人们常说造化弄人是有一定道理的，生活平淡地往前流淌了两年的时

间，林强和小雪的孩子已经一岁多了，会叫爸爸，会叫妈妈，他们一家三口幸福地生活着。突然有一天，林强的前女友回来了，原来美国并非如她所想的那样是人间天堂，而那个美国人则是典型的花心大萝卜，在西方性观念比较开放的社会，她根本无法忍受男友对待爱情那种随随便便的态度，因此，她选择了回来。回来的第一件事，她就找到了林强，表达了自己的后悔和希望和好的愿望。望着昔日的前女友，林强感慨万千，毕竟她是与自己朝夕相伴六年的初恋。然而，想到活泼可爱的孩子和善解人意的小雪，林强坚定地表示了拒绝。他知道，自己的决定是正确的。

一个人的责任感体现在很多方面，诸如对家人、朋友、同事等。其中，在所有需要自己负责的人之中，爱人和孩子无疑是最需要我们用心对待的。林强的决定是正确的，尽管他从心底里始终都记着自己六年的初恋，但是，他知道，深爱自己的小雪和孩子更加需要自己。这才是一个男人应该有的表现。

在生活和工作中，不管面对怎样的情况，要想成为一个顶天立地的人，我们首先要对自己的行为负责，否则，就会遭人唾弃。

命运靠自己主宰

在生活中，很多人过着人云亦云、亦步亦趋的生活，不得不说，这种人是可悲的。大家都知道珍惜生命的道理，但是却很少有人意识到自主生活的权利也应该珍惜。甚至有人恨不得别人帮助自己安排好生活的一切，自己则只要安心地享受就可以了。殊不知，这种人放弃了自己最宝贵的权利，即主宰自己的命运。

生命的机会只有一次，这一点众所周知。对于这只有一次的宝贵生命，有多少人活出了自己的精彩，注意，这里所说的是自己的精彩，而不是别人的精彩。在你时时处处地模仿别人的时候，在你逐渐人云亦云的时候，你的人生失去了个性，变成了别人生命的仿制品，毫无精彩可言。成功的人生有什么标志？是别人买了名车你也买了名车，别人住了别墅你也住了别墅吗？其实不然，真正成功的人生是能够活出属于自己的精彩的人生。即使别人都是豪车别墅，但是你依然清贫地守着三尺讲台，只要你热爱这份教育工作者的工作，只要你对自己的物质生活感到满足，觉得自己的精神非常富有，那么你就是成功的，因为你是你自己。为了拥有成功的人生，我们每个人都应该把握自己的命运，成为真正意义上的自己，活出自己与众不同的人生，炫出自己独特的精彩！

1809年，出生在寂静的荒野上的一座简陋的小屋。

1816年，7岁，全家被赶出居住地。

1818年，9岁，年仅34岁的母亲不幸离他而去。

1827年，18岁，自己制作了一艘摆渡船。

1831年，22岁，经商失败。

1832年，23岁，竞选州议员，不过落选了，想进入法学院学习法律，但是进不去，而且失去了工作。

1833年，24岁，向朋友借钱经商，年底破产，随后的16年时间都在努力偿还这笔钱。

1834年，25岁，再次竞选州议员，顺利当选。

1835年，26岁，订婚后即将结婚时，未婚妻病逝，他一度对生活感到绝望。

1836年，27岁，精神彻底崩溃，卧病在床6个月。

1838年，29岁，努力争取成为州议员的发言人，但是没有成功。

1840年，31岁，争取成为被选举人，落选了。

1843年，34岁，参加国会大选，再次落选了。

1846年，37岁，再次参加国会大选，这次顺利当选了！前往华盛顿特区，表现非常优秀。

1848年，39岁，寻求国会议员连任，但是失败了。

1849年，40岁，想在自己州内担任土地局长，但是遭到拒绝了。

1854年，45岁，竞选参议员，落选了。

1856年，47岁，在共和党的全国代表大会上争取副总统的提名，得票不到100张。

1858年，49岁，再度参选参议员，再度落选。

1860年，51岁，当选美国总统。

1864年，55岁，连任美国总统，北方军取得胜利。

这就是美国第 16 任总统亚伯拉罕·林肯的一生。

毫无疑问，林肯是一个能够主宰自己的命运的人。他的一生经历坎坷，早年丧母，结婚的时候又失去了挚爱的未婚妻。然而，他一次次跌倒，一次次站起来，勇敢地面对命运的磨难。正是因为他有不屈不挠的毅力，所以他才没有随波逐流，最终成就了自己伟大的一生。

当然，在生活中，大多数人都是凡人，不可能像林肯那样叱咤风云，但是，只要成为命运的主宰，我们就可以活出属于自己的精彩人生！

医治自己的心病

现代社会，讳疾忌医的人越来越少了，假如身体的健康状况出现问题，大多数人都会选择及时就医。然而，虽然人们越来越重视身体的病患，但是却仍然很少有人能够注意到及时医治自己的心病。实际上，很多时候，心病比身体上的病更加难以治疗。

自古以来，人们就意识到，心病还须心药医。确实如此，假如是心理上有病了，那么必须找到问题的症结所在，然后再对症下药。实际上，这和治疗身体上的疾病是一样的道理。唯一不同的区别在于，现代社会，医疗仪器越来越先进，人们很容易就能够发现身体上的病灶到底在哪里，然而，却很少有人能够一针见血地说出自己心理上的疾病是何原因。这就要求我们应该敏感地体察自己的内心，从而治疗好自己的心病。

黄亚和老公许文结婚一年多了，如今，黄亚已经怀有六个月的身孕，待在家里待产。

许文是做销售工作的，所以工作比较忙，总是早出晚归的。因为待在家里无所事事，所以黄亚每天都尽心尽力地照顾老公和肚子里的宝宝。许文长得非常帅气，是公认的大帅哥，大家都问黄亚老公整天不着家，会不会觉得不够安全。黄亚笑笑说："他是在努力工作养活我和孩子啊，怎么会不放心呢！我老公可是个非常专一的好男人！"黄亚的确非常信任许文。有的时候，许文因为工作的原因凌晨一两点才回到家，黄亚只是为他准备好洗澡水，从来不问他在外面干什么，这是多么深的信任啊！然而，因为一次意外的事情，这种信任在瞬间土崩瓦解了！

一天傍晚六点多的时候，许文打电话告诉黄亚单位要开会，可能会晚些回家。但是，直到晚上十一点多了，许文还没有回来，黄亚不禁有些担心许文的安全，因此打电话给许文。想不到的是，许文的手机却无人接听，而且发短信也没有回。黄亚如坐针毡地又等了一个多小时，十二点多了，许文依然没有任何消息。黄亚实在忍不住了，就给许文的同事打了一个电话，想不到的是，电话中传来许文同事睡得半梦半醒的声音，他告诉黄亚今天没有开会。

黄亚更加担心了，至此，她依然主要担心老公的安全问题。终于，凌晨两点的时候许文回来了，黄亚发现了一个非常奇怪的现象，因为许文把手机屏幕向下放在桌子上，而且调成了无声状态。许文进屋不到一分钟，电话屏幕就开始一闪一闪的，看到许文担心的样子，黄亚接通了电话，传来了一个东北腔非常浓重的女人的声音，黄亚突然之间意识到发生了什么事情。黄亚歇斯底里地发作了，挺着六个月的大肚子，那个女人接二连三地打电话来和黄亚叫板，甚至告诉黄亚许文并不爱他，只是因为孩子才选择和他在一起。黄亚告诉许文，你尽可以离开，孩子不需要你，我自己也能抚养他长大。虽然许文赌咒发誓地说是一个刚刚认识的人，今晚只是一起吃顿饭，但是想起自己焦灼的等待，黄亚简直心如刀绞。

从此之后，那个无比信任许文的黄亚不见了，每当许文回家晚的时候，黄亚总是非常担心，以前她是担心许文的安全，但是现在她是担心许文是否在外面拈花惹草。信任的大厦非常坚固，然而，一旦遭遇信任危机，就会在顷刻之间土崩瓦解。

黄亚甚至抑郁了，为了使自己获得解脱，她选择了离开许文。结束了这段婚姻之后，黄亚生活得无比轻松，她想，既然已经无法再像以前那么亲密无间了，那么分开也许是最好的选择！

在无法解开心结的情况下，黄亚选择了彻底解脱自己，她的决定是明智的，因为失去爱情的婚姻注定无法获得幸福。对于他们而言，也许分开之后重新开始是最好的结局。这就像人们所说的心病还须心药医，对于心理上的病痛，必须找到症结所在，才能彻底解决。而对于每个人而言，必须及时体察自己的内心，知道自己痛苦的根源所在，及时地调节自己的情绪，摆脱痛苦！

人生如同乘舟，需要同舟共济

不管是亲情、爱情还是友情，那些相濡以沫、风雨同舟的感情都是最使人感动的。这是因为，在得意的时候，人们的身边总是围绕着很多人，蓄意奉承，让人分不清真假。然而，在失意的时候，往往能够更加知道人的真心，因为大多数人都是可以同享福，而不能共患难的。其实，失意未必是坏事，最起码可以让你分辨出身边的人们的真心和假意。

在没有血缘关系的人中，夫妻关系无疑是非常牢固的一种关系，不过，同时也是最脆弱的。有人曾经说过，夫妻好比同林鸟，大难来临各自飞。说的就是在遇到坎坷和挫折的时候，夫妻之间不能共患难的可能性。不过，让人欣慰的是，这仅仅是一种可能性，而不是一种必然会发生的情况。在现实生活中，很多夫妻之间的真情感天动地，使人无比感动。由此可见，有难的时候各自飞的不是真正彼此相爱的人，而有难的时候一起相互搀扶和依靠的，才是真正真心相爱的人。正如人们所说的，十年修得同船渡，百年修得共枕眠。时至今日，人们仍然因为白娘子和许仙的爱情而深深地慨叹！但是，却有很多人把爱情当成了一种交易，这不得不说是社会的悲哀！

不管是夫妻关系也好，还是亲人、朋友关系，假如能够有缘相识，成为一条船上的人，那么就要同舟共济，一起面对生活的风风雨雨和坎坷磨难。只有这样，才能够同心协力地战胜困难，顺利地度过困境。

2008年，在春日的暖阳中，李明玉第一次去赵金虎家里见未来的公公婆婆，刚刚见面，未来公婆就非常喜欢这位未语先笑的儿媳妇，对李明玉如女儿般疼爱。想不到的是，2010年6月，赵金虎的母亲突患疾病成了人事不

省的植物人，而赵金虎的父亲也由于焦虑过度，突发脑溢血，落下了半身不遂的毛病。在短短的时间内，一个原本幸福的家庭在如此巨大的变故之下变成了一个沉重的负担，虽然亲戚朋友都劝李明玉要认真考虑一下，但是李明玉却不加思索地承担起了照顾老人的责任，每天，她都坚持到医院送饭。有的时候，遇上赵金虎必须加班，李明玉就代替他去医院看护老人。等到老人终于出院之后，李明玉又做出了一个让所有人都不看好的决定，立即嫁给赵金虎，以便能够和他一起共渡难关，帮助他支撑起起这个摇摇欲坠的家。

对此，很多人劝李明玉千万不要冲动，要三思而后行，但是，李明玉却非产平静地说："我自己早早地就失去了父母，我知道，父母对于一个家庭的意义。赵金虎的父母从见我第一面开始就把我当成自己的亲生女儿看待，因此，我也必须把他们当成是自己的父母。我和赵金虎的感情一直很好，我不能因为家庭突然发生变故就离开他，要知道，此时正是他最需要我的时候。"2011年8月18日，李明玉穿着洁白的婚纱嫁给了赵金虎。在这场感人的婚礼中，四位家长的座位中只坐着赵金虎的爸爸。

在婚礼上，李明玉向赵金虎倾诉了自己的心声："我的父母不在了，从今往后，你的父母就是我的父母，我们一起照顾他们。"所有人都潸然泪下。

结婚之后，为了方便照顾公婆，李明玉搬进了公婆64平方米的小偏单。每天，她都要给老人洗漱、擦身、做饭、喂饭、喂水。为了防止久病卧床的婆婆起褥疮，李明玉和赵金虎省吃俭用地积攒了几千元买了一张全自动按摩床，每天24小时不间断地给婆婆做按摩。结婚之前，李明玉是一个非常活泼的女孩子，很喜欢热闹，不过，自从结婚以后，家庭责任感迫使她放弃了曾经拥有的无忧无虑的生活。她每天都忙忙碌碌地穿梭于菜市场、厨房，过着单位、家庭两点一线的单调生活，再也没有和朋友们出去游玩聚会过。李明玉无怨无悔地把自己的所有精力都用于照顾公婆，而且还每隔一天就亲手给婆婆掏大便，从而保证婆婆正常的生理代谢。

当人们问是什么令她几年如一日地照顾着老人的时候，李明玉非常平静地说：“我和赵金虎是夫妻，我们不仅要有福同享，更要有难同当。此时此刻，正是他最需要我的时候，我必须和他并肩站在一起。而且，因为我的父母很早就离开了人世，所以我深深地体会到那种‘子欲养而亲不待’的心痛。人常说，家有一老，如有一宝，我愿意和赵金虎一起伺候父母，使他们有一个幸福的晚年……”

对于还没有和赵金虎结婚的李明玉而言，她完全有机会选择在赵金虎的家庭发生变故的时候退却，但是她没有，她义无反顾、无怨无悔地选择和赵金虎撑起这个摇摇欲坠的家庭。如此的深情，李明玉一定会拥有赵金虎的真爱，而赵金虎也一定会因为自己有李明玉这样一个爱人而感到庆幸！

在生活中，每个人都有可能遭遇不幸，假如一旦遇到艰难和坎坷就选择放弃，那么人与人之间就不可能拥有深厚的真情。最珍贵的感情之花是开在逆境之中的，当对方需要你的时候，假如你能够不离不弃，与其同甘共苦、同舟共济，那么你就一定能够拥有人世间最珍贵、最美好的感情！

第 12 章
展望未来，把该忘掉的通通忘掉

活着，要想使自己充满信心，就要往前看。在生活中，很多人在遭遇困境的时候，都会安慰自己，一切都要往前看。似乎只要想到未来，就能够拥有更多的勇气面对困难！事实确实如此，未来是那么美好，使人无限憧憬，从而鼓起勇气！然而，也有一些人总是沉浸在过去的痛苦之中，无法自拔。由此可见，要想展望未来，首先要把该忘掉的通通忘掉，然后才能扬起生活的风帆，重头再来！

一切都会过去

在生活中，不管是多么绚烂的历史，也不管是多么惨痛的教训，一切终将成为过去！时间就像是白驹过隙，很多事情在当时看来是刻骨铭心的痛，但是等到时过境迁之后，你会发现那只是一种经历而已，使你变得更加成熟、更加淡然的经历。人们常说，好汉不提当年勇，其实是为了使人不要沉湎于过去的回忆之中，毕竟，再怎么惊天动地的成绩都成为了历史，静静地流淌在人们的记忆之河中。与此相对应的是，即使是非常痛苦的事情，也会变成惨淡的记忆，直至成为记忆之河中沉在水底的鹅卵石。如此想来，不管是开心的事，还是悲痛的事，都应该坦然面对，毕竟，它们都会成为历史！也有人把生活比喻成一本书，看过一页之后就要翻页，否则，永远不知道接下来还有什么精彩的内容和情节。这些比喻都是非常形象生动的，符合生活的真谛!

屈子有云："尺有所短，寸有所长，物有所不足，智有所不明"。对于人生而言，困窘与发达、煊赫与卑微都只是一个音符，只有在有所比较的情况下，才能分出高下，而且，高下并非常数，只有变化才是永恒。和浩瀚的宇宙比起来，人生只是沧海一粟，因此，不管面对什么事情，我们都应该坦然应对。在生活中，很多人都曾经有过这样的体会，即当事情发生在我们身上的时候，我们总是感觉事情非常重要，甚至是自己生活的全部，然而，当时过境迁之后，再回想起当初所发生的一切，我们就又会觉得只是一件小事。而当初，我们之所以觉得无比重要，就是因为当局的时候我们只是用局部的视角看事情，缺乏全局的眼光。

很久以前，有位国王在一个偶然的机会中得到了一块价值连城的钻石，国王想把它做成一枚戒指，在其中塞进一张纸条，以便能够在陷入绝境的时候作为锦囊妙计使用。因此，他开始征求大臣们的意见，希望得到一句最合适的塞在戒指中作为应急救命之用的话。

如此一来，众多学识渊博的大臣们都被难住了，大家冥思苦想，还是没有选出那句最为理想的话来。此时，一位老仆人平静地说："我知道有一句话，非常适合塞在戒指中作为应急之用。这句话不是我想出来的，而是先王邀请一位作家来王宫做客的时候，那位作家临走的时候送给我的。"说完之后，这个老仆人把这句话写在纸条上，折好之后交给国王，并且再三叮嘱国王，一定要等到山穷水尽、身处绝境的时候再看。

真是天有不测风云，人有旦夕祸福，这一天居然不久就来到了。国王遭到外族侵略，被敌人团团围困，穷追不舍，直至逼上绝路，眼前就面临着万丈深渊，而身后敌人的追兵即将赶到，马蹄声隐约可闻。在这千钧一发的

危急时刻，国王突然想到了手上的戒指以及隐藏在其中的救命谏言。他取出纸条一看，只见上面写着："一切都会过去。"看到这句话之后，国王很快恢复了冷静和理智。巧合的是，追兵好像在无边无际的森林里迷失了方向，也有可能是在情急之中走错了路，原本越来越近的马蹄声反倒减弱了。国王收起纸条，戴上戒指，重心集结起自己的队伍，经过一番苦战之后，成功地收复了失地。

凯旋而归的时候，人们载歌载舞庆祝胜利，国王也感到非常骄傲和自豪。此时，那位老仆人再次提醒国王看看戒指中的纸条。得意扬扬的国王摘下戒指，重读了一遍纸条，心情马上又归于平静了。

人生就像起伏跌宕的大海，不管是在波峰还是在波谷，都应该牢牢地记住，一切都会过去。只有意识到这一点，我们才能在一帆风顺的时候不得意，在身处绝境的时候不放弃。

亿万富翁沿街叫卖三明治

当你身处逆境的时候，千万不要沮丧，因为这一切终将过去，厄运也会离你远去；当你身处顺境的时候，也不要因此而得意扬扬，因为这一切终将过去，人生难免要遭遇坎坷和挫折。在生活中，假如有人突然之间告诉你有个亿万富翁在沿街叫卖三明治，你一定不会轻易相信。因为人们总是认为瘦死的骆驼比马大，所以你也就认为即使是破产的亿万富翁也不会沦落到沿街叫卖三明治的地步吧！然而，亿万富翁沿街叫卖三明治却是一件真实的事情。在感慨生活的变化无常的同时，我们不得不为亿万富翁的淡定和大度而感到由衷的钦佩。

很多人都讲究面子，所以，在找工作的时候，很多人不喜欢那些看起来不那么风光而实际上比较有发展的工作。和这些人比起来，亿万富翁沿街叫卖三明治的行为真是具有非凡的勇气！实际上，只有内心不够强大的人才需要表面上的虚荣，相反，只有内心真正强大的人，才有可能忘记自己曾经辉煌的历史，俯下身来一切重新开始。

有一位泰国老板，很早就发迹了。早在1995年的时候，当大多数人还不知道股票为何物的时候，他已经捷足先登地玩腻了股票，转而炒大多数人还没有开始注意的房地产。随后，他又非常有胆识地把自己所有的积蓄和银行贷到的大笔资金全部投了进去，在曼谷盖了整整15栋配有高尔夫球场的豪华别墅。虽然15栋别墅现在听来不算什么，但是在当时，在大多数人都还没有富裕起来的时候，15栋别墅，而且配有高尔夫球场，无疑是一种先见的眼光。然而，他时运不济，别墅才刚刚盖好的时候，就赶上了百年一遇的亚洲金融危机，非但别墅卖不出去，而且也还不了贷款，最终，他不得不把15栋别墅和自己所住的房子一起进行了抵押，虽然如此，还是远远不够偿还贷款的，为此，他欠了一屁股债。

从此之后，这位泰国老板的生活一夜之间从天上掉到地下，从一个众人瞩目的老板变成了一名普通人。自从成为普通人之后，他很快就调整了自己的心态，并没有像其他老板一样仍然觉得自己不同凡人，最终因为经受不住打击，不是远走他乡就是放弃生命。他选择了接受，他坚定地寻找适合自己的生存方式，谋求重新发展。因为他没有本钱，而且负债累累，所以根本不可能再做大生意。在虚心采纳别人的意见之后，他选择了普通人的谋生方式，沿街叫卖三明治。

虽然这位曾经的老板已经很好地调整了自己的心态，但是却总是有人把他当成是特殊人看待，历数他曾经在商海之中奋勇创造的传奇，迄今为止，人们仍然津津乐道，在他的事业鼎盛时期，别说亲自上街叫卖三明

治，作为普通人，即使人们想亲自见他一眼，也得反复预约。而现在，他居然亲自沿街叫卖三明治，做着甚至连很多普通人都不愿意做的事情，对于早就已经习惯了对别人发号施令的他来说，这无疑需要很大的勇气。

当昔日亿万富翁沿街叫卖三明治的消息不胫而走的时候，买三明治的普通人骤然增多。有些人出于好奇，有些人出于同情，全都竞相购买这位前老板的三明治，只为了能够见识到他的风采。这位前老板很好地抓住了这个商机，他非常用心地做自己的三明治，不但用料是真材实料，而且在口味上也处处为人们着想。刚开始的时候，人们是为了见识他的风采而光顾他的生意，后来，他的回头客越来越多，越来越多的人因为想吃到美味可口的三明治而光顾他的生意。就这样，他的三明治生意越做越大，经过几年的积累，他不仅偿还了所有债务，而且为自己积累了一些资本，从而得以东山再起。

实际上，对于这位泰国前老板而言，他最幸运的地方在于他能够在短时间内回归普通人的心态，顺应自然地做出了自己的选择，以一个普通人的身份一切重新开始。仅仅是因为人们都碍于面子不愿意这么干，所以他才显得具有非凡的勇气。对于任何人而言，假如处在那位曾经的泰国老板的位置上，要想生存下去，就必须接受这一现状。

既然曾经风光一时的亿万富翁都能够放下身价，沿街叫卖三明治，作为普通人的我们，还有什么放不开的呢？！不管做什么事情，都要脚踏实地，一步一个脚印地前进，这样才能取得成功。

错过了就别后悔

在人的一生之中，难免会有一些遗憾的事情。其实，人生说长也长，说短也短，曾经有人把人生比喻成昙花一现，也有人把人生比喻成白驹过隙。实际上，每个人都憧憬着自己能够拥有一个无怨无悔的人生，每个人都期待着自己所做出的每一个决定都是非常正确英明的，每个人都希望自己在走到人生终点的时候能够交上一份令人满意的答卷。然而，满意并非意味着完美，因为这个世界上根本就没有绝对完美的事物。所以，这注定了只能是一种美好的幻想。在这个世界上，任何人都不可能不做错事，不可能不走弯路，那么面对曾经的失误，你是选择沉浸在无限的懊悔之中，还是选择擦干懊悔的泪水继续勇敢地前进。实际上，每个人在走了弯路之后，都会产生一定程度的后悔情绪，这是非常正常的，这是一种自我反省，是抛弃过去与自我解剖的前奏曲。很多时候，正是因为有了这种“积极的后悔”，我们才能够及时反思，总结经验，在未来的人生之路上走得更好、更稳。

众所周知，覆水难收，实际上对于逝去的生活，也是和覆水一样的。

光阴似箭，一去不返，生活是不可能重复过去的岁月的，要想弥补从前的过失和过错，只有从曾经的事情之中吸取教训，避免在以后的生活中重蹈覆辙。在生活中，每个人都应该了解“往者不可谏，来者犹可追”的道理。只要错过了，就不要后悔，用心地把握今后的生活才是最重要的。必须意识到，后悔无法改变现实，除了消弭未来的美好、给未来的生活增添阴影之外，根本于事无补。

史密斯是一家大学的教授，给同学们教授心理学课程。一天，史密斯来给同学们上课的时候，带来了一个非常精美的杯子。当史密斯把这个杯子展示给同学们观赏的时候，同学们情不自禁地发出了啧啧声。为了使同学们看得更加仔细，史密斯允许同学们轮流观赏这个杯子。这下子，同学们看得更加仔细了，这个杯子应该是中国景德镇的瓷器，看上去非常光滑，而且，上面的纹龙栩栩如生，活灵活现。因为同学们很少看到中国的瓷器，所以不禁惊呼是古董!

转了一圈之后，杯子回到了史密斯的手中，他问同学们：“大家认为这个杯子如何？”有的同学说：“简直是太精美了，谁舍得用这么精美的杯子喝水呢？”有的同学说：“这简直是一件精美的艺术品，而不仅仅是一个杯子。”甚至有的同学说：“这是不是中国古代的皇帝用的呢？”正当同学们都对杯子表示赞美的时候，史密斯先生却一松手，伴随着同学们的惊呼声，这个杯子变成了一片片碎片。

看着一地碎片，同学们万分遗憾，纷纷地问：“老师，你为什么要把杯子摔碎呢？”“老师，这简直太可惜了，这么好的一个杯子！”看着同学们疑惑不解的表情，史密斯微微一笑，说：“既然已经摔碎了，咱们就开始上课吧！”

事实证明，很多同学都还在惋惜那个精美的杯子，所以没有全心全意地投入课程之中。在下课之前，史密斯问：“请大家如实告诉我，有多少同学是专心听讲的，有多少同学还在为刚才的那个杯子惋惜？请专心听讲的同学举手。”看着举手的同学，大家发现只有半数的同学在杯子摔碎之后专心听讲了。史密斯说：“毫无疑问，还在为杯子惋惜的同学一定没有全心全意地听讲，所以导致没有很好地把握课堂上的内容。而杯子呢？依然碎着无法复原。那么，对于那些同学来说，非但失去了杯子，而且错过了一节非常重要的课程。岂不是损失更多？”同学们似乎恍然大悟，渐渐意识到了老师的用心。

史密斯接着说：“生活中也是同样的道理，当你因为失去的东西而哭泣的时候，那么，你也就无法更好地珍惜手中所拥有的。”

确实，假如你因为错过太阳而哭泣，那么你必将错过群星。假如你因为昨日不小心错过的美好而哭泣，你也必将错过未来，因为你在哭泣的时候没有好好地把握今天。

不要记旧恶

要想获取一枝玫瑰，就必须放弃到手的蔷薇；要想装进一杯新泉，就必须倒掉已有的陈醇；要想得到一份独特的体验，就必须多承受一份心灵的创伤。所以，我们只有首先学会忘记，才能在自己人生的底板上雕刻更多美好的记忆。

在生活中，我们经常听到“君子报仇，十年不晚”这句话，毫无疑问，假如在十年之中都在想着如何报仇雪恨，那么前提必然是这十年之中始终牢牢地记着仇恨，将其铭刻在心。由此可见，在这十年之中，人们心中有一个角落始终深藏着仇恨。假如你是那种记仇的人，那么，即使你对某些人的行为感到非常不满，你也不会当即就说出口，而是把它深深地放在心里，日久天长，你心中的仇恨就会越积越多，甚至跟随你一生一世的时间。日积月累，你就会逐渐发现，自己才是仇恨的最大受害者，而被你咬牙切齿地恨着的那个人却好好地活着，根本没有任何感觉。由此可见，仇恨是一把双刃剑，在伤害对方的同时，也更深地伤害了自己。其实，无论我们有多么充分的理由，都没有必要始终心怀仇恨。因为仇恨终究会蒙蔽我们的眼睛，使我们看不到生活的美好，使人生充满阴霾。要想使自己远离仇恨，就要彻底地忘记仇恨，选择宽恕别人，同时也还给自己自由的好心情！记住，生气是拿别人的错误来惩罚自己！也是拿过去的错误来惩罚现在！对于每个人而言，都要记事而不要记仇，因为记事能够增长知识，而记仇则只能增加烦恼。

美国第7任总统杰克逊生性好斗。在担任总统以前，他曾经和班顿进行过决斗。在决斗中，班顿一枪击中了杰克逊的左臂，子弹始终留在杰克逊的左臂之中，长达二十年之久。

后来，当医生从杰克逊的左臂取出子弹的时候，班顿已经成为了杰克逊的热情支持者。

杰克逊准备把子弹还给班顿，不过班顿谢绝接受。

班顿说："你已经保管这颗子弹二十年了，子弹的所有权理应归你。"

杰克逊沉思片刻之后，认真地说："不对，从上次决斗到现在只有十九年而已，因此产权关系并没有发生本质的变化。"

班顿非常大方地说："鉴于你始终随身携带着这颗子弹，总是无微不至地照顾它，我可以放弃这一年。"

仇恨能够成就一个人，也能够毁了一个人。第一个事例中的杰克逊总统，因为宽容大度，因为忘记了仇恨，所以有了一个无比忠诚的支持者。而第二个事例中呢？为了一个负心的不值得珍惜的男人，为了一个道德败坏抢别人老公的小三，杨慧非常不明智地毁了自己。假如杨慧能够忘记仇恨，重新开始自己的新生活，那么她失去的仅仅是一个不值得珍惜的男人而已，正是因为仇恨，她还赔上了自己的一生。

不要想当初，着手现在，放眼未来

一位著名的哲学家曾经说过，"不管是成功还是失败，都只能代表过去，而只有忘记过去，才可能走进崭新的天地。"犹太王大卫的戒指上也刻着一句铭文："一切都会过去。"不过，另外一位著名的哲学家也曾经说过："不能忘记过去，因为历史是一个永远的存在。"此外，契科夫的小说中也有一个非常重要的人物，他的戒指也同样刻着一句铭文："一切都不会过去。”看着这两种截然不同的观点，到底哪个是正确的呢？实际上，从某种意义上来说，这两种看起来对立的观点其实是辩证统一的。众所周知，过去已然成为不可更改的历史，是客观存在的，不会因为任何人的意志而消失或者是转移。从这个角度来说，一切永远不会过去。但是，在人的主观意识中，过去的确能够以不存在的方式存在，这种不存在的方式就是人们主观地将其“忘记”，从而全心全意地投入新生活之中。从这个角度来说，一切都成为了过去，以不存在的方式存在的过去。不管你采取哪种方式对待已经成为历史的过去，人生的长河依然会静静地流淌，不休不止，直到生命的最后一刻。

然而，从现实的角度来说，我们应该让过去的事情成为过去，这样你才能着手现在，放眼未来。假如你始终生活在过去的回忆里，那么你就会忽视现在，甚至无法好好地开创未来。对于人类而言，一生只有三天，即昨天、今天、明天。正如前文所说，昨天的事情已然过去，无法更改，无法根据人的意识发生任何改变。对任何人来说，能够把握的只有今天，也只有好好地把握今天，才能拥有美好的明天。由此可见，要想创造美好的人生，就必须着眼现在，放眼未来。

许文强曾经是一个事业有成、春风得意的大老板。然而，在一次投资失利之后，他突然之间从天上掉到了地上。面对如此沉重的打击，许文强一蹶不振。

即使他变卖了自己的房子、车子，也还是没有偿还清所有的债务。在出租房中，许文强整天窝在家里，不是看电视、睡大觉，就是抽烟喝酒，始终无法面对现实。看到许文强这个样子，他的妻子爱林什么也没有说，默默地承担起了照顾家庭的重任。爱林摆了一个早点摊，专门卖自己做的包子和豆浆。因为货真价实，味道好，几乎每一个路过的上班族都会急急忙忙地在爱林的早点摊上购买包子和豆浆，一边吃一边赶去上班。就这样，爱林艰难

地维持着家庭。

眼看着已经快一年了，许文强依然没有从过去之中走出来，他喝醉了酒就会哭天抢地，诉说自己曾经的威风。看到这种情景，爱林渐渐地忍耐不住了，她原本以为许文强非常坚强，只要假以时日就一定能够从困境中走出来呢！但是，已经快一年了！爱林耐心地开导许文强："其实，很多人都不是老板，他们每天都要行色匆匆的上班，不过，他们还是活得很好！"许文强对此不屑一顾，说："那是因为他们没有见识到更好的生活！所以甘心平庸！"爱林温柔地说："但是，生活还要继续！"不过，爱林的劝说似乎没有任何效果，许文强还是照旧！

一天，许文强正在呼呼大睡的时候，邻居突然气喘吁吁地跑来找他，说："你快去看看吧，爱林遇到了几个吃霸王餐的家伙，和人吵起来了！对方好几个大老爷们呢！"许文强突然之间清醒了，他甚至连鞋都没有来得及穿就跑了出去。他第一眼看见的就是其中的一个大老爷们正在推搡爱林，娇小的爱林满面通红，眼睛里含着泪水。许文强一声大喝："住手！"几个地痞见到来了个蓬头垢面的男人，不由得哄笑起来："呦，原来有男人啊，我还以为是一个漂亮的寡妇呢！"许文强大声吼道："有什么冲我来，欺负女人算什么本事！"看到围观的人越来越多，几个地痞自知理亏，所以灰溜溜地走了！

回到家中之后，爱林嚎啕大哭，似乎想把这一年以来受的委屈都哭诉出来。许文强看着爱林伤心的样子，懊悔地说："爱林，都是我不好，让你受委屈了。我一个大男人天天在家睡觉，却让你出去挣钱养家。明天我就出去找工作，你留在家里照顾家吧！"爱林说："我之所以哭，不是因为觉得委屈，而是高兴，因为我终于看到你又像个男人一样了。文强，相信我，我不求大富大贵，只是希望咱们好好地生活。只要咱俩在一起，哪怕吃糠咽菜我也愿意！"

从此以后，许文强就像变了一个人似的，他找了一份工作，每天早出晚归地上班，日子渐渐地好起来了！他们夫妻合计着开一个饭馆，自己做老板！

假如一味地沉浸在过去或者光荣或者悲惨的记忆之中，那么就会变得越来越麻木，越来越不愿意面对现实。不管你曾经有着怎样的历史，最重要的都是忘记过去，着手现在，放眼未来！

把“我不能”埋进坟墓

在生活和工作中，为什么有的人生活得无比滋润，事业风生水起，有的人却生活得灰头土脸，事业处处受到挫折。究其原因，就是因为他们所说的话不同。前一种人习惯说“我能”，后一种人习惯于说“我不能”。其实，没有人生下来就是万能的，那些总是习惯于说“我能”的人也未必真的事事精通，但是他们有一个很大的特点，即他们有足够的信心面对生活的坎坷和挫折，迎接生活的一切挑战。相比之下，总是习惯于说“我不能”的人就没有这么自信了，他们总是怀疑自己，明明自己有足够的能力做成一件事情，他们也还是游移不定，就这样，机会白白地溜走了！由此不难发现，要想使自己有足够的信心和勇气拥抱美好的生活，就要彻底地把“我不能”埋进坟墓！

面对一个看似不可能完成的非常艰巨的任务，你可以鼓励自己说“我能”，只要坚定不移地对自己说出了这句话，你就会发现，你真的能！面对一个仿佛无法逾越的高峰，你应该相信自己的实力，坚定不移地说“我能”，这样一来，即使你最终无法攀登到顶峰，你也会打破自己的纪录，突

破自己的极限！很多奇迹就是这样创造出来的！很多科学家经过研究都发现，人的潜能是无限的，在绝境之中，很多看似不可能的事情都变成了可能。因此，你不妨告诉自己“我能”，使自己没有退路，这样一来，你必将能够创造生命的奇迹。

爱迪生是举世闻名的发明家，为人类带来了光明。但是，爱迪生并非生下来就是发明家。他在小时候遭遇了很多挫折，但是始终不放弃，始终坚定不移地相信自己一定能行。有一次，他看到鸡妈妈正在用自己的体温孵小鸡，所以他也想试试。于是，他就拿了一个鸡蛋出来，将其拥在自己怀中，纹丝不动地坐在那里孵小鸡。邻居们发现这件事情之后，全都嘲笑爱迪生，并且说他简直是太傻了。然而，爱迪生还是一动不动地坐在那里孵小鸡，他并没有因为邻居的嘲讽而放弃自己想做的事情。正是因为有这种坚韧不拔的精神，爱迪生才能够通过不断的历练成长为一个伟大的科学家，为整个人类带来了光明！试想，假如是一个没有自信的、总是轻易放弃的人，还能够做出如此的成就吗？在发明电灯的过程中，爱迪生经历了无数次失败，尝试了无数种材料，最终才成功地找到了合适的灯丝。正是因为坚信自己一定能，他才有了后来的成就！

斯坦尼斯拉夫斯基是俄国著名戏剧家，有一次，当他正在排演一出话剧时，女主角突然因为某些原因无法出演了。在短时间之内，斯坦尼斯拉夫斯基确实无法找到其他合适的人选，迫于无奈，不得不让他的大姐出演这个角色。一直以来，他的大姐都只是一个管理服装道具的工作人员，如今，突然之间变成了整出戏的主角，难免会产生自卑和胆怯的心理，演得简直是太差了，导致斯坦尼斯拉夫斯基极度烦躁、忧心忡忡。在一次排练的过程中，看着大姐生涩拘谨的表演，他突然停下排练，怒火中烧地说：“这场戏是全剧的关键；假如女主角仍然演得这么差劲儿，那么整个戏就没有必要继续排练了！”此时，全场寂然，他的大姐一声不吭，陷入了沉思之中。突然之间，她抬起头来坚定地说："开始排练！我相信，我一定能行！"大家惊喜地发现，说完这句话之中，大姐一扫之前的自卑、羞怯和拘谨，演得特别自信，特别放松，也特别投入。斯坦尼斯拉夫斯基欣喜万分地说："太好了，我们终于又拥有了一位新的表演艺术家。"大姐前后的表现为什么差别这么大呢？究其原因，就是因为她此前一直在告诉自己"我不能"，而当她终于下定决心破釜沉舟地表演之后，她始终在告诉自己："我一定能行！我能！"

这就是"我能"和"我不能"的巨大反差，对于一个人的成功来说，这两句话起到了至关重要的作用。那么，你呢？你是选择对自己说"我能"，还是选择对自己说"我不能"?记住，要想拥有成功的人生，就必须把"我不能"埋葬在坟墓之中，坚定不移地告诉自己"我能"！

第 13 章 没有做不到的事情，只有想不到的事情

随着时代的变迁，生活给人们提供了越来越多成功的机会。然而，有些人抓住了机会，有些人却眼睁睁地看着机会从自己的指间溜走。并非他们能力不够，也并非他们不够幸运，而是他们没有创新意识，也缺乏实际行动的勇气。要想获得成功，我们首先要使自己的思维更加开阔，因为这个世界上只有想不到的事情，没有做不到的事情。

勇气+行动=成功

看到别人事业有成，无限风光，很多人总是纳闷自己为什么不能获得成功。他们不笨不蠢，也有自己的想法，但是却缺少获取成功至关重要的步骤，即勇气和行动。有些人天生就是思想家，他们总是在心理无限憧憬着自己美好的生活，做着无比瑰丽和奢华的白日梦，对于梦想，他们是有勇气的，敢想。尽管他们比那些连想都不敢想的人已经前进了一大步，但是，他们距离成功却仍然非常遥远，因为他们缺乏行动的勇气。想得再好，假如不付诸实际行动，就会与成功绝缘。只有勇气加上行动，你才能有机会获得成功。

很多人说，人生最重要的在于目标，有什么样的目标就有什么样的成功。其实，这个结论的成立是有前提条件的，即在确立目标的前提下有付诸

行动的勇气，并且能够坚持不懈地努力。只有这样，成功才能如约而至。有的人，只有美好的目标和愿景，但是却没有勇气展开实际行动，这种人只能徘徊在现实和空想之间，无法将其紧密联系起来；有的人，虽然行动了，但是却缺乏毅力，最终难逃半途而废的下场；有的人连想都不敢想，是被命运抛来弃去的弃儿，只能随波逐流。

1955年，比尔·盖茨在西雅图出生。13岁，他进入西雅图的湖滨中学读书，学校里有一台PDP-10的终端，使这个长着雀斑和大脚的瘦小男孩沉迷其中，还有一个15岁的孩子保罗·艾伦也对这台终端有着浓郁的兴趣。最终，他们因为那台简陋的终端在学校机房里结识，并且最终成为了好朋友，一起开始程序研发工作。

1972年夏天，在艾伦的介绍下，盖茨得知一家叫英特尔的公司推出的8008微处理器芯片非常神奇和有趣。因此，他们迫不及待地花费了整整376美元买了一颗芯片，用于他们的开发工作。为了能够以此赚钱，他们专门成立了一家交通数据公司。

1974年，盖茨和艾伦一起在哈佛大学的阿肯计算机中心夜以继日地整整工作了8个星期的时间，成功地为牛郎星电脑开发出了BASIC语言。

1975年7月，微软公司正式宣告成立。在激励的市场竞争中，盖茨承受着巨大的工作压力。为了使自己能够在竞争中取胜，盖茨绞尽脑汁想办法，甚至有的时候还会不择手段，透露出狡诈的一面。1982年，在参观计算机行业大会时，盖茨被一款名为VisiOn的产品深深地震撼了，他立即产生了危机感，意识到这个产品将来肯定是微软的拳头产品MS-DOS的克星。为了应对残酷的市场，比尔·盖茨和他的微软以迅雷不及掩耳之势发起了一场战役，在还没有开始面市，还没有开始设计的时候，就开始大力向用户宣传Windows操作系统。终于，这场战役从心理上和精神上赢得了客户，给VisiOn之后的公开销售带来了严重的影响。整个世界都在等待着Windows，导致VisiOn产品根本卖不出去。

为了彻底击败对手，推广微软的网络浏览器，盖茨果断推出了与Windows 95紧密集成的IE4.0，并且信心满满地吹嘘这个系统“将是最好的PC，最好的Web”。结果，微软的IE占据了市场份额的95%。

盖茨之所以能够获得成功，除了因为他有胆有识，有超凡的勇气和果断的行动之外，还因为他在用人方面也非常有魄力。他的团队中有很多能人，比如鲍尔默等，都是盖茨煞费苦心才邀请到的。在盖茨邀请鲍尔默的时候，鲍尔默还在商学院读书，盖茨告诉他，你并没有领悟到真谛。此外，盖茨再三向鲍尔默强调，他们共同的目标是要让每台桌子上都摆上一台电脑，让电脑为每个家庭服务。要知道，那个时候，计算机还只是企业用的工具，还没有家庭用户。也许，正是盖茨的雄心壮志和势在必行的气势使鲍尔默最终应邀加入了盖茨的团队。

盖茨的一生无疑是充满信心和勇气搏击风浪的一生，他最大的特点在于，只要有了想法就去付诸实施，不管是在研发上、管理上，还是在用人方面。他不仅敢想，而且敢干，是个非常典型的创新者和实干家。同时，在面对经营过程中的诸多困难的时候，他还能够迎难而上，想办法解决问题。正是这些优秀的品质使盖茨最终成为了世界首富。

虽然盖茨的人生并非人人都能够复制，但是，他身上闪光的精神却是值得每个人去学习的。虽然每个人都未必能够拥有盖茨的微软帝国那样的伟业，但是，每个人都可以竭尽所能地做最好的自己，成就属于自己的事业。要想成功，记住，勇气+行动=成功。

培养自己坚强的意志

不管做什么事情，要想成功，除了合宜的目标、恰当的方法和实际行动之

外，还需要有坚强的意志。因为，没有任何事情是一蹴而就的，在追求成功的过程中，每个人都会遇到一些难以预见的困难和障碍。面对这些困难，假如你选择放弃，那么就相当于拒绝了成功；假如你选择继续努力，那么，有可能在未来遇到更多的困难，此时，只有你具备坚强的意志，才可能最终获得成功。

参考那些成功人士的人生，我们不难发现，他们之所以能够获得成功，就是因为他们具有百折不挠的意志。在失败面前，爱迪生经历了无数次努力，最终才找到了最合适的制作灯丝的材料，给人类带来了光明和温暖；举世闻名的大画家达芬奇，小时候曾经画了无数张关于鸡蛋的画，正是因为这种坚持不懈的努力和毅力，才使得达芬奇最终名扬世界，举世闻名；世界的发展是由科学家们推动的，但是科学家们在进行科学研究的时候，不仅会遇到很多的困难和障碍，还会经历无数次失败，正是因为他们始终坚持从失败之中汲取经验和教训，所以他们才能够最终获得成功，推动人类社会的发展……尽管你只是一个普普通通的人，但是你也一样要拥有坚强的意志。因为人生不会是一帆风顺的，要想获得成功，哪怕只是普通人的成功，也要克服重重的困难和挫折。

《钢铁是怎样炼成的》给我们讲述了英雄保尔柯察金的一生。保尔的一生是战斗的一生，始终在与病魔进行殊死的搏斗。保尔的一生是坎坷的一生，每走一步都比常人付出了更多的努力。

12岁的时候，保尔就被迫辍学去做工，生活在社会的最底层。少年时代，他为了救地下党而被毒打，但是却始终紧咬牙关，拒绝向敌人透露任何消息。参加红军之后，保尔在战斗中无比英勇，最终大腿受伤，头部被炸伤，右眼失明。修筑铁路的时候，保尔带领同伴在工地上夜以继日地奋战，患了严重的关节炎，并且几乎因为伤寒病而丧命。从死亡线上挣扎回来之后，保尔还是努力地工作着。日益恶化的健康状况使他不得不住进了疗养院，此后，身体状况稍有好转，他就提前离开疗养院，后来，又因车祸再次

住进医院。24岁的保尔在收到抚恤金的同时，也收到了残疾证明书。保尔绝望了，他坐在黑海港口公园中，抱头沉思着：失去了最可贵的战斗力，活着还有什么意义呢？他用枪对准自己，但是，保尔之所以能够成为英维，就在于他内心的坚强能够战胜懦弱，最终，他决心好好地活下去，他要让生命尽情地绽放。保尔想进行文学创作，为此，他孜孜不倦地阅读了很多古今中外的文学作品，并且以顽强的毅力完成了函授大学第一学期的课程。保尔的身体状况越来越差，他的双腿彻底瘫痪，浑身上下只有右手还听使唤。随后，他的左眼也失明了。然而，他很镇静，他相信自己不是百无一用的废人。既然眼睛看不见，那就借助无线广播学习，写字的时候可以用硬纸板框中间卡出的缝限制铅笔进行写作。就这样，他艰难地完成了自己的处女作——《暴风雨所诞生的》。这本书广受读者的欢迎，激励了无数年轻人的灵魂。

保尔觉得自己浑身充满了力量，生活充满了希望，他的心沸腾了，他拿着新的武器投入了生活。

保尔九死一生的历程向世人昭示了一个真理，即人活着，只要战胜了自己，就能够战胜一切困难和挫折。保尔把生活和生命的意义演绎到了极致，他是一个纯粹的人，他不屈不挠的精神激励了无数青年人。比起保尔，我们无比幸运，没有战争，没有饥饿，那么，还有什么是不可战胜的呢？只要我们有着坚强的意志，就一定能够用自己的双手创造成功，用自己的生命创造奇迹。

不要让挫折成为你的绊脚石

人生，无一例外地要经历挫折，不管你是什么人。没有人的人生是一帆风顺的，区别只在于有些人的人生坦途多一些，坎坷少一些；有些人的人生泥泞多一些，平坦少一些。假如你一不小心摔了一个跟头，那么，你是选择就此倒下去，还是选择勇敢地站起来？其实，对待人生中的摔倒，最好的态度就是像不倒翁那样，一次次倒下去，一次次笑眯眯地站起来。假如你也能够做到这样，就没有什么能够战胜你。人生，需要不倒翁的精神。

挫折和失败是每一个人都必须面对的。大文豪巴尔扎克曾经说过，“对于天才而言，挫折是一块垫脚石；对于强者而言，挫折是一笔宝贵的财富；对于弱者而言，挫折是万劫不复的深渊！”在挫折面前，既然我们无法成为天才，那么我们只能选择成为强者，而切勿成为弱者。如今，随着社会的发展，经济发展的速度越来越快，与此相对应的是，人与人之间越来越冷漠，越来越缺少爱。当没有人支撑你的时候，你必须成为自己的主心骨。要记住，人生一旦放弃，就永无成功的机会。所以，不管在多么艰难的情况下，不管遭遇多少挫折和坎坷，我们都应该坚持不懈地努力，直至成功为止。

其实，人们遇到挫折的时候感到悲观和失望是无可指责的，不过，我们必须学会控制自己的不良情绪，因为悲观和失望非但无法帮助你战胜挫折，反而会使你陷入更加使人绝望的恶性循环之中。如此一来，我们自然不能选择悲观和失望，更不能放任自己的人生随波逐流。要记住，不管面对怎样的情况，只要我们坚持不放弃，人生就掌握在我们的手中。

司马迁是我国著名的历史学家，他的祖上好几代人都担任史官，父亲司马谈是汉朝的太史令。十岁的时候，司马迁就跟随父亲来到了长安，饱读史书。长大成人之后，为了开阔眼界，搜集史料，司马迁从二十岁起，就开始游历祖国的大好河山。他到过长沙，在汨罗江边凭吊伟大的爱国诗人屈原；他到过浙江会稽，亲眼看到了传说中大禹召集部落首领开会的地方；他到过汉高祖的故乡，用心听取沛县父老讲述刘邦起兵的情况；他到过曲

阜，考察孔子讲学的遗址……这些考察和游览，极大地丰富了司马迁的见闻，使其获得了大量的知识，而且还从民间语言中汲取了丰富的养料，给日后创作史学巨著打下了坚实的基础。

后来，司马迁当了汉武帝的侍从官，得以跟随皇帝四处巡行，而且还曾经奉命到云南、四川、贵州等地视察。司马谈去世之后，司马迁继承了父亲的职务，担任太史令，这样一来，他就有更多的机会阅读和搜集史料了。在他正准备开始写作《史记》时，因为替投降匈奴的李陵辩解，司马迁被汉武帝定了罪，受到腐刑的惩罚。因为没有钱赎罪，司马迁不得不受刑，之后被关在监狱中。这件事情刚刚发生的时候，司马迁觉得遭受腐刑是非常丢脸的事情，因此甚至想自杀。他非常痛苦地想：这是我的过错呀。如今受了刑，身子毁了，就变成一个废人了。但是他转念又一想：周文王被关在羑里，写了一部《周易》流传千古；孔子周游列国的路上被困在陈蔡，编了一部《春秋》留给世人；屈原遭到放逐之后，写了千古之绝唱——《离骚》；左丘明眼睛瞎了，但还是坚韧不拔，最终写了《国语》；孙膑被剜掉膝盖骨，但却以残弱之躯给人们留下了《兵法》。此外，还有诸如《诗经》三百篇等，其中绝大多数都是古人在心情忧愤的情况下写成的。那么，我为什么不能够在遭到挫折的时候写出一部流传于世的好书来呢？就这样，他选择了在遭受腐刑之后坚强地活着，他投入自己所有的精力，完成了历史著作——《史记》的创造，使其成为千古流传的佳作。

在这部史学巨著中，他将从传说中的黄帝时代开始直至汉武帝太始二年为止的这段历史编写成一百三十篇、五十二万字的巨著《史记》。在《史记》中，司马迁详细描述了古代一些著名人物的事迹。他对于被压迫的下层人民的生活给予了极大的同情，对于农民起义的领袖陈胜、吴广给予了很高的评价，最终写成了一部脍炙人口、通俗易懂的史书，千古流传。

古代的酷刑有很多，而司马迁就因为敢于说真话，被处于腐刑，这也正是人们之所以总是说伴君如伴虎的原因。皇帝的地位是至高无上的，掌握着很多人的生杀大权，即使遭到了不白之冤或者是不公正的待遇，人们也无处伸冤。司马迁在遭受腐刑之后，忍受着身体和精神上的双层病痛，完成了史学巨著——《史记》，给后人留下了宝贵的精神财富。

人生难免会遇到一些挫折，假如一遇到挫折就放弃，那么人生永远也无法取得进步。在挫折面前，强者总是能够坦然地面对挫折，从而使自己距离成功越来越近。

大胆尝试，切莫优柔寡断

大凡成就大事者，无疑不是当机立断，处事果决的。在现实生活中，很多人碌碌无为地度过一生，抱怨命运不公，没有给自己机会大展宏图。其实，并非他没有机会追求成功，而是他因为优柔寡断没有把握好机会，导致机会白白地溜走了。成功需要很多因素的共同作用，其中，最必不可少的是机遇。好的机遇，能够使人四两拨千斤，在轻松的状态下拥抱成功。但是，机遇却很难抓住，越是好的机遇，存在的时间越短，有的时候简直是转瞬即逝。面对突如其来的机会，你能否抓住？抓住了千载难逢的好机会，你离成功无形中就近了几步；错失了千载难逢的好机会，即使你百般努力也未必能够弥补失去机会带来的损失。所以，人们总是说，机会是给有准备的人准备的。

在生活中，有些人非常懒惰，在机会没有到来的时候，他们不愿意费心劳神地去努力；一旦机会突如其来，他们又因为准备不充分而与机会失之交臂。如此想来，要想抓住机会，关键在于时时刻刻地准备好，这样才能在机会到来的时候及时出手。当然，有些人之所以失去机会并非因为没有做好

准备，而是因为拿不定主意。他们虽然有着美好的憧憬，但是却害怕承担失败。要知道，越是好的机会越是伴随着巨大的风险。假如因为害怕承担失败的责任而优柔寡断，机会当然不会老老实实地在那里等你。所以，要想抓住机会，还要大胆地尝试。

1944年，艾森豪威尔指挥的英美联军计划横渡英吉利海峡，以法国诺曼底为登陆点，对德国展开新一个阶段的战争。从历史的角度来说，这次的登陆能否成功影响到了整个战局，英国和美国合作无间，为这场战役投入了很多的人力和物力。但是，人算不如天算，就在所有事情都准备就绪、蓄势待发时，英吉利海峡却巨浪滔天、天色突变，为了安全起见，数千艘船不得不退回海湾，等待愤怒之中的大海恢复平静。

这一等，等了整整四天的时间。天空仿佛被闪电劈开了一道裂缝，大雨倾盆而下，所有军人都被困在岸上，进退维艰。眼见经费、物资连日消耗，指挥官艾森豪威尔心急如焚。

正当艾森豪威尔绞尽脑汁地苦思对策的时候，气象专家十万火急地送来最新报告，资料显示，再过三个小时，狂风暴雨就将停止，天气即将转好。作为一个身经百战的指挥家，艾森豪威尔当然知道这是一个千载难逢的好机会，能够帮助他们攻敌人于不备。不过，这期间也暗藏危机，如果气候没有预期中这么快转好，那么他们就很可能全军覆没。

经过一番慎重而又缜密的思考之后，艾森豪威尔在日志中记载道："我之所以决定在此时此地发动进攻，是根据所得到的最好的情报做出的决定……，假如失败，假如有人谴责这次的行动或者是追究责任人的责任，那么，所有责任应该由我独自承担。"写下这篇日志之后，他毫不犹豫地向陆、海、空三军发出了横渡英吉利海峡的命令。

幸运的是，三个小时候，大雨果然如气象资料所显示的那样停止了，海面也恢复了平静，在艾森豪威尔总司令的指挥下，英美联军幸运地登上诺曼底，成为了这场战争获胜的关键。

假如艾森豪威尔将军有丝毫的犹豫，那么他必然失去这次千载难逢的好机会。由此一来，战争的结局也许就会变得截然不同了。虽然我们不是指挥千军万马的指挥家，但是面对生活中的很多好机会，我们应该变得像艾森豪威尔将军一样坚决果断，这样才能取得决定性的成功和胜利。要知道，优柔寡断的人之所以很难成功，就是因为他们错失了很多千载难逢的好机会。

不要让自己阻碍了自己

在生活中，很多人觉得自己被一些规章制度和琐事束缚住了，因此怨天尤人。其实，没有什么能够束缚我们，除了我们自己以外。在这个世界上，没有绝对的自由。因此，很多人都说自己求自由而不得。实际上，不管一个人有着多么高的地位，也不管一个人有着多少的财富，他都无法享受绝对的自由。古人云，没有规矩，不成方圆。世界上的很多事情之所以能够按部就班、有条不紊，恰恰是因为有了制度的束缚。假如你想要摆脱束缚，那么你首先要能够忍受没有制度约束下社会乱成一团糟的场面。当然，这里所说的是一种纪律和制度上的约束。在生活和工作中，人们还面临着另外一种束缚，即自我的局限。

自我的局限并非是实实在在的制度，而是一种心灵的约束。例如，有些人不够勇敢，在蹦极之前，他们还没有往起跳台上走就吓得两腿发软，不停地对自己说“我不行，我不行！”；有些人缺乏当机立断的勇气，每当遇到事情的时候，他们就会问自己“会失败吗？万一失败如何是好呢？”有些

人害怕挑战，一遇到困难，他们就会选择逃避和放弃……通常情况下，这些人都缺乏自信，因为一个自信的人必然知难而上，处处相信自己的能力和实力；相反，自卑的人却总是不敢相信自己能够取得令人满意的成就，或者不敢相信自己能够获得成功，因此在还没有开始尝试之前就打起了退堂鼓，或者是不断地给自己松劲。如此一来，没有开始，虽然避免了失败，但却同时也失去了成功的机会。一言以蔽之，这就是自己阻碍了自己。

很多事情，我们必须去尝试了，才能够知道结果如何，在没有进行尝试之前，任何人都不知道结果到底会怎样。所以，放弃本身就意味着彻底的失败，而尝试则有可能给我们带来成功的机会。由此看来，聪明人自然不难作出选择，必须勇于尝试才有机会获得成功。

慧佳是一个很优秀的孩子，她非常聪明，学习成绩也始终名列前茅。出乎老师的意料，在高三填报志愿的时候，慧佳却只写了一个普通大学的本科，而以老师对她的预期，她是应该可以报考中国人民大学的。当老师问及慧佳为什么没有填写自己心仪已久的中国人民大学的时候，慧佳很不自信地说："我怕……我怕自己考不上。"虽然老师再三鼓励，慧佳去还是坚持填写了自己选的那所普通大学。和慧佳恰恰相反的是，班级里一个平时成绩不太稳定的同学却报考了上海交大，这使老师同样惊讶。当老师以委婉的语气提醒那个同学落榜的后果的时候，那个同学非常从容地说："不管怎么样，我都要给自己一个机会，我都要搏一搏。即使今年考不上也没有关系，明年还可以复读，但是万一考上了呢？"看着这个同学乐观的样子，老师默默地点了点头。

高考成绩出来了，经历了黑色的七月，那个同学如愿以偿地考上了上海交大，简直欣喜若狂。然而，慧佳却显得非常沮丧。原来，她的高考成绩很好，足以上中国人民大学。但是，因为她填报志愿的时候过于保守，没有报考中国人民大学，所以她必须去那个普通大学报到了。

每年高考填报志愿的时候，都是很多家长和同学最为纠结的时候。志愿报高了，落榜；志愿报低了，分数就白白地浪费了。假如说考上上海交大的同学是很侥幸的，那么，慧佳则过于保守了，白白浪费了自己辛辛苦苦考出来的分数。从表面上看起来，慧佳是填报志愿没有填好，其实是她的不自信的心理在作怪。更进一步说，她的不自信限制了她的发展，成为了阻碍她发展的瓶颈。

不管是在生活中还是在工作中，虽然我们应该稳中求胜，但是也不能过于保守。要知道，过于保守就是一种阻碍，很多时候都会阻碍人们的发展，使人们失去一些好机会。我们要从慧佳的身上吸取教训，正确而客观地评价自己，评定自己的能力，从而在紧要关头做出正确的抉择。

在失败中寻求胜利

不管是举世闻名的科学家，还是平平庸庸的普通人，虽然成就有大有小，但是人生却同样都难免遭遇失败。因为有了失败，我们才能有一个更好的开始；因为有了失败，我们才能拥有更好的起点；因为有了失败，我们的人生才会变得更加充实。假如没有失败，人们就无法正确地认识自己，无法发现自己的身上存在着哪些缺点和不足。在失败的提醒之下，我们才能更正确地评价自身，创造出更辉煌的人生。

山德士上校是肯德基的创始人。在创办肯德基之前，他只是一名普普通通的退伍军人。退伍之后，他身无分文，穷困潦倒，不得不依靠政府发放的补贴金勉强维持生活。在走投无路的情况下，山德士突然想起自己的手里有一个炸鸡秘方，因此，他决定向各家食品公司推荐自己的炸鸡秘方。然

而，因为山德士上校衣衫褴褛，一看就是处于穷途末路之中，因此，每家公司都毫不留情地拒绝了他。在经过1000次努力之后，在第1001次的尝试之中，他终于得到了一家食品公司的认可。后来，在短短的一年半时间里，他就接连开了三百家连锁店，做出来的炸鸡深受人们的欢迎。山德士上校为什么能够获得成功呢？是因为一次次的失败。失败后，他从来没有放弃过，而是总结经验，再次尝试。正是面对失败不屈不挠的精神，使他终于把失败变成了成功。

在美国，有一位年轻人穷困潦倒。然而，他却始终坚持自己想要成为一个演员的梦想，即使当他身上所有的钱加起来都不够买一件像样的西服时，他仍然没有放弃。

当时，好莱坞大概有500家电影公司，这一点他非常清楚。他带着为自己量身定制的剧本，根据自己事先计划好的路线与排列好的名单顺序，依次拜访这些公司。然而，结果是残酷的，第一遍走下来，他失望地发现这500家电影公司居然没有一家愿意聘用他。面对百分之百的拒绝，他丝毫没有放弃，重新开始了自己的第二轮拜访。然而，结果没有任何改变。就这样，他以坚强的毅力开始了第三轮拜访，仍然遭到了百分之百的拒绝。三轮下来，也许别人早就放弃了，但是这个年轻人心有不甘，他开始了第四轮拜访。终于，在拜访完第349家之后，第350家电影公司的老板答应让他留下剧本先看一看。

经过漫长的等待，这个老板通知年轻人前去详细商谈。就在这次商谈中，这家公司决定投资拍摄这部电影，并且邀请这位年轻人担任自己所写剧本的男主角，这部电影名叫《洛奇》。说到这里，看过这部电影的人应该知道，这位年轻人就是好莱坞巨星史泰龙。在先后共计1849次碰壁面前，史泰龙没有打退堂鼓，而是继续坚持不懈，这就是他在第1850次获得成功的原因。他的事例再次向人们证明了一个真理，即“失败乃成功之母”。

观察那些成功人士的成功历程，无一例外，他们都经受了很多次失败。假如没有毅力和坚持不懈的勇气，那么，他们就会被失败打到，无法走到成功的彼岸。虽然我们都是普通人，但是做人做事的道理却是一样的。不管什么事情，不管是谁的人生，都不可能一帆风顺，无忧无虑。只有拥有坦然面对失败的心胸和气度，成功才会如约而至。

坚持是成功的动力

大多数情况下，成功不是一蹴而就的。在追求成功的过程之中，绝大部分人都会经历很多艰难险阻，最终才有可能获得成功。当然，也有很多人虽然努力了，但是最终却没有如愿以偿。不管如何，只有坚持不懈地为了追求成功而努力的人，才会得到成功的青睐。与此相反，假如一遇到困难就放弃，那么就将永远与成功绝缘。

生活告诉人们，逃避是最大的愚蠢，只有勇敢地面对，勇敢地向前迈出坚实的一步，才有成功的可能，因为坚持是成功的源动力。为了人类的发展，很多科学家为此付出了自己一生的心血。爱迪生为了寻找最适合做灯丝的物质，进行了无数次实验，最终才找到了人们沿用至今的材料，使得整个人类摆脱了黑暗的侵蚀；司马迁在身受腐刑的情况下，虽然一度产生了轻生的念头，但是最终还是勇敢地活了下来，坚持写完了史学巨著《史记》，给整个人类留下了宝贵的文化遗产；北宋的大文学家苏轼一生数次遭遇贬谪，但是仍然保持积极乐观的心态，给人类社会留下了无数优美的文学作品……这些伟人，之所以能够在坎坷挫折的人生之中获得成就，获得成功，就是因为他们具有坚持的优秀品质。是坚持，促使他们不断地向着成功

踯躅前行。

一个部落里的人得了一种名为百日咳的病，因为没有药品医治，村民们接二连三地病倒，还有很多人在病痛的折磨下失去了宝贵的生命，因此，部落首领派一个名叫红叶的人去邻村求药。红叶刚刚出发，还没到那个村庄，天上就突然下起了暴风雪。当他历经艰难取药返回的时候，暴风雪依然肆虐着，因为地上的积雪很深，马已经无法载人，连缓慢行走都变得不可能。齐腰深的大雪，马儿没有草料吃，变得越来越虚弱，人也是如此。但是，一个村的人们都急等着红叶去救他们的生命。红叶在雪地里走了整整几天的时间，累垮了，躺在雪地里失去了知觉。然而，也许是因为心中有牵挂吧，他很快就醒了过来，浑身充满了一种莫名其妙的力量，这种力量使他爬起来坚持到底。一路上，他不停地跌倒，不停地爬起来，他必须死死地抓住马缰绳，才能让马儿带他找到回村的路。在他和马都即将冻死饿死的时候，他终于回到了村里，村民们得救了，都尊称红叶为“远行者”。

这是一个特别感人的故事，在严寒和饥饿已经严重威胁到生命的情况下，脱离困境的红叶完全可以首先保全自己，而不是冒着生命危险回到村子里。还有一种可能，就是红叶因为严寒和饥渴倒在雪地里，再也无法起来，这样一来，全村人都将被病魔夺去生命。然而，红叶坚持了，他的坚持创造了奇迹，使他最终战胜了困难，救活了村民。这就是坚持给勇者提供的力量！

在现代社会，虽然恶劣的环境已经无法阻止人们的步伐，但是，在处理很多事情的时候，坚持依然是必不可少的动力。生命的奖赏并非伸手可及，而是在遥远的旅途终点。不管是谁，都无法知道自己究竟要走多少步才能达到目标，即使经历了漫长的旅程，也还是有可能遭到失败。然而，成功就藏在拐弯处，除非拐了弯，否则，我们永远不知道自己距离成功还有多远。因此，我们必须向前一步，再前进一步，如此坚持下去，才能离成功越来越近。

第 14 章
学会放弃，不要让多余的包袱压垮你

美好的欲望，是带给你希望的火花，是人生路上催你不断前进的动力，能够为你的生活增光添彩。适时合理的欲望，会给你带来快乐和满足；太多的欲望，会使你的思想和心灵增加沉重的负担。学会适时放弃，不让多余的包袱压垮你，勇敢面对生活，你的人生之路将会走得更轻松，更精彩。

放下欲望的包袱

欲望，几乎存在于每一个人的思想、行为中，有对精神的需求，有对物质的占有。欲望有大有小，有的人的欲望很小，仅限于物质追求；有的人欲望却如难填的沟壑，深不见底。为了追求自己想要的东西，他们殚精竭虑、废寝忘食，然而到最后，有的人得到了自己想要的东西，喜不自胜，而有的人努力的结果却是竹篮打水一场空，莫说是捞到一条大金鱼，连最初自己拥有的海水都失去了。究其原因，就在于他们的欲望太多，而欲望太多，就会变成贪欲。贪欲越多，就会成为思想的包袱，心灵的负累。如果不能及时放下包袱，自己的重负就会越来越多，无论是精神还是肉体，都是难以承受的。明智的人，不会有太多的欲望，即使有了很多欲望，他也会放下

欲望的包袱，保持轻松的心情。

欲望，对于每个人，有着无限的魅力，它吸引着你一步一步向前迈进。稍不留神，你就可能被欲望吞并，尤其是在对财色的追求上，很少有人能轻易摆脱财色的诱惑。人一旦陷入欲望的陷阱，如果没有坚强的意志，没有顽强的决心，就会难以自拔，以至于使自己毁于一旦。

当然，这并不是说，人不应该有欲望，而是要分清哪些欲望应有，哪些欲望应及早抛去。因为我们只有有了欲望，才会对周围的事情感兴趣，对未来有所追求。如果一个人一点欲望都没有，他就会失去前进的动力，整日无所事事。有了欲望，就要让它成为我们前进的推动力，而不应该让它成为我们的思想包袱。欲望的包袱是沉重的，没有人愿意背负着沉重的包袱前进。因此，我们要学会放下，这样，我们的心情就会轻松，事业才会有成。

张华开了一家小小的服装店。他对顾客的热情服务和衣服的质优价廉，使他赢回了好多回头客，因此，他的生意非常兴隆，赚取了不少利润。随着财富的不断增加，张华就想着扩张自己的生意。

他又觅得了一处店面，雇佣了几个女孩，批发了一些应时的服装。服装店的经营很好，服装的销售也在他的预料之中。经过一年的时间，服装带给他的利润翻了两倍，这当然让他心里乐开了花。

虽然有了较多的钱财，他并没有停止对金钱的追求。服装市场是风云变化的，他不顾家人的劝说，做了一家品牌服装的代理商。但是，前来购置服装的顾客对他代理的品牌并不怎么感兴趣，因此，两三个月后，他并没有收到什么较大的效益，自己原来的投资也赔了进去。

欲望，是迷人的，小的欲望令人着迷，大的欲望则令人迷惑。如果不能很好地把握自己，利欲熏心，就很容易使自己迷惑。事例中的张华正是这样。在做服装生意已经有了利润之后，他仍然不满足，更多的贪欲占据了他的身心。但是他再次投资的结果，却让他陷入了欲望的深渊。

欲望有大小，也分善恶。善良的欲望，可以催你前进，使你奋发，让你在顺境中继续平坦，在逆境中永不停歇，它就像指引你前行的明灯；贪婪的欲望，同样会使你勇往直前，在所不惜，但结局只能如流萤扑火。拥有了善良的欲望，无异于为自己增添了奋进的翅膀，载着自己飞向美好的未来，飞向成功的彼岸；拥有贪婪的欲望，只能一步步走向毁灭。生活中，对众多的诱人的欲望仔细辨别，学会选择，欲望就不会成为思想包袱，成为沉重的枷锁。

放弃是一种智慧

放弃，对于每个人来说，是一种很不情愿的事情。除非是在迫不得已的情况下，我们才会选择这条道路。然而，现实是，无论我们是不是心甘情愿，我们都必须忍痛割爱。在我们的印象中，放弃往往代表着无能、懦弱、失败。没有人愿意放弃自己的追求，放弃自己已经拥有的，无论是财富、事业还是爱情。但是每个人的人生并不是一帆风顺的，有时候，我们需要放弃一些东西，即使这些东西是我们珍爱已久的。如果我们还一味抓住不放，也许事情会走向反面，失去的反而更多。放弃是一种智慧，一种大彻大悟的智慧。放弃了，我们才会有新的选择机会，才会有新的所得。

但是，每个人面对放弃的心态却大不相同。有的人担心放弃后，别人会嘲笑自己软弱无能，更害怕自己将来是不是还有重新拥有机会。其实，这种担心是没有必要的，因为，顾虑越多，失去选择的机会就越多。如果保持冷静的头脑、清醒的意识，你就会明白，适时放弃是一种智慧，也是一种美。它教你在取舍瞬间，领悟到美的真谛，重新唤起你对美好事物的追

求。面对已经放弃的，我们应该保持一份淡然，一份超脱。无论周围环境如何改变，我们都要勇敢面对现实。如果患得患失，悲观绝望，就会丧失前进的动力，失去重新拥有财富、事业、爱情的机会。所以，我们要正确选择，慎重对待放弃。

红利在公司里做文职工作。她每天兢兢业业地工作，希望以自己出色的工作成绩赢得公司部门负责人的信任。后来也果真如此，鉴于她的突出表现，公司对她进行了特别嘉奖，并把她升职为办公室主任。红利的工作不像以前那样繁忙了，又能得到丰厚的奖金和较多的福利，她内心非常高兴。

随着公司规模的不断扩大，公司各个部门之间进行了人事调整。公司部门负责人和红利协商，看是否同意把她调到一个新的部门，并且在此强调，这是出于公司整个工作的需要。红利明白，自己如果到了新的部门去，就意味着不再任办公室主任，而会成为一个普普通通的员工。她不想放弃。但是，要想改变公司的决定是极其困难的。

她思来想去，感到很困惑，以至于夜不能寐。考虑了几天之后，她决定抽身而出，放弃自己现有的职位。到了新的部门之后，她又有了用武之地，她的策划能力在公司组织的一些大型活动中显示了出来，受到了领导的赏识，被提升为企划部主任。这让红利欣喜异常。

适时放弃，是一种智慧，它让我们在失去的同时有新的所得。如果总是在取舍之间徘徊，就很难理智地面对现实，也不能做出明智的选择，难得的机缘就会从身边悄悄溜走。学会适时放弃，命运之神就会眷顾你，新的机遇就会向你招手。这个事例中的红利，正是懂得适时放弃，才有新的机遇，发挥自己的不凡才能。

放弃是艰难的，是令人痛苦的。如果能正确对待，就意味着有新的选择。不要为一时的放弃而踌躇不已，勇敢地做出抉择，抓住眼前稍纵即逝的机会，充分发挥自己的才能，事业才会重铸辉煌。放弃也是一种美，优雅的放弃，是对人生的一种态度，对自己、对他人的一种认可。只有怀揣美好希望的人，才会懂得适时放弃的重要性，从而抓住新的机遇，面对新的挑战，充分展现自己的聪明才智。

幸福是一种选择

在人们的心目中，幸福是遥不可及的事情，它就像天边的彩云一样，伸手难触。有的人为了追求幸福，花尽了毕生的精力，倾尽了毕生的心血，为了得到幸福，他们绞尽了脑汁，费尽了心思。有的人追求到了幸福，兴奋无比；有的人一无所获，伤心晦气。其实，他们并不明白，幸福只是一种感觉，一种选择。它存在于日常生活中，存在于所做的点滴事情中。对人的一点帮助，做出的一点成绩，都会成为感觉幸福的来源。

幸福是一种选择，把帮助别人当做幸福的人，这样的人生才会更有意义。如果一味为自己谋取利益，难免会损害到别人，这样做的结果只能是苦了自己，伤了别人。在生活或工作中，人们对幸福的理解各不相同。有的人把对金钱的追求当做幸福，有的人则把谋取高官厚禄当做幸福，还有的人把对别人无私的帮助当做幸福。选择的幸福不同，结果自然也就不同。如果选择了帮助别人作为幸福，在自己感觉幸福的同时，也为别人带来幸福。如果把为自己谋取利益作为幸福，就会因此患得患失，感觉不到幸福。因此，我们如果想得到幸福，就要进行正确的选择。金钱、名誉、地位固然能给我们带来幸福感，但是，如果我们把帮助别人当做自己的事业，我们将能体会到更多的快乐，得到更多的幸福。幸福也是一种满足，心里感到满足，幸福感就会自然而然地在心底滋生。

刘妮大学毕业后，就离开家乡参加工作。身在异地，她未免思念家乡、想念亲人。每逢周末，她的思乡之情就会越来越重，心中感觉到越来越压抑。偶尔到超市、商场去逛逛，也难以排解心中的抑郁。

这天，有朋友要去一个老年公寓，问她是否愿意一块去，刘妮就跟随到了老年公寓。到了那里，她很快被那里的气氛感染了。老人们因为她们的到来非常高兴，她的那位朋友为那些老人们打扫卫生、整理床铺，就像对待自己的父母一样，刘妮被朋友的热情和孝心感染。

在朋友的带动下，刘妮也开始和她一起到养老院里去帮助那些老年人，她很快和那些老人们熟悉了，和他们无话不谈。从中，她懂得了助人的快乐，感到自己非常幸福。不仅如此，她还把帮助对象扩展到了其他人身上。她和朋友到贫困地区，无偿地辅导贫困学生学习，并给他们捐献衣物。在她的帮助下，孩子们能够快乐地学习，温暖地生活。她的举动，不仅给孩子们带来了幸福，她自己也觉得心里像喝了蜜一样甜。

幸福是一种选择。帮助别人，给别人带来快乐，利于他人，是一种幸福。这个事例中的刘妮，在苦闷的时候，偶然受到朋友的启发，学会了去帮助别人，在给别人带来欢乐的同时，她心里也备受感动，感到了一种前所未有的幸福。幸福是一种感觉，一种选择。选择了令你幸福的事物，你就会感到幸福。如果沉溺于悲观，幸福就会远去，痛苦就会降临。因此，最为重要的是，我们要想得到幸福，首先就要学会选择。

幸福，存在于一点一滴的小事中。它等待着你去唤醒，等待着你去发掘，等待着你去体会。只有不计较自己的利益得失，不计较功名利禄，不被金钱诱惑的人，才能深深体会到幸福，明白幸福的真正含义。如果思想仅仅囿于自己狭小的生活空间，就很难得到幸福。只有进行正确的选择，懂得放弃那些不应该有的念头和想法，才能得到真正的幸福。把目光着眼于未来，伸出援助之手，幸福就会触手可及。

不要留恋眼前，前方的花开得更鲜艳

优裕富足的生活，无可替代的职位，至高无上的荣誉，是每个人都崇尚的事物，追求者孜孜不倦，得到者备加珍惜。一旦拥有，我们就会把它们视为珍宝，唯恐失去这些眼前的美好。然而，当我们贪恋着眼前的这种美好时，我们很容易满足于这样的现实，很容易停滞不前。留恋眼前，就会失去前进的动力，不再有新的追求，不知道前方的花开得更鲜艳，在等待着我们去欣赏，去采撷。如果我们长期这样下去，原有的生活、职位、荣誉就会逐渐成为固定的模式，变得僵硬老化，失去新鲜和活力。因此，我们不应该留恋眼前的事物，即使我们内心舍不得，也要学会放弃，去追求更加美好的生活、事业、荣誉。那种抱着现有的美好不放的人，势必会失去一些更为珍贵的机会。即使前方有绚丽的鲜花，有独特的美景，他也没有机会去欣赏，更没有机会去获得。

但是，在生活中，我们还是经常会看到这样的人，他们对眼前的生活津津乐道，对自己手中的权利挥斥方遒，在荣誉的桂冠下喜不自胜。殊不知，当他们留恋于这些美好时，别人已经远远地超过了自己，走到了自己的前面，追求到了更加美好的事物。而他们，却失去了追求美好事物、观赏花鲜艳开放的机会，他们依旧停留在原有的事物上，这样，他们只能因循守旧。所以，适时地放弃眼前的一些美好，而勇敢地去追求未来，我们就能看到前方美丽的鲜花，经过努力，我们的生活水平会节节升高，比原来更美好，我们也将得到更高的荣誉。

小鱼和同年龄的女孩比起来，无论是生活还是工作，可谓是顺风顺水。大学毕业后，她就到了一家单位去工作，环境好，工作清闲又出成

绩，并且到年底还能得到一笔不小的奖金。因此，她对工作十分满意。

后来，她谈了朋友。朋友在外地工作，为了能走到一起，朋友多次劝说她放弃原来的工作，到外地和他一起闯荡，既可以改变自己的生活，还可以在新的工作单位提升自己的能力。但是小鱼却担心自己，一旦失去眼前还算不错的工作，到了外地是否还能找到更好的工作。经不住朋友的一再劝说，她终于辞职离开了本市，到了朋友所在的城市。

在一家单位的招聘中，她从众多的求职者中脱颖而出。新单位的工作环境使她感到新鲜，同事们的热情使她感受到了温暖，在新的工作岗位上，她出色的表现受到了单位上下的一致好评。在单位进行年终评奖时，她获得了单位的最高年终奖，单位还为此专门召开了颁奖大会，以表彰小鱼为单位所做的贡献。想着自己辛辛苦苦的劳动终于有了收获，小鱼的心里非常高兴。

在生活或工作中，总有一些美好让我们难以割舍，难以放弃。如果留恋眼前的美好，我们就很难有新的突破、新的发现，更难以看到繁花似锦的未来，从而变得因循守旧。如果固守着眼前的美好，生活或工作的激情就逐渐被磨蚀，被掏空，我们就会在原地踏步，固步自封。只有懂得放弃，才能有新的拥有。这个事例中的小鱼，在经过考虑后，终于放弃了原有的清闲工作，在新的单位勤奋的工作又使她获得了极高的荣誉，这让她失有所得，她的人生也有了美好的转机。

眼前的美好，会给我们带来温馨，带来快乐，让我们留恋其中，乐不思蜀；也会使我们失去前进的动力，滞留于原步，没有了追求更加美好事物的愿望。这样，只能使我们赶不上时代的步伐，落后于他人，当别人在前方欣赏美丽的风景、艳丽的鲜花时，我们却只能看着我们的荣誉之花一点点枯萎，我们的生活一天天变得陈旧。所以，不要留恋眼前的美好，不要贪恋眼前的繁华。如果我们对未来还抱着更大的期望，就要果断地放弃眼前的美好，然后继续自己新的追求。这样，我们才会采撷到前方妩媚动人的鲜花，我们的生活、工作才会如绿洲一样焕发出勃勃的生机。

用“放”的态度看待人生

每个人的人生各不相同，有的人生很平凡，有的人生很完美。但是，无论哪一样人生，都是我们一步一步、踏踏实实走出来的。我们要想走出非凡的人生，就要持有正确的态度。人生就像攀登高峰，在通往人生顶峰的道路上有平坦也有崎岖，如果我们在人生途中不敢放开手脚，畏畏缩缩，迟疑不决，步子就会越来越小，以至于停步不前，这样，我们就很难到达人生的顶峰。如果我们放开自己的心胸，任由我们的手脚自由伸展，我们就会大步向前，从容镇定地走完我们的每一段人生。在通往人生顶峰的道路上，我们不仅能采摘到鲜花，品尝到蜜露，还能比别人站得更高，看得更远。

人生，是短暂的。如果过度地束缚自己，反而会压抑了自己的性格，削弱自己的意志，轻者减慢自己前进的步伐，严重者会导致自己止步不前，这样的人在生活中并不少见。他们约束了自己的心灵，放不开自己的心胸，脚步停滞不前，因此，原本顺畅的人生之路就会变得崎岖不平，这样自己的人生之路就会更加难走，短暂的人生就会很快完结。如果想达到人生的顶峰，就要放开自己的心灵，沉着冷静，不能有丝毫的慌张，迈开双脚，奋勇前进，即使遇上悬崖峭壁，急流险滩，也要努力前进，在艰辛的拼搏中会发现，人生是多么精彩。用“放”的态度看人生，会使你拥有更多的自由，更多的自信，获得更多的成功。

凯威家境贫寒，更为不幸的是，在他还未完成中学的学业时，他的父

母相继去世，他和刚上小学的妹妹成了无依无靠之人，面对如此的困境，凯威一筹莫展。如果自己继续学业，就无人照顾妹妹。如果自己退学回家，或者找一个工作做，就可以保证妹妹能够正常生活、学习。何况现在，他们两个人的生活就成了一个很大的问题。

紧张、焦虑使凯威的心情一度变得很糟。经过了慎重的思考，他的心情渐渐平静了下来，决定退学，然后找工作，供妹妹上学。虽然老师一再劝慰他，但是，凯威并没有改变自己的决定。退学后，他在一家公司找到了工作，经过短期的培训，他成了那家公司的一名员工。在工作中，他把培训期间学到的知识真正用于实践，他的工作能力逐渐表现出来，薪资也得到了提高。

凯威的心情自然格外好，他在工作的同时又参加了自学考试，取得了一定的专业学历，而妹妹的生活和学习也有了保障。在他的不断努力下，他和妹妹从现实的困境中走了出来，生活一天天变好。

人生途中会遇到很多艰难险阻，我们不要束缚自己的心灵和手脚，否则只能停留在原地，止步不前。这样，我们就很难向前迈进一步，自然，达到人生顶峰的企望也会成为幻想。只有不畏艰难，永不退缩，放心大胆地向前走，人生之路才会越走越宽广，才能达到人生的顶峰。这个事例中的凯威，在现实的困境中，能够以“放”的态度看待人生，才会走出不一样的人生。

用“放”的态度看人生，积极奋进，永不退缩，人生之路就会越来越宽广。如果放不开自己的心态，紧闭自己的心扉，迈不开自己的脚步，思维就会停滞，手脚就会退化，原本应该宽阔的人生道路会愈来愈窄，就很难达到人生的顶峰。因此，我们应以“放”的心态看待人生，不要让自己有所负累，保持心情轻松，从容镇定，勇敢迈开步伐，我们才会在人生的道路上取得成功。

懂得放弃的艺术

在人生途中，我们经常会面临抉择，有时甚至要面对放弃。放弃需要勇气，不到万不得已，谁也不想放弃自己已经拥有的美好的东西。但是，当一些事情真的到了无可奈何的地步，我们只有选择放弃。无论名利是多么诱人，金钱是多么炙手，爱情又是多么美好，我们都要毫不犹豫地选择放弃。因为负重太多，我们就无法继续前行，为了达到我们的人生目标，实现我们的人生价值，我们应该放弃一些拥有的东西。然而，放弃也是一门艺术，懂得了放弃的艺术，才能真正放下。如果不懂得放弃的艺术，那只能是简单的“放下”，就会有新的负累。因此，我们要做到彻底放弃，这样才能变得轻松。

然而，在短暂的人生中，懂得放弃的人，微乎其微。很多时候，我们看到一些人，在遇到挫折时，对自己经过辛苦奋斗得到的名誉、地位、金钱等恋恋不舍，紧抓不放，甚至投机取巧，这样反而弄巧成拙，使自己陷入更加危难的境地。人生的成败往往在取舍之间，适时放弃眼前的蝇头小利、风花雪月，果断地抓住新的机遇，就会得到更多。如果在关键时期还在打小算盘，计较太多，就会失去一次又一次得之不易的机会。因此，懂得放弃，知进知退，就能轻松前行，拥有新的重新展示自己能力的机会，以达到更高的目标。虽然放弃后，我们的人生也许会更加艰难，但是只要我们不忘记奋斗，不忘记拼搏，同样能走出精彩的人生。

从事销售的小张能言善辩，他的很多业务也是因此而来。当然，多年的销售经验，加上自己的勤奋工作，也是他能取得出色工作成绩、得到较多奖励的重要原因。他一直为自己取得的业绩感到自豪。

然而，销售行业的竞争是十分激烈的。特别是当他向同事透露了自己的销售秘诀之后，他的竞争对手也越来越多。当他采取同样的方式向客户推销产品时，他的同事们也正用他的销售经验招揽客户。市场就像一块面包，同事们使用同样的口径，分走了原本应该属于他的面包。小张的销售业绩逐渐下滑，他心里非常气恼。

当再次在销售时与同事相遇，小张再也忍耐不住，和同事发生了争吵。争吵越来越激烈，这引起了部门经理的强烈反感，事情反映到老板那里，老板停了小张的职。小张的销售生涯就此暂告一段落。

痛定思痛的小张很快反省了，原有的那些工作成绩、那些荣誉已经成为过去，自己也应该早点放弃。于是，他又开始择业，应聘到一家商场去做销售员。他没有了以前的那种傲视群雄的态度，待人变得温和可亲，很快赢得了客户的信赖，销售业绩也逐渐增加。他又迈上了一个新的人生台阶。

每个人生活在这个世界上，难免遇到挫折，要学会适时放弃，因为，放弃是一门艺术，是一门学问。如果到了非放手不可的情况，我们还在坚守着已有的东西，这对人对己都非常不利。所以，必要的时候，我们应舍得放弃、理智地放弃，这样就不会陷入更为艰难的境地。

放弃的目的是为了得到。放弃我们现有的，我们将能得到未有的。为了自己的人生之路更精彩，放弃一些不能为你的人生增色添香的东西，又有什么舍不得的呢？因此，学会适时适地的放弃，我们才能有新的机遇，新的所得。

第 15 章
做金钱的主人，让功名利禄随风而去

李白说：“千金散尽还复来。”金钱，这个敏感的字眼，多少人为它劳累奔波，甚至穷尽一生。但是，我们都忘记了，钱乃身外之物，它只不过是实现目标的工具。生活中，我们需要做金钱的主人，让功名利禄随风而去。

学会做金钱的主人

《茶花女》书中有一句名言：“金钱是好仆人、坏主人。”是做金钱的主人，还是做金钱的奴隶，这反映了两种不同的金钱观。金钱观是对金钱的根本看法和态度，是和人生观紧密相连的。不同的金钱观，决定了你与金钱之间的关系：如果你贪慕虚荣，崇尚荣华富贵的生活，那么你就是金钱的奴隶；如果你觉得生活除了物质享受以外，还需要精神上的愉悦，那么你就是金钱的主人。对于我们而言，要树立正确的金钱观，学会驾驭金钱，绝不做金钱的奴隶。虽然，钱可以买到很多东西，可以建立一个在物质上比较富裕的家庭，还能过较为舒适的物质生活，但是我们生活的幸福绝不是被物质填充起来的，而大多是来自于精神上的愉悦。透过金钱的魔力，揭开它那神秘的面纱，你就会发现那不过是一种商品。我们对金钱要有一种正确的认

识，既不能把它当做“阿堵物”，连碰都不碰，也不能为它而疯狂，甚至用一些卑劣的手段去获取它，而是需要“取之有道，用之有度”。

清朝年间，山西太原有一个商人，生意做得很红火，长年财源滚滚，他请了好几名账房先生，但他还是不太放心，每到总账的时候就要自己去算。因为钱的进出又多又大，他天天早晨打算盘熬到深更半夜，经常累得腰酸背痛头昏眼花，晚上上床之后还想着明天的生意，一想到成堆白花花的银子就兴奋激动。就这样，白天他忙得不能睡觉，夜晚又兴奋得睡不着觉，害得他患了严重的失眠症。在他们家隔壁，有一对靠做豆腐为生的小两口，每天清早就起来磨豆浆、做豆腐，说说笑笑，快快活活，这边的老头在床上翻来覆去，摇头叹息，对隔壁那对穷夫妻又羡慕又嫉妒。老太太也说：“老爷，我们这么多银子有什么用，整天又累又担心，还不如隔壁那对穷夫妻，活得那么开心。”老头笑着说：“他们是穷才这样开心，富起来他们就不能了，很快我就让他们笑不起来。”说着，翻下床从钱柜里抓了几把金子和银子，扔到了邻居家豆腐坊的院子里。

那对夫妻正边唱边做着豆腐，突然听到了院子里的声响，看见了闪闪的金子和白花花的银子，连忙放下豆子，慌手慌脚地把金银捡起来，心情紧张极了，也不知道该把这些钱藏在哪里。从此，再也听不到他们说笑了，也听不见他们唱歌了。

富商虽说过着衣食无忧的生活，但却经常因为金钱而累得腰酸背痛，甚至患上了严重的失眠症，而隔壁那对穷夫妻，虽然只是以卖豆腐为生，但清贫的日子却过得有滋有味。可是，当富商向隔壁那对穷夫妻扔下了金子银子，就再也没有听到他们的笑声和歌声了，他们也开始整日为金钱而劳累了。究其原因，就在于穷夫妻和富商一样，在金钱面前，失去了自我，成为了金钱的奴隶，所以，他们的生活也失去了往日的欢声笑语。

对于那些有着正确金钱观的人，他们比较淡漠金钱，在他们的思想里有着比金钱更为重要的、更宝贵的东西，正如靳羽西所认为的那样“成功的人生是受尊重，事业成功，健康和爱”。

1. 成为金钱的主人

犹太人一直把金钱奉为世俗的万能上帝，但他们却没有成为金钱的奴隶，更没有在金钱的狂态面前俯首称臣，而是成为了金钱的主人，掌控了自己的财富人生。世界有名的亿万富翁洛克菲勒对金钱的看法就是：不但不做钱财的奴隶，相反，还把钱财当做奴隶来使用。

2. 不要为钱较真

《佛光菜根谭》：“有钱可以买到美食，买不到食欲；可以买到医药，买不到健康；可以买到床铺，买不到睡眠；可以买到赞誉，买不到知己。”人生中的财富无数多，并不是只有金钱才被称为财富，我们还需要拥有内在的财富，那才是取之不尽用之不竭的财源，这才是真正的财富人生。敢于舍弃“金钱奴隶”，翻身变作金钱的主人，我们才会收获一份轻松的心情。

胜败乃兵家常事

俗话说：“胜败乃兵家常事。”如果生活中的困难与挫折是上天对我们的一种考验，那我们一次次接纳它们就是一次次的挑战。生活中，不管我们处境如何，都需要接受这样的挑战，即便是失败了，那也是一件值得庆幸的事情，因为失败会让我们更接近成功。人生就像一次攀岩，充满着惊险与困难，处处考验着你的勇气与意志。也许，在攀登过程中，我们会无数次遭遇陷阱，但只要不畏惧失败，不因一次的跌倒就丧失斗志，那胜利的曙光

将会永远地照耀着我们。生活中的困难与挫折都是磨刀石，只要我们迎难而上，它就会使我们的意志更加顽强。困难与挫折，对我们何尝不是一种挑战？困难可以使我们从奢侈中解脱出来，更加坚定人生的方向；战胜挫折需要巨大的勇气，而有勇气的人注定会走向成功。正视挫折，接受人生一次次的挑战，这样我们就一定会战胜挫折。

和田一夫21岁那年，自己经营的位于静冈县热海家的蔬菜水果店被一场大火烧毁，和田一夫几乎失去了所有，但是，失败并没有让他放弃希望，他将烧成平地的100坪土地拿去做抵押，借钱买了块300坪的土地盖了一个超级市场，开创了日本八百伴。超级市场在和田一夫的经营下，发展越来越好，这时，和田一夫想带着自己的超级市场进军亚洲，而新加坡成为了进入亚洲的起点。

1972年，和田一夫和日本野村证券公司第一次考察新加坡市场，然而就在新加坡，他碰到了两件令自己苦恼的事情：新加坡租金太贵，完全超出了自己的预算；在新加坡期间，和田一夫无意中听到一位的士司机告诉他一段日本伤害新加坡的国仇家史。对此，和田一夫说："对日本百货公司来说，70年代是一个必须面对历史的时代。"回到日本后，和田一夫告诉了董事们这两件事，结果董事们纷纷表示反对投资新加坡。但是，和田一夫明白"零售业成功的因素是要消费者口袋里装着钞票"，于是，在70年代初期，和田一夫在新加坡开辟了第一个亚洲市场。1976年，受世界石油危机的冲击，巴西八百伴被迫关门。通过这次教训，和田一夫领悟到："不该死守一个地方，要大胆调动资金，分散资产。"紧接着，八百伴从东南亚"流通"到了中国的台湾、香港以及内地。20世纪80年代末期至90年代初期，整个亚洲经济处于全盛时期，和田一夫的八百伴集团在16个国家拥有了400多间百货公司，八百伴集团坐上了世界零售业第一把交椅。

1997年，和田一夫在日本负责掌管日本八百伴公司的弟弟，因被指控欺骗日本财政部而被法庭判定有罪，当时也判定和田一夫结束所有海外企业，回日本受审。当时，日本媒体称和田一夫将资金调动到中国，拖累了日本八百伴。顿时，一夜之间，和田一夫变成了一个连累八百伴股东和员工的罪人。这时，和田一夫做出了决定，宣布“自我破产”，交出所有财物，向企业界告别，搬到一个租来的房子里。

如今，和田一夫成立了“和田一夫企业咨询公司”，他的日常工作就是用电脑给许多企业家回答问题，为企业团体作演讲。同时，他以探讨自己的失败撰写了《从零开始的经营学》，这本书成为了日本经典著作之一。对此，和田一夫这样说：“失败是我的财富，我想将这个企业咨询网络像当年八百伴一样伸展到亚洲，甚至全世界。”

在迎接挑战之后，即便我们失败了，也没什么可怕的。失败并不可怕，只要你在失败中不断地积累经验，终究能将失败变成财富。其实，遭受失败并不可怕，关键是用积极的心态来面对。只要我们能改变心态，把每一次的失败都当做考验自己的机会，把它当做超越自己的一次机遇，那么，我们就不会沉浸在痛苦里，甚至感谢失败让我们看清了真相，获得了经验。失败会让人变得成熟，它是人生的一笔宝贵财富。

1. 失败乃成功之母

杰出的音乐家贝多芬在与外界声音隔绝之后，坚持音乐创作并获得了巨大的成功；只受过三年正规教育，被老师认定是一个智力迟钝的学生——爱迪生，在经过不懈的努力之后，成为了最伟大的发明家之一。当他们的人生遭遇了这么多打击与失败之后，上帝并没有遗弃他们，而他们自己正是通过这些失败，才走到最后的成功。

2. 不要较真失败带来的痛苦，而是学会感谢那些挫折

日本著名实业家原安三朗曾说：“年轻时赚一百万的经验，并不能成

为将来赚十亿元的经验，但损失一百万的经验，倒可以培养赚十亿元的经验，逆境是锻炼人才最好的机会。”一个不能接受失败、只是较真失败带来的痛苦的人，是无法看清楚成功的本质，从失败的教训中学到的东西，往往比成功中学到的还要深刻。成功，总是在经历多次失败之后才姗姗来迟，正确面对失败，才是走向成功的重要素质和能力。

金钱，无法填充精神世界

流行着这样一句话：“钱可以买到房子，但买不到温暖的家；钱可以买到床，但买不到睡眠；钱可以买到珠宝，但买不到美好的生活；钱可以买到权势，但买不到威望；钱可以买到书籍，但买不到智慧；钱可以买到谄媚，但买不到尊敬；钱可以买到服从，但买不到忠诚；钱可以买到伙伴，但买不到友谊。”金钱，它所能够满足我们的只不过是物质生活，而绝不是精神生活。在现实生活中，那些满身上下金光闪闪、名牌耀眼的人，虽然他们的钱包鼓鼓，甚至数钞票数到手软，但他们的精神世界却是极其贫瘠的。因为大量金钱的充斥，让他们觉得在这个世界里，不管什么问题都能用钱解决，于是，他们都习惯用钱来维系人与人之间的关系。虽然，在短时期内，他们很满足于自己的现状，但时间久了他们会发现，原来自己穷得只剩下钱了。

小安今年18岁，正是青春年华的好时光，但她却说：“我一点儿也不幸福。”可是，如果你见到小安，你可能会说她身在福中不知福。但她到底幸福不幸福呢？

小安的父母都是做生意的，从小安懂事起，就没跟父母同桌吃过饭，她总是远远地隔着玻璃看着父母跟客人在酒店里吃饭，父母谦卑的笑容，以及谄媚的姿态，都让小安觉得浑身不舒服。当然，父母除了不能给爱，什么东西都能给，因为他们有很多的钱。当小安开始认得钞票的时候，她手里就没缺过钱，与父母唯一有联系的也就是放在桌子上的钞票，以及寥寥数语的嘱咐。小安曾无助地表示："爸妈，我只是想你们陪我吃一顿饭。"可父母的回应却是："安安，你怎么身在福中不知福呢，你瞧瞧隔壁的小军，穿着地摊货，你呢，浑身名牌，拥有最时尚的手机，差不多都是限量版的，这些东西都是别人家孩子羡慕不来的，父母这样忙，也是为了你，给你存更多的钱，你以后的生活才不发愁啊。"钱，钱，钱，一天就知道说钱。小安沉默了，既然你给钱，那我就花，使劲花。

小安将所有的愤怒都发泄在钱上了，她买东西总是最贵的，开销大大超过了以前。对于这样的行为，父母虽然会说几句，但总是痛快地就把大叠的钞票拿给小安。每天，小安都可以抱着大叠钞票睡觉，但在半夜，她却常常被痛苦惊醒，那是一种来自心底深处的痛苦，说不出来的感觉。

对有的人而言，物质生活越富足，精神生活却越是贫乏。金钱并不是万能的，至少它不能满足精神上的需求，这就是富人活得不开心而许多穷人活得很开心的原因。生活中，做人还是简单点，知足常乐，以平常心对待自己的现状，不要跟自己较真。

在美国有位很有钱的富翁，但是他却得不到别人的尊重，为此，他很苦恼，每天都想着如何才能得到他人的敬仰。一天，富翁在街道上散步，看到旁边有一个衣衫褴褛的乞丐，他心想自己机会来了。于是，富翁便在乞丐的破碗中丢下了一枚金币，可是，乞丐却头也不抬，自己忙着捉虱子。富翁感到很生气："你眼睛瞎了吗？没看到我给你的金币？"乞丐还是没有正眼瞧他，回答说："给不给是你的事，不高兴你可以要回去。"富翁很

生气，又丢了十个金币在乞丐的碗中，心想这一次乞丐一定会趴着向自己道歉，却不料，那个乞丐还是不理不睬。

富翁几乎要跳起来了，咆哮道：“我给你十个金币，你看清楚，我是有钱人，好歹你也尊重我一下，道个谢你都不会？”乞丐懒洋洋地回答：“有钱是你的事，尊不尊重则是我的事，这是强求不来的。”富翁一下子着急了：“那么，我将我的一半财产分给你，能不能请你尊重我呢？”乞丐翻着白眼看着他，说：“给我一半财产，那我不是和你一样有钱了吗？为什么要我尊重你。”一着急，富翁说道：“好，我将所有的财产都给你，这下你可愿意尊重我了吗？”乞丐回答道：“你将财产都给我，那你就成了乞丐，而我成了富翁，我凭什么要尊重你？”富翁一下子好像明白了什么，他抓住乞丐的手，真诚地说了一句：“谢谢你！”乞丐改变了之前的态度，睁着眼睛说：“不用客气，您请慢走。”

有钱就能买到尊重吗？这位富翁天真地以为，那些看上去很贫穷的乞丐就可以为了钱去做一些有悖于自己自尊的事情。正如那位乞丐所说：“有钱是你的事情，尊不尊重是我的事情，这是强求不来的。”所幸的是，最后那位富翁终于明白了，什么才是钱也买不来的尊重。

1. 金钱只不过是一种工具

金钱只是用于我们换购一些物质东西的工具，它不具备任何精神方面的价值。我们都知道，物质生活虽然是基础，但那却是最基本的需求，对于我们而言，应该有更高级的需求，那就是精神层次的需求，而这是金钱无法满足的。

2. 金钱只会让我们精神世界越来越贫瘠

虽然，金钱算不上多么邪恶的东西，但它的存在多少会给我们的价值观带来影响。有的人很穷，但他过得很快乐；有的人很富有，因为占有的金钱太多，使得他的价值观发生了扭曲，因而他是不快乐的。

不要被名利束缚住

人生之名利如猛兽，生不带来死也带不走，看透说不透才是真正的智者。佛家说："打透生死关，生来也罢，死来也罢，参破名利场，得了也好，失了也好。"名利，说白了，不过是身外之物。一个人从呱呱坠地到成长过程中，越是长大，他追逐名利的思想就越来越厉害。从古至今，人们无时无刻不在为名利而追逐，尔虞我诈，不惜血本，有的甚至以牺牲生命为代价，有的人为了一时既得的利益，竟然违背自己的良心，这种对名利的追逐其实就是一种人生的痛苦与悲哀。佛家说，假如真的能看透生与死，那也就看透了人们的生死虚妄。一个人，得名利时，如果十分欣喜，那就是一种生，也是一种死；一个人，失去名利时，如果痛苦万分，同样也是一种生，也是一种死。追逐和争夺名利的人，他们永远会在名利的挣扎中痛苦着、流转着。

于连出生在小城维立叶尔郊区的一个锯木厂家庭，从小身体瘦弱，在家中被看成是"不会挣钱"的不中用的人，经常遭到父兄的打骂和奚落。卑贱的出身使他常常受到社会的歧视，但是，从小他就聪明好学，在一位拿破仑时代老军医的影响下，崇拜拿破仑，幻想着通过"入军界、穿军装、走一条红"的道路来建功立业、飞黄腾达。

在14岁时，于连想借助革命建功立业的幻想破灭了。这时他不得不选择"黑"的道路，幻想进入修道院，穿起教士黑袍，希望自己成为一名"年俸十万法郎的大主教"。18岁，于连到了市长家中担任家庭教师，而市长只将他看成是拿工钱的奴仆。在名利的诱惑下，他开始接触市长夫人，并成为了市长夫人的情人。

后来，与市长夫人的关系暴露之后，他进入了贝尚松神学院，投奔了

院长，当上了神学院的讲师。后因教会内部的派系斗争，彼拉院长被排挤出神学院，于连只得随彼拉去巴黎，当上了极端保皇党领袖木尔侯爵的私人秘书。他因沉静、聪明和善于谄媚，得到了木尔侯爵的器重，以渊博的学识与优雅的气质，又赢得了侯爵女儿玛蒂尔小姐的羡慕，尽管不爱玛蒂尔，但他为了抓住这块实现野心的跳板，竟使用诡计占有了她。得知女儿已经怀孕后，侯爵不得不同意这门婚事。于连为此获得一个骑士称号、一份田产和一个骠骑兵中尉的军衔。于连通过虚伪的手段获得了暂时的成功。但是，尽管他为了跻身上层社会用尽心机，不择手段，然而最终功亏一篑，付出了生命的代价。

有人说，于连身上有着两面性的性格特征。于连最后在狱中也承认自己的身上实际有两个我：一个我是“追逐耀眼的东西”，另一个我则表现出“质朴的品质”。在追逐名利的过程中，真实的于连与虚伪的于连互相争斗，当然，他本人内心也是异常痛苦的。最终，因不断地追求名利，让自己心力交瘁。

陶渊明是东晋后期的大诗人、文学家，他的曾祖父陶侃是赫赫有名的东晋大司马、开国功臣；祖父陶茂、父亲陶逸都做过太守。但到了东晋末期，朝政日益腐败，官场黑暗。

陶渊明生性淡泊，在家境贫困、入不敷出的情况下仍然坚持读书作诗。他关心百姓疾苦，怀着“大济苍生”的愿望，出任江州祭酒。由于看不惯官场上的那一套恶劣作风，不久就辞职回家了，随后州里又来让他做主簿，他也辞谢了。后来，他陆续做过一些官职，但由于淡泊功名，为官清正，不愿与腐败官场同流合污，而过着时隐时仕的生活。

最后一次做官那一年，已过“不惑之年”的陶渊明在朋友的劝说下，再次出任彭泽县令。到任八十一天，碰到浔阳郡派遣督邮来检查公务，浔阳郡的督邮刘云，以凶狠贪婪远近闻名，每年两次以巡视为名向辖县索要贿

赂，每次都是满载而归，否则栽赃陷害。县吏说："当束带迎之。"就是应当穿戴整齐、备好礼品、恭恭敬敬地去迎接督邮。陶渊明叹道："我岂能为五斗米向乡里小儿折腰。"意思是我怎能为了县令的五斗薪俸，就低声下气去向这些小人贿赂献殷勤。说完，挂冠而去，辞职归乡。此后，他一面读书为文，一面躬耕陇亩。

正所谓"一语天然万古新，豪华落尽见真淳。"陶渊明不为"五斗米折腰"的气节，更是不断鼓励着后代人要以天下苍生为重，以节义贞操为重，折腰时心已愧，不趋炎附势，保持善良纯真的本性，不为世上任何名利浮华所改变。

1. 克制自己对名利的欲望

人们对来自他人的奴役，都能够保持高度的警惕，而对来自自身欲望的奴役，往往很多人不能保持足够的警惕。因为对名利的追逐，使得我们的人生就好像一场战争，不断地追名逐利，结果自己一辈子将深陷名利的漩涡中而痛苦。

2. 不要较真名利带来的优越感

在每个人的内心深处，对名利都是有着一定的渴求。很多时候，一旦自己对名利的渴求得不到回应，人们便会灰心丧气，觉得人生无望了。其实，这只是一种较真心理，只是在计较自己不能获得名利带来的虚荣感而已。

面对名利，保持平常心

名利，多么具有诱惑力的一个字眼，同时，这也是很多人立足社会、

搏击人生的主动力。自古以来，名利就是许多人一生的奋斗目标，多少人为了光宗耀祖而削尖了脑袋挤进官宦之途，多少人因为人生的不得志而郁郁寡欢。但是，在名利场上，春风得意、踌躇满志的人毕竟是少数，大多数人为名利而困恼，为那些自己不得到的名利而较真。其实，人生的道路本来很宽阔，如果我们把眼光尽放在名利上面，那只会让我们的道路越走越狭窄。只有我们保持平常心，才能活出真的自在。

从古至今，人们对功名利禄的向往都很强烈，特别是居高位者，每每容易在权力欲望中迷失，最终变得疯癫。不过，曾国藩却说："为官应当只问耕耘，不问收获。"这其中的淡然之心，可以说是令人敬佩。而正是这样将名利抛下的心理，让他最终得以保身。

淡泊者不求名利，曾国藩就此做出解释："淡泊二字最好，淡，恬淡也；泊，安泊也。恬淡安泊，无他妄念也。此心多么快乐啊！而趋炎附势，蝇头微利，则心智日益蹉跎也。"曾国藩是一个清醒的人，他认为："乱世之名，以少取为贵。"人生在乱世，世态发展皆在混乱之中，何谓富，何谓福，这都是难以说清楚的，所以人生还是少取为妙。

在功成名就之后，同治六年五月，曾国藩在家书中劝告欧阳夫人说："居官不过是偶然之事，居家乃是长久之计，能从勤俭耕读上做好规模，虽一旦罢官，尚不失为兴旺气象。若贪图衙门之热闹，不立家乡之基业，则罢官之后便觉气象萧索，凡盛必有衰，不可不预为之计。望夫人教训儿孙妇女常常做家中无官之想，时时有谦恭省俭之意，则福泽悠长。"

冰心老人曾告诉我们："人到无求，心自安宁。"在冰心老人家一辈子的经历中，我们不难看出，清心寡欲，淡泊宁静，看淡功名利禄，正是她精神健康的奥秘。在半个多世纪以来，冰心将全部的杂念全部抛到脑后，一心扑在为孩子们的写作、交流上，而孩子们也带给她无限的安慰和喜悦。或许，正因为她心静如水，永远保持着童心，才使得自己在古稀之年也耳聪目

明，思维敏捷。淡泊以明志，宁静以致远，我们才会活得洒脱自在。

庄子钓于濮水，楚王使大夫二人往先焉，曰："愿以境内累矣！"庄子持竿不顾，曰："吾闻楚有神龟，死已三千岁矣，王巾笥而藏之庙堂之上。此龟者，宁其死为留骨而贵乎？宁其生而曳尾于涂中乎？"二大夫曰："宁生而曳尾涂中。"庄子曰："往矣，吾将曳尾于涂中。"

这个故事反映了庄子真实的心灵，庄子对于抛弃名利的坚持，让我们知道精神可以达到这样的境界。实际上，庄子的行为，确实让一代代"学而优则仕"的读书人，在赢得世俗的成功的同时，内心总会有一种秘而不宣的羞耻感，还有一种受名利驱使的无奈感。

1. 抛下名利，会体验到简单的快乐

一个人假如具备抛弃名利的人生态度，那面对生活，他就会比常人更容易找到乐观的一面。他所看到的就是生活的美好，他不再对那些可望不可即的空中楼阁感兴趣。在纷繁的世界中，不去较真名利的争夺，在自己的心田构筑一片宁静的田园，你自然会体验到简单的快乐。

2. 名利之外，活得一身轻松

陶渊明伴着"庄生晓梦迷蝴蝶"中的翩翩起舞的蝴蝶，在东篱之下悠然采菊，面对南山，陶渊明选择忘记，遗忘那些官场中的丑恶与仕途的不达，清新淡雅，与世无争，为自己寻回了一方心灵的净土，超脱于名利之外，活得一身轻松。

学会生活，学会享受

在生活中，我们经常会看到这样一群人：抠门、小气，与人交往总是

只进不出。人们称这样的人为“守财奴”、“铁公鸡”。什么是守财奴？顾名思义，就是只知敛财不知用度的人。莎士比亚在喜剧《威尼斯商人》中塑造了一个吝啬鬼的形象——夏洛克。他是一个资产阶级高利贷者，为了达到赚更多钱的目的，在威尼斯法庭，他凶相毕露：“我向他要求的这一磅肉，是我出了很大的代价买来的，它是属于我的，我一定要把它拿到手里。”与所有的守财奴一样，他的本性是贪婪。在现实生活中，守财奴是鄙夷的，一个人要是太过吝啬就会受到人们的嘲弄和讽刺，太为金钱的流失而较真，这样的人只能一辈子抱着金钱生活。假如一个人既吝啬又小气，那可以肯定，他注定只能成为“孤家寡人”。这样的人即便抱着家财万贯，但他没有过一天舒服的日子，人生短短几十载，值得吗？人生在世，我们要学会生活，学会享受。

在喧嚣的现实世界里，我们已经变得不会享受生活了，而把对金钱和名利的占有当做享受的终极目标。许多人觉得这就是享受，享受就是有钱、有房、有车，其实，并不是这样。我们所主张的享受，不是严监生那般的吝啬金钱，也不是铺张浪费，而是遵从于内心的感受。如果我们把人生得失看得太重，把金钱看得太重，那我们就开始心浮气躁，希望快速地拥有金钱和权力，我们会在乎形式而忽略内容，在乎结果而忽略过程。

在《儒林外史》中，严监生算是一个守财奴的经典形象了。听听严监生是如何向舅爷诉苦的：“便是我也不好说。不瞒二位老舅，像我家还有几亩薄田，日逐夫妻四口在家度日，猪肉也舍不得买一斤，小儿子要吃时，在熟切店内买四个钱的哄他就是了。

严监生临死之前，他把手从被单里拿出来，伸着两个指头。大侄子走上前来问道：“二叔，你莫不是还有两个亲人不曾见面？”他就把头摇了摇。二侄子走上前来问道：“二叔，莫不是还有两笔银子在那里，不曾吩咐明白？”他两眼睁得滴流圆，把头又狠狠地摇了几摇，越发指得紧了。

奶妈说道：“老爷想是因两位舅爷不在眼前，故此记念。”他听了这话，把眼闭着摇头，那手只是指着不动。赵氏慌忙揩揩眼泪，走近上前道：“爷，别人都说的不相干，只有我能知道你的意思，你是为那灯盏里点的是两根灯草不放心，唯恐费了油。我如今挑掉一根就是了。”说罢，忙走去挑掉一根灯草，众人在看严监生时，只见他一点一点把手垂下，登时就没气了。

这个经典的镜头成为了守财奴的标准画像，严监生就是一个为两根灯草而不肯咽气的土财主。人的一生是十分短暂的，钱财跟生命比起来简直是一文不值，哪怕你万贯家财也不能买来一秒钟的生命。严监生一辈子也没过一天的好生活，临死之际，还在为金钱所累，这样的人生太苍白了。

事实上，我们每个人都是富有的，有健全的四肢，有阳光和空气，有知识和智慧，有爱情和事业，这些就是生活。当我们拼了命地工作了一天，不要觉得去外面吃顿饭就是浪费，好好地犒劳自己也是一种享受。当然，享受生活的同时，我们并不主张铺张浪费，或许你的开销大于你的收入，那是相当危险的。我们只强调，在现有的基础之上，好好享受生活，好好享受人生。

第16章 换个角度思维，让自己能应付各种不同情况

在生活中，看问题的角度往往决定我们对之所下的结论。其实，事物都具有两重性，在很多时候，我们需要打破思维定势，换一种思维方式，从中挖掘出新的信息，寻求解决之道，这样我们才能从容应付生活中的不同情况。

只要活着就有机会

拿破仑说："人与人之间只有很小的差异，但是这种很小的差异却可以造成巨大的差异。很小的差异即积极的心态还是消极的心态，巨大的差异就是成功和失败。"当生活的灾难从天而降的时候，人们总会有两种截然不同的心态：有的人会感觉到天塌下来了，什么都完了，除了抱怨还是抱怨，似乎他的整个生活都被不幸所吞噬了；有的人则心态乐观，他们甚至会将那些灾难和不幸当做朋友，在他们看来，只要自己还活着，那就有机会东山再起。最后，他们真的在磨难中有所获得，赢得了最后的成功。人生在世，我们可以自由地呼吸，可以感觉到生命的跳动，那是因为我们还活着。我们光着身子来到这个世界，并不想带着什么东西离去，即便我们输得一无所有，我们只不过回到了最初的状态，有什么比死亡更可怕的呢？只要

我们还活着，我们就可以去做一切我们所能够想到的事情。记住，活着就是一切，只要活着就有机会。

在大山里，有一个悲惨的男孩，在他10岁时母亲就因病去世了，父亲是一个长途汽车司机，长年累月不在家，没有办法照顾男孩。于是，自从母亲去世后，小男孩就学会了自己洗衣、做饭，照顾自己。然而，上天似乎并没有过多地眷顾他，在男孩17岁的时候，父亲在工作中因车祸丧生，在这个世界上，男孩没有什么亲人了，也没有人能够依靠了。

可是，对于男孩来说，人生的噩梦还没有结束。男孩走出了失去父亲的悲伤，外出打工，开始独立养活自己。不料，在一次工程事故中，男孩失去了自己的左腿，惨遭人生的挫折，男孩并不抱怨，也不生气，反而让他养成了乐观的性格。面对生活随之而来的不便，男孩学会了使用拐杖，有时候不小心摔倒了，他也从来不愿请求别人的帮忙，同时，他还从事着一份简单的工作。

几年过去了，男孩将自己所有的积蓄算了算，正好可以开个养殖场。于是，他用自己全部的积蓄开了一个养殖场，但老天似乎真的存心与他过不去，一场突如其来的大火，将男孩最后的希望都夺走了。

终于，男孩忍无可忍，气愤地来到了神殿前，生气地责问上帝："你为什么对我这样不公平？"听到了男孩的责骂，上帝一脸平静地问："哪里不公平呢？"男孩将自己人生的不幸，一五一十地说给上帝听，听了男孩的遭遇后，上帝说道："原来是这样，你的确很悲惨，失败太多，但是，你干嘛要活下去呢？"男孩觉得上帝在嘲笑自己，他气得浑身颤抖："我不会死的，我经历了这么多不幸，已经没有什么能让我害怕，总有一天，我会凭借着自己的力量，创造出属于自己的幸福。"上帝笑了，温和地对男孩说："有一个人比你幸运得多，一路顺风顺水走到了生命的终点，可是，他最后遭遇了一次失败，失去了所有的财富，不同的是，失败后他就绝望地选择了

自杀，而你却坚强、乐观地活了下来。孩子，记住，只要你还活着，你就有机会。”

人生的不幸历练着男孩坚强的性格，生活的失败铸就着男孩积极乐观的心态。遭遇事业的失败后，男孩忍不住了，责问上帝为什么对自己这样不公平？这样的行为，我们似乎在大多数失败者身上都能看到，每每遇到人生不如意的时候，他们总是质问："老天，为什么我总是不幸的，为什么对我这样不公平？"在上帝的启发下，男孩明白了。即使，自己失去了所有，但自己还活着，这时生命就是自己最宝贵的财产。只要自己还活着，那自己就有再次出发的勇气和信心，总有那么一天，他会凭借自己的力量，创造出属于自己的那片蓝天。

罗斯福在参选总统之前被诊断出患了"腿部麻痹症"，医生对他说："你可能会丧失行走的能力。"听了医生的宣判，罗斯福没有生气，反而乐观地说："我还活着，就要走路，而且我还要走进白宫。"对于一个拥有着乐观心态的真正强者而言，人生的一点小挫折、小失败并不算什么，罗斯福最终走进了白宫，成为美国最伟大的总统之一。感恩于自己还活着，这样积极乐观的心态会让我们在磨难中迅速成长，最终赢得成功。

活出自己的精彩

在生活中，有许多东西是我们无法选择的，但我们所能够选择的是自己翱翔的姿势。当我们无法预料到结果的时候，我们可以选择一个好的过程。人生短短几十年，有的人活得平庸，有的人活得心酸，有的人活得精彩，同样是短短几十年，为什么会呈现出这么多的人生百态呢？那是因为每个人对待人生的态度不一样。假如我们来到这个世界的时候，眼前就有一条为我们铺好的康庄大道，那我们就是人生中的幸运儿；但假如我们占尽了劣势，无法选择自己的一切，那我们该怎么办呢？

小女孩在四岁那年就患上了脊椎炎，在石膏床上一趟就是四年。从石膏床上下来之后，她开始靠着拐杖走路。那时候，她并不知道这意味着什么，因为在上学期间，老师和同学们从来没有把她当做残疾人看待，也没有歧视过她。她在各方面都十分努力，不仅学习成绩优秀，而且还担任了少先队大队委员。上初中第一天报道的时候，她被老师扶上讲台，看着台下注视的目光，她感到很自豪。她很善于思考，每次有别的老师来听课，老师总是会叫她起来回答问题，这让同学们羡慕不已。

虽然，她是一个品学兼优的学生，但在考大学的时候，她还是被命运给抛弃了。她的成绩超过录取线很多，却因身体残疾而无法入学，这一次，她才真正感受到自己不是一个“正常人”。后来，无论是找工作还是找对象，都因为自己的残疾而屡屡受挫。直到24岁那年，她才找到了第一份工作，成为了街道上的出纳员。

她早出晚归，勤奋努力地工作，但所获得的报酬却比别人少，这种被歧视的感觉常常涌上自己的心头。后来，她成为了刻板工，只用双手和大脑，每天描图、刻钢板，她开始接触了汉字书法。在很意外的情况下，她独辟蹊径，将心理学和熟悉的汉字书法联系在一起，创造出一套心理学书法的理论。慢慢地，她成为了远近闻名的心理咨询师。

或许，教人练习书法，这是一件很普通的事情；给人做心理咨询，也并不是什么新鲜事情。但对于一位拄着双拐的残疾女孩，却将心理学和传统的汉字书法融为一体，成为了很特别的心理咨询师，从而实现了自己的人生价值。在命运的残酷打击下，她没有低头，而是用内心的坚韧活出了自己的

精彩，这不能不说是一个传奇。

叶乔波在10岁的时候就开始踏上了滑冰场，她是个追求完美的女孩子。当初那严酷的训练也让年幼的她疲于奔命，但为了踏上滑冰场，完成心中的梦想，她咬着牙坚持了下来。18岁那年，她的头椎受伤了，在北京、沈阳几家大医院诊断，都被告知了相同的结论：如果再继续练滑冰，将有瘫痪的危险。于是，摆在她面前的是继续与放弃这两个艰难的选择，但懂得忍耐、不服输的叶乔波选择了前者。

1988年，本来已经进驻冬奥会选手村三天的叶乔波突然被国际滑联取消参赛资格，并被罚停赛15个月，理由是她所服用的中药里含有禁药成分。即将踏上自己的人生舞台，却被告知取消了资格，这次的打击无疑是十分严重的。对于23岁的她，似乎承受不起，因为自己已经没有多少运动生涯了。

面对这样的结果，叶乔波一度丧失了希望，但她还是抱着积极乐观的心态来看待这一切。辛苦训练四年之后，她又一次站在了冬季奥运会上，准备充分的她以一连串令人震惊的成绩，让世人刮目相看，这时候，她已经28岁了，困扰着她的依然是艰难的去留选择，她考虑了很久，最终以超人的毅力留了下来，并为自己设定了更高的目标，超越荣誉的决心使她战胜了病痛。

在一次又一次的比赛中，她用自己的身体演绎了完美的神话。即使受着病痛的折磨，她依然展现出最迷人的风采，用不断的奋斗来充实自己的人生。

孟子说："天将降大任于斯人也，必先苦其心志，劳其筋骨，饿其体肤，空乏其身，行拂乱其所为，所以动心忍性，增益其所不能。"即使周围的环境太艰苦，或者自身所受的折磨太痛楚，但如果你像叶乔波一样懂得忍耐，保持内心的坚韧，就一定能活出自己的精彩。

既然我们没办法选择自己的人生，那就选择面对人生的态度，不向命运低头，不被挫折打压，尽自己所有的努力和汗水去改变现状，正所谓"王侯将相宁有种乎"，只要我们尽力了，那就可以活出自己的精彩。

昨天不代表未来

回首过去的每一天，有喜悦，有痛苦，有辛酸，有成功也有失败，尽管我们经历了风雨挫折，但是，留给我们更多的是奋斗的快乐和思考。人生的每一段经历，无论是成功的经验还是失败的教训，都是一笔宝贵的财富。生命并不是完整无缺的，我们每个人都或多或少地缺少一些东西，也许，在昨天我们没能实现心中的愿望，但是，昨天已经过去了。昨天不代表未来，也许昨天成功了，并不代表未来还会成功；昨天失败了，也不代表未来就要失败。因为昨天无论是成功还是失败，都只是代表昨天，未来是靠今天决定的。昨天的经历可以成为未来的借鉴，但我们不可能因此就背上了沉重的包袱，因为未来还有很长的路要走，丢掉那些失败、哭泣、成功、骄傲，轻轻松松面对现在，努力继续向前行，这样，才会越走越快，路越走越宽！

福特一世16岁就独闯天下，凭借着杰出的管理专家和机械专家，福特公司成为了世界上最大的汽车企业。但是，成功后的荣誉让福特一世得意忘形，认为这一切都是自己的功劳，面对他人提出的意见总是置之不理，整天沉浸在成功的喜悦之中，开始享受生活，不思进取。看到福特一世如此的情况，当年追随他一起创业的老功臣纷纷离去，公司每况愈下，几乎濒临破产。

1945年，福特二世上任，接过几乎成为烂摊子的福特公司，福特二世深知父亲失败的原因。于是，他开始礼贤下士，励精图治，高薪聘请一大批管理精英，使福特公司很快起死回生，重新达到了巅峰，再现昨日的辉煌。但是，在成功的喜悦面前，福特二世又重蹈覆辙，喜欢在公司里独断专行，将自己看做是公司至高无上的统治者，使整个公司里人心惶惶，在20世纪80年代初期，福特二世被逼交出大权，同时，被公司除名。

正所谓"福兮祸所伏，祸兮福所倚"，当自己因为昨天的成功而喜悦的时候，悲惨的危机有可能已经靠近。所以，我们要想成功，就必须学会忘记，忘记昨天的辉煌，忘记昨天的一切，从零开始，继续向前，这样我们才有可能创造美好的未来。人生不会一帆风顺，总是要经历风风雨雨，那些成功的人在面对昨天的失败，总能够心底坦然，不会屈服于失败，而是勇于做一个奋斗不息的人，以百折不挠的精神继续向前。

1954年，巴西人都认为巴西足球队能获得世界冠军，然而，成功总是不常在，巴西足球队在半决赛中意外地败给了法国队，结果，那个金灿灿的奖杯与巴西无缘。足球队的球员们十分悲痛，心想：自己去迎接球迷的辱骂、嘲笑和汽水瓶吧，因为足球是巴西的国魂。当回国的飞机进入了巴西领空，球员们坐立不安，因为他们心里很清楚，这次回国肯定会遭遇难堪的情景。然而，当飞机降落在首都机场的时候，首先映入他们眼帘的却是另一种景象：巴西总统带着两万多球迷默默地站在机场，共举一条大横幅：失败了也要昂首挺胸！顿时，球员们泪流满面，暗暗下定决心：告别昨天的失败，为下一次比赛努力！

4年后，巴西足球队又一次站在比赛场上，这一次，他们不负众望，捧回了世界冠军，这是巴西足球队为国家捧回的第一次世界冠军奖杯。在巴西机场，16架喷气式战斗机为球员们护航，当飞机降落的时候，聚集在机场上的欢迎者达到了三万多人。从机场到首都广场不到20公里的道路上，自动聚集起来的人群超过了100万，里奥市长由于晚出发了一会儿，竟无法驱车去机场。在路途中，球员被请进豪华汽车，几个主力球员则被人用手臂向前传递，在4个多小时的路程，主力球员几乎脚不沾地，一直被送到总统府。

昨天的失败并不可怕，可怕的是因此而沉浸在痛苦中，面对昨天的失败要昂首挺胸，这样才能迎接未来的胜利。人生的成功需要环环相扣，每一个阶段的终点意味着你达到了新的起点。忘记昨天，从零做起，这样你才有可能获得成功，昨天无论是成功还是失败，它都不代表今天，更不代表明天，我们不要在意昨天的成功与失败，把握好宝贵的今天，开创美好的未来。

昨天已经是一张过期的支票，它已经过去了，我们就不要沉浸在其中。昨天的荣誉，抑或是伤痛，都已经成为历史，我们应该以平和的心态去面对，这样才能更好地生活下去。昨天，我们也许有过成功与快乐，也有可能遭遇挫折与失败，然而，对于那些日子，今天才是新的开始。所以，继续向前行，告别昨天，重新踏上新的旅程吧！

失业是新机会的开始

失业，意味着失去一份工作，这对于许多人而言，是一件多么糟糕的事情。有人仅靠着这微薄的薪水养活家人，失去了工作，就意味着丢掉了自己的饭碗，因此在通常情况下，人们一旦知道自己失业了，那心情都是相当沮丧的。然而，如果我们换一种思维，假如之前的这份工作并不是很好的，或者说自己并不喜欢，虽然，我们失去了工作的机会，但与此同时，

我们却赢得了再就业的机会，我们可以重新选择一份自己喜欢的工作，甚至，在命运的转折点，我们或许会赢得一份比之前更好的工作。所以，我们说，失业是新机会的开始，并不意味着失去。

亚特原来是一位十分优秀的播音员，不过，有一天，却莫名其妙地被老板炒了鱿鱼。亚特心情十分沮丧，一回家，便一句话不说，把自己关在房间里。不过，过了一分钟以后，他却满脸笑容地走了出来，并开心地对老婆说："亲爱的，我终于有了自立门户的机会。"第二天，亚特自信地走了出来，并迅速地成立了一间传播公司，不久，他还制作了一个"风趣人物"节目，并亲自主持。从那时开始，亚特成为了美国电视荧屏的风云人物，而且历久不衰。

后来，亚特还把自己的这段奋斗过程撰写成一本激励斗志的书——《是的，你能！》。他在书中讲述了当年遭遇挫折的体验，以及如何将情绪转化，并使之成为日后成功的动力。他认为，这些心理上的转化原理也适用于大多数的失意者。因此，他把这段经历写出来，希望能让更多的人也能像他一样走出低谷，看见危机里的另一个新契机。

在生活中，当我们失意的时候，那些沉睡在身体里的潜能最容易被激发出来。因此，当我们受挫折遇困难的时候，别急着垂头丧气，先换个角度看看世态，或许机会就在失意的拐角处等你。就好像案例中的亚特一样，生命中最容易被激发出无限可能的时机，正是我们最沮丧、最困难的时候。只要突破这最艰难的情况，任何失败都会成为我们最坚定的基础。

正所谓"旧的不去，新的不来"，当旧的职业已经不适应自己了，那么新的职业必定在某个地方等着你，只要我们努力而又积极地去寻找。当然，在找到新工作之前，我们需要利用这段时间蓄积能量，这样我们未来才会走得更稳健、更长远。那么，现在你还害怕失业吗？别担心，失业也就是另一个机会的开始。

逆境中，不能太固执

爱默生说："宇宙万物中，没有一样东西像思想那样顽固。"假如我们总是以既定的思维做事，即使闯入了死胡同也要撞得头破血流，那么，最后我们将作茧自缚。一个人是否能够成功，关键在于自己的心态，认识自我，超越自我，但是不能脱离实际，必须以合情合理来确定自己的人生目标。而一个人在面对困难时所坚持的信念，远比任何事情都重要，因为信念将决定命运。身处逆境，我们要懂得适时变通，换个角度看问题，既有坚持，也需要适时放弃，因为做事灵活、懂得变通的人，总是能够赢得最后的成功。在逆境中，不切实际的坚持是愚蠢的，这样只会使自己在逆境中僵持得更久。所以，面对逆境，我们要懂得适时的变通，丢掉不切实际的执著。

美国威克教授曾经做过一个有趣的实验：他把一些蜜蜂和苍蝇同时放进了一只平放的玻璃瓶里，瓶底对着有光的地方，瓶口则对着暗处。结果，那些蜜蜂拼命地朝着有光亮的地方挣扎，最终因力气衰竭而死，而那些到处乱窜的苍蝇竟然溜出了瓶口。对此，威克教授告诉我们："在充满不确定的环境中，有时我们需要的不是朝着既定方向的执著努力，而是在随机应变中寻找求生的路，不是对规则的遵循，而是对规则的突破。我们不能否认执著对人生的推动作用，但我们也应该看到，在一个经常变化的世界里，变通的行为比有序的衰亡要好得多。"

只知道不切实际坚持的蜜蜂最终走向了死亡，而懂得变通的苍蝇却生

存了下来。执著与变通是两种人生态度，我们不能简单地说谁比谁更适合自己，但是，单纯的执著与变通都是不完美的，只有将两者结合起来才能达到成功。执著的精神令人敬佩，它可以使我们永远地坚持下去，如果这条路是正确的，那自然是最完美的结局；但是，如果这条路根本就是一条死路，无谓的坚持只会断送自己的美好前程，不妨灵活变通，丢掉不切实际的坚持，变通将使我们受益匪浅。

战国时期，有个秦国人名叫孙阳，他精通相马，无论什么样的马，孙阳能一眼分出优劣，人们都称他为“伯乐”。在经过多年的相马以后，孙阳将自己积累的经验和知识写成了一本书《相马经》。孙阳的儿子看了父亲的《相马经》，就拿着这本书到处去寻找好马，按照书里的特征，他在野外发现了一只癞蛤蟆，儿子觉得这与父亲所描写的千里马的特征十分相似。于是，他兴奋地将癞蛤蟆带回家，对父亲说：“我找到了一匹千里马，只是马蹄短了些。”孙阳一看，没想到儿子如此愚蠢，悲伤地叹息：“所谓按图索骥也。”

“按图索骥”这个词语后用来讽刺那些拘泥不懂得变通的人。池田大作家曾说：“权宜变通是成功的秘诀，一成不变是失败的伙伴。”在战胜逆境的过程中，最重要的事情就是必须注意转弯。成功路上，既需要我们的坚持到底，但若是遇到了挫折与困难，懂得转弯和变通也同样重要，千万不能食古不化，固执己见，否则只会让自己离成功的目标越来越远。

莎士比亚曾说：“别让你的思想变成你的囚徒。”当一个人的思想已经禁锢的时候，他已经无法为自己寻找一条生路了。要想获得成功，我们就必须懂得变通，固步自封或一成不变只会将我们推进无法回头的境地。好像一艘在大海里航行的船只，如果它想要行驶到自己的目的地，那么就应该懂得见风使舵。纵观世界万物，它们因为变通而赖以生存：为了适应大漠的风沙，仙人掌将叶子退化为刺；为了适应西北的狂风，胡杨扎根百米宽；为了适应海水的动荡，海带褪去了根须。

太过坚持，其实是钻死胡同

从小，我们就知道这样一个道理：只有不断地前进才能获得成功。其实，生活本来就是起伏不定的，如果你一直向前走，不愿意留给自己一个回旋的空间，那很有可能会钻进一条死胡同，前方已经没有路，这样的情况自然是难以成功的。不过，大多数人并不懂得这个道理，他们只会一个劲儿地向前冲，有一股头撞南墙也不回头的势头，虽然，我们欣赏这样的决心，但并不赞赏这样的行为，如果在前进的路途中，我们没能给自己留下一个回旋的空间，这就是犯了孤注一掷的错误，结局往往是悲惨的。人们总是觉得在前进时若是选择退却，那就意味着放弃，意味着软弱，意味着失败，实际上这样的理解是错误的，那些懂得适时回旋的人才能铸就人生的波澜起伏，才绽放了人生本来无尽的绚丽多彩。坚持是我们所需要的力量，但适时退却，为自己寻找一个回旋的空间也是人生中不可或缺的大智慧。

克里斯朵夫·李维以主演《超》而蜚声国际影坛，但就在1995年5月，在一场激烈的马术比赛中，他意外坠马，成了一个高位截瘫者。当他从昏迷中苏醒过来时对大家说的第一句话就是：让我早日解脱吧。出院后，为了让他散散心，舒缓肉体和精神的伤痛，家人推着轮椅上的他外出旅行。

有一次，汽车正穿行在蜿蜒曲折的盘山公路上，克里斯朵夫·李维静静地望着窗外，他发现，每当车子即将行驶到无路的关头时，路边都会出现一块交通指示牌："前方转弯！"而转弯之后，前方照例又是柳暗花明，豁然开朗，山路弯弯，峰回路转。"前方转弯"几个大字一次次冲击着他的

眼球，他恍然大悟：原来，不是路已到尽头，而是该转弯了。他冲着妻子大喊：“我要回去，我还有路要走。”

从此，他以轮椅代步，当起了导演。他首次执导的影片就荣获了金球奖。他还用牙咬着笔，开始了艰难的写作。他的第一部书《依然是我》一问世，就进入了畅销书排行榜。同时，他创立了一所瘫痪病人教育资源中心，他还四处奔走为残疾人的福利事业筹募善款。

美国《时代周刊》曾以《十年来，他依然是超人》为题报道了克里斯朵夫·李维的事迹。在文章中，李维回顾他的心路历程时说：原来，不幸降临时，并不是路已到尽头，而是在提醒你该转弯了。

如果克里斯朵夫·李维以“让我早日解脱”的信念生活，那估计他的余生会在抑郁中了结，那么，这个世界上又缺少了一个好演员。当然，这只是如果，就好像克里斯朵夫·李维自己所说：“原来，当不幸降临时，并不是路已到尽头，而是在提醒你该转弯了。”当前面已经是死胡同了，为什么不选择退一步，给自己找一个休憩的地方呢？当自己重新燃起了信念之火，那我们又可以重新开辟一条新的道路出来。

当发现前方已经是一条死胡同，我们就要学会转弯。转弯并不是逃避，当这件事情失败了，那可以改做别的，这并不是说这个人没有毅力。正所谓“天生我材必有用”，东方不亮西方亮。闯入死胡同并不可怕，可怕是你一直跟自己较真，这样就会因循守旧地继续失败。转弯是为了寻找更好的道路以便前行，而并不是逃避。

康多莉扎·赖斯，出生于1954年11月14日。小时候素有“神童”之誉的她，从小就跟着当小学音乐教师的母亲弹钢琴，4岁时就开了第一个独奏音乐会。不但学习成绩极其出色，跳了两次级，而且还把网球和花样滑冰玩得特别出色。16岁时，进入丹佛大学音乐学院学习钢琴，她梦想成为职业钢琴家。她在音乐方面独具的天赋和他人难以企及的家学，似乎没有人能够轻

易地否认，大家都相信过不了几年她就会成为乐坛翘楚。

可是，出人意料地是她打起了“退堂鼓”，开始了崭新梦想的破冰之旅。原来在著名的阿斯本音乐节上，她受到了打击。“我碰到了一些11岁的孩子们，他们只看一眼就能演奏那些我要练一年才能弹好的曲子，”她说，“我想我不可能有在卡内基大厅演奏的那一天了。”于是，她开始重新设计自己的未来并发现了新的目标——国际政治。“这一课程拨动了我的心弦，”她说，“这就像恋爱一样……我无法解释，但它的确吸引着我。”她从此转而学习政治学和俄语，并找到了她一生追求的事业。

赖斯并没有追随儿时的梦想成为一名钢琴家，而是在大家都看好的情况下选择了“退却”，并开始了崭新梦想的破冰之旅。她发现了自己再坚持下去，难以取得超越别人的成就，所以，她果断地选择了放弃，不再固执。在一阵休憩之后，她重新设计了自己的未来，果然，她似乎更适合混迹于政坛。如果不是当初她决然地舍弃，那么就不会成为现在这样出色的政治家了。

有的人太固执，太较真，他们是不见棺材不掉泪，不撞南墙不回头。在人生旅途中，这样的人总会多走一些弯路，最后也难以获得成功。为什么一定要看到悲惨的结局才放弃呢？在生活中，不要太较真，理智地放弃才是最聪明的做法，当我们发现前方已经无路可走，就要学会退却，选择另外一条路，不要等自己撞得头破血流才放弃，这是相当愚蠢的。

沙粒越是握紧越容易溜走

世间诸事就像沙粒，握得越近溜得越快，漫不经心中，它会悄悄地溜

走。生活中，许多事情是不能强求的，当我们极力渴望某种东西的时候，越有可能失去。其实，对于世界的万物，我们的得失是一种缘，这是一种淡然、从容的缘，不能着急，不能较真，越是握得紧，越容易失去。当我们获得了某件心爱的东西，可以说这是幸运的，不管最后的结局怎么样，我们的心都是跳跃的。这些东西能够伴随我们一生当然是最好的，如果失去了，虽然你为失去而伤心、落泪、心碎，但毕竟自己拥有过，曾经得到过。想想自己在过去获得快乐的那段日子，现在虽然我们失去了，但那些快乐的记忆依然在我们的心中，这难道不也是一件快乐的事情吗?

一个人需要自由的空间，万事万物亦是如此，当我们以坦然的心境对待，对心爱的东西不要紧握，给予它以自由呼吸的空间，那缘会伴随着我们，我们也不容易失去心爱的东西。越在乎，越容易失去，因为太过于在乎，我们总是患得患失，我们花了大量的时间和精力来纠结于在乎的痛苦中，结果，不知不觉间，那些东西已经离我们而去。而且，因为太过在乎，若是失去了，心灵必然承受不住失去之痛，这对我们的人生何尝不是一次打击?

安安在大学的时候，就梦想着成为一名演员。当然，她并不是就读于北影，也不是就读于北京戏剧学院，她所上的不过是一个二流的大学。她整天拿着小说，幻想着自己有一天能在大屏幕上扮演不同的角色，说着不同的台词。偶尔遇到只有自己一个人的时候，她还会自言自语，自编自演。朋友都说："安安，你疯了吗？"安安只是笑着，这是自己一生的梦想，是不允许别人嘲笑的。

其实，安安长得很漂亮，属于那种让人眼前一亮的那一种，如果在大街上偶遇某个星探，她是有可能成为明星的。不过，这都只是假设而已，即便自己的梦想远得什么都看不见，但她从未放弃过自己的梦想。

大学毕业后，安安开始北上，她听说，王宝强就是在北影门口排队当群众演员时被发掘的。说不定自己也有这样的好运呢？于是，安安每天都到那里排队，希望自己能在大屏幕中露个脸。但几个月过去了，安安还是安安，认识她的人寥寥可数。有一天早上，就在安安打算横穿马路去北影门口的时候，一辆小轿车不知道从哪里冒了出来，来不及紧急刹车，安安被车门挂倒在地。安安站起来，就看见黑色玻璃里自己那张带着血的脸，她惊叫一声，晕倒在地。

所幸的是，安安的伤并无大碍，只是脸上多了一道疤痕。拿着镜子，安安想：难道自己来北京的目的就是这个吗？那个自己握得紧紧的梦想，一下子就消失了，想到这里，安安忍不住流下眼泪。哭了一个月，安安振作起来了，她开始到处投简历，找工作，日子在忙碌中一天天过去，她早忘记了自己当初来北京的最初目的。

如今，安安已经是某杂志社的总编，她的照片经常会上报纸，看上去，还是那么漂亮，只是多了一些成熟和睿智。偶尔看着自己的照片，想想过去曾经那个抓得紧紧的梦想，安安才想到一句话：有些事情就好像手中的沙粒，握得越紧，越容易失去。

有时候，当我们觉得一定要得到某种东西，否则誓不罢休，那我们在追逐这个东西的过程中，估计我们就真的失去了。人生中的许多际遇是无法强求的，有可能在街角的某处，我们会遇到人生中的大贵人，也有可能在我们获得宝贵东西的那一刻，突然之间失去了，这些都是很有可能发生的。

生活中的得失是一种必然，获得了，应该快乐；失去了，也不要因此觉得痛苦。一件东西，当我们握得太紧，容易伤害到这件东西本身，同时，还容易让它从我们的指缝间溜走。当我们越是在乎一件东西的时候，就越有可能失去这件东西，这也是必然的，这就好像手心中的沙粒。反之，如果你将手摊开，将沙粒平放在手心，你会发现，那些调皮的沙粒可以安静地躺在那里，一动不动，它们不会溜走，也不会逃跑。

“小失”即是“大得”

有时候，暂时的失去只是为了更好的获得，这就是所谓的“小失积攒大得”。人们常说：“好汉不吃眼前亏。”这些人总也不能容忍自己失去一点点，即便是蝇头小利，他也不允许自己失去。结果，他们虽然暂时获得了，但却永远失去成功。实际上，这些所谓“好汉”的想法是错误的，真正的好汉应该有着锐利的眼光，他们所关注的是最后的“获得”，而不是眼前的收获与利益，他们宁愿以暂时的失去换取永久的获得，这才是一笔划得来的交易。那些鼠目寸光的人，他们不能吃眼前亏，心胸狭隘的他们不能够允许自己有一点点损失，若失去了，就处处较真，异常痛苦，势必要把自己失去的找回来。虽然，他们暂时赢得了小利，但却永远地失去了更好的获得。那些真正的好汉，他们愿意吃眼前亏，视野辽阔的他们愿意以小失换大得，最后促成自己的成功。其实，凡事确实是这样，有时候，在眼前的不过是蝇头小利，即使你千方百计追寻了，那也不能铸就自己的成功。与其紧紧地抓住眼前的东西，还不如把眼光放长一点，放长线钓大鱼，这样我们才能收获更多的东西。

2005年胡润百万富豪榜中，严介和以125亿元的资产位列中国大陆大富豪第二。即便是他今天如此的成功，但在他发迹之前，他也曾做过吃亏的事情。

在1992年的时候，严介和租赁了一家濒临破产的建筑公司。但是，第一次接到的一项业务，居然是一个被承包商转包五次的建筑工程。他对那个业务进行了预测，立即傻眼了，如果自己接下了这个工程，至少得亏损五万元，这完全是一个没人敢接的工程，所以才落入自己的手中，是接还是不接呢？他陷入了沉思，因为自己没有后台也没有任何关系，在建筑业这个关系错综复杂的生态圈中，他只能得到这样的业务。于是，他决定接下这个业务，即使亏损也无所谓。当工程完成之后，验收部门不相信这样的亏本工程会有好的质量。但检测结果令人瞠目结舌，所有指标个个皆优。虽然，他亏损了8万元，但良好的质量却为他赢来了一笔又一笔的业务，最终，他成功了。

容忍失去眼前的小利益，虽然这会让自己有部分损失，但其实也打通了走向成功之路的大门。严介和以小失换取了大得，巧妙地做了一笔一本万利的生意。人生也是一样，当你认为失去是一种损失，但之后你会收获更多的东西。失去也是一种获得，失去从表面上看是一种损失，但从长远来看，却是一种福气。

美孚公司闻名于全世界，当时为了占据中国这个极具潜力的市场，总公司决定在上海开设油灯厂。当时的中国还比较落后，绝大多数的中国人还不懂如何使用煤油灯。美孚公司的负责人在上海花了很长的时间，还使出许多招数，但也没有收到想要的效果。后来，公司想出了一个决策：只要购买了两斤煤油，就可以奉送刻有“请用美孚油”字样的煤油灯一盏。这个决策一出，很快取得了良好的效果。喜欢贪图便宜的中国人认为，两斤油本来不贵，还可以白捡一盏价格不菲的油灯，于是，购买煤油的人越来越多。短短一年中，美孚公司就“赔”掉了80多万盏煤油灯，这对于公司来说是个不小的损失。但是，正是这80多万盏白送出去的煤油灯，起到了广告的作用，成了美孚公司取之不竭的财源。就这样，美孚公司迅速占领了中国的“洋油”市场，而且盛销几十年，获利无穷。

美孚公司甘愿吃亏，不惜赔掉80多万盏煤油灯，这在消费者眼里却是“打着灯笼找不着的好事”，于是纷纷购买煤油，谁知，自己却给公司做了一个活广告，这就是典型的“小失换大得”。也因为这样，美孚公司放弃了眼前的利益而获得了长远的利益，小利变大利，利滚利，利翻利，先前看似

赔本的“油灯”，最终却收获了高额的利润。这是一种商业中的计谋，也是每一个人所需要的智慧。

如果我们失去了某些东西，比如心爱的人、稳定的工作等，那些我们觉得难以割舍的东西，最终还是离我们远去了，这时不要较真，处处较真只会让自己更加心烦。我们所需要做的就是从容面对，只有失去了，我们才能寻找更多新的可能，从而获得一些新的东西。

失去是一种新的获得

人生，就是你得到了，必然要有所失去；你失去了，必然会有所获得。人生就是得到与失去的过程，人生就在得失之间。在生活中，我们要学会感恩，因为不管是得到还是失去，对我们而言都是一种收获。执著地对待生活，紧紧地把握生活，却又不能抓得过死，松不开手。人生这枚硬币，它的反面正是那悖论的另外一个结论：我们接受失去，从而有所获得。先师们说：“人生在世，紧握拳头而来，平摊两手而去。”在我们生命的最后，我们已经无所谓得失，我们所拥有的应该是一份从容面对得失的心态。感恩，其实就是一种从容的心态。获得了，我们应该感恩，感恩上天的恩赐，珍惜自己所拥有的；失去了，我们应该感恩，没有必要为失去而较真，因为失去了才会有新的获得。不管是获得还是失去，都是组成我们人生的一部分，缺一不可。没有永远的获得，也没有永远的失去，我们所需要做的就是感恩自我，从容面对人生中的得失。

有位农民住在深山里，他经常感到环境艰险，难以生活，于是便四处寻找致富的好方法。

有一天，一位外地来的商贩给他带来了一样好东西，尽管在阳光下看上去那只是一粒粒不起眼的种子，不过，听商贩说，这可不是一般的种子，而是一种叫苹果的水果的种子，只要将它种在土壤里，两年以后就能长成一棵棵苹果树，然后结出数不清的果实，再将这些果实拿到集市上可以卖好多钱呢？

农民欣喜之余，急忙将苹果种子收好，但脑海里涌现出一个问题：既然苹果这样值钱，那么好，会不会被别人偷走呢？于是，他选择了一块荒僻的山野来种植这种颇为珍贵的果树。经过两年的辛苦耕作，浇水施肥，小小的种子终于长成了一棵棵茁壮的果树，并且结出了累累的果实。这位农民看在眼里，喜在心里，因为缺乏种子，果树的数量还比较少，但结出的果实肯定可以让自己过上好一点的生活。他特意挑选了一个吉祥的日子，准备在这一天摘下成熟的苹果挑到集市上去卖个好价钱。

当这一天到来的时候，他非常高兴，一大早，他便上路了。但当他气喘吁吁地爬上山顶，心里猛然一惊，那一片片红灿灿的果实，竟然被外来的野兽和飞鸟吃了个精光，只剩下满地的果核。想到这几年的辛苦劳作和热切期望，他不禁伤心欲绝，大哭起来，自己的财富梦一下子就破灭了。这不过是一个外乡人赠送的苹果种子，自己也没什么损失，有什么好伤心的呢？在随后的岁月里，他虽然日子很辛苦，但他还是比较乐观，总相信自己一定能找到致富的途径。

不知不觉间，几年的光阴如流水一般逝去。有一天，他偶然之间来到了那片山野，当他爬上山顶以后，突然愣住了，因为在他面前出现了一大片茂盛的苹果林，树上竟结满了累累的果实。这会是谁种的呢？在疑惑不解中，他思索了好一会才找到了答案。原来，这么大一片苹果树都是自己种的。

几年前，当那些飞鸟和野兽在吃完苹果后，就将果核吐在了旁边，经

过了好几年的生长，果核里的种子慢慢发芽生长，终于长成了一片更加茂盛的苹果林。农民想到这里，笑了，自己再也不会为生活发愁了。自己应该感谢那些飞鸟和野兽，如果当年不是那些飞鸟和野兽吃掉了这一小片苹果树上的苹果，今天肯定没这一大片苹果林了。

故事中的农民懂得感恩，当自己的苹果被飞鸟和野兽吃光之后，他痛哭一阵，就想到，这不过是别人赠送给自己的种子，何必为这样的事情伤心呢？后来，当他偶然发现当年那片苹果林竟然变得更茂盛、更大的时候，想到这都是飞鸟和野兽的功劳，他又开始感谢它们了。因为感恩，生活并没有完全夺走农民的希望，最后，这位懂得感恩的农民竟是满载而归。

花草的种子失去了在泥土中的安逸生活，但却收获了在阳光下发芽微笑的机会；小鸟失去了几根美丽的羽毛，却经过风吹雨打，收获了在蓝天下凌空展翅的机会。人生总是在失去与获得之间徘徊，没有失去就没有获得，而且，失去本身就是另外一种获得。因此，对于得失，还有什么看不开的呢？

参考文献

[1] 吴文铭. 受益一生的心理学启示[M].北京：中国纺织出版社，2008.

[2] 张笑恒. 无法改变事情可以改变心情[M].北京：北京工业大学出版社，2010.

[3] 孟华琳. 心情决定事情[M].北京：石油工业出版社，2006.